放射線安全管理学

川井恵一
松原孝祐 著

放射線双書

通商産業研究社刊

ま え が き

人体に障害をもたらす原子力・放射線を制御しつつ開発利用することで，人類はこれまでに大きな恩恵に浴してきた。この背景には，放射線をきわめて適切に管理してきた事実があることを忘れてはならない。今後もエネルギーとしての原子力利用の比重が増すとともに，放射線の利用方法もさらに多岐にわたるであろう。一方，過去の原子爆弾の例は別としてもチェルノブイリ原子力発電所の事故とその後のフォールアウトの例のように，一般社会に拡散した放射性同位元素・放射線は公衆に被害をもたらすことも事実である。

もとより放射線管理の主たる目的は，放射線を取扱う事業所・医療機関とそこで働く放射線業務・診療従事者の被曝低減にある。事実，放射線を規制する関連法令は，職業上の被曝を対象とし，患者として受ける医療上の被曝や自然放射線による公衆の被曝は規制の対象外に位置づけている。しかし，事業所周辺や医療を受けることによる一般公衆の放射線被曝の低減は，今後，強く意識されなければならない問題である。

本書は密封されていない放射性同位元素や放射線源または放射線発生装置を使用する一般的な放射線施設を念頭において必要な放射線管理の概要を述べたものである。しかしながら，前述の理由から，放射線衛生学で扱われる人類集団としての公衆被曝に関しても言及した。本書で解説した放射線管理の基本的な考え方をよく理解すれば，多様な内容と規模の放射線施設で遭遇する管理上の問題に対処できるであろう。

本書は1973年（昭和48年）飯田が単独執筆した「放射線管理技術」初版以来改訂を重ねてきたが，1999年の改訂から「放射線管理学」と改め安東との共同執筆となった。さらに執筆に川井を加え，2001年の放射線障害防止法および関係法令の大幅な改正，および2005年施行の国際免除レベル導入を含めた法令改正に対応して全面的な改訂を行ってきた。今回，学会名や診療放射線技師国家試験科目名にも使用されている「放射線安全管理学」に書名も改め，内容の一層の充実を図るとともに章の構成も一部見直した。

本書が大学・短期大学などの教科書として，また多くの放射線安全管理者に利用されてきたことを大変光栄に思っている。これまでと同様に読者諸賢のご教示やご意見を賜れば幸いである。

2008年2月

飯　田　博　美
安　東　　醇
川　井　恵　一

「放射線安全管理学（改々題）」 第4版改訂にあたって

　2011年（平成23年）3月11日に発生した東日本大震災は，日本周辺における観測史上最大規模の地震として被災地に我々の予想を遙かに超えた未曾有の被害をもたらし，改めて自然の驚異を実感させられた。東日本大震災により被災された皆様に心からお見舞いを申し上げます。また，この震災による津波に襲われた東京電力福島第一原子力発電所の引き続く停電によって原子炉冷却機能が停止したため，炉心溶融，いわゆるメルトダウンと水素爆発により，大量の放射性核種による環境汚染を引き起こす原子力事故に発展した。その後，周辺住民の避難は長期化し，現在も帰還に向けた復興・除染作業が続いていることは，周知のところであろう。郷里より避難を余儀なくされている多くの周辺住民の皆様にも重ねてお見舞い申し上げますとともに，1日も早いご復興をお祈り申し上げます。

　今回の事故やその後の対処法からは学ぶべき教訓が多数あるものの，電力消費量の削減も試みないまま，今すぐに原子力発電を否定し，CO_2排出など地球温暖化に直結する環境破壊を進行させる火力発電などに安易に依存することも，将来に禍根を残す結果につながりかねない。本書の第3章でも，放射線衛生学の観点からこれらのシステムに関して解説したが，この本を勉学に活用する若い世代の方々を中心に英知を集約して，現在の電力依存過多なエネルギー利用の形態の見直しを含めて，クリーンな代替エネルギーの開発を期待したい。

　また，本書を1973年（昭和48年）にご執筆され，改訂を重ねてこられた飯田博美先生が，この間にご逝去されました。先生のご業績は枚挙のいとまがありませんが，この場をお借りしてご冥福をお祈り申し上げます。前回の改訂より執筆担当者に松原が加わり，医療施設の放射線管理など新たな内容も加えたところですが，さらに今回の改訂では旧放射線障害防止法の目的に特定放射性同位元素の防護が追加されるのに伴い，放射性同位元素等規制法に名称変更された法改正に対応させるとともに，章末の演習問題も見直しました。本書が今後とも，多くの大学などの教育機関において教科書として利用されますことを願っております。

　2020年3月

川　井　恵　一
松　原　孝　祐

本 書 に つ い て

(1) 放射線管理に関係する法規制については，以下の法令およびそれらの関係法令で定められている。

- 原子力基本法
- 核原料物質，核燃料物質及び原子炉の規制に関する法律（略称：原子炉等規制法／炉規法）
- 核燃料物質，核原料物質，原子炉及び放射線の定義に関する政令
- 放射性同位元素等の規制に関する法律（略称：放射性同位元素等規制法）［従来の「放射線障害防止法」が名称変更］と同法施行令（政令），施行規則（原子力規制委員会規則），放射線を放出する同位元素の数量等を定める件（平成12年科学技術庁告示第5号）
- 医療法と同法施行規則（厚生労働省令）
- 医薬品・医療機器等の品質，有効性及び安全性の確保等に関する法律（略称：医薬品医療機器等法／薬機法）［従来の「薬事法」が名称変更］と同法施行規則，放射性医薬品の製造及び取扱規則，薬局等構造設備規則（厚生労働省令），放射性医薬品基準（平成28年厚生労働省告示第107号）
- 労働安全衛生法と同法施行規則である電離放射線障害防止規則（厚生労働省令，略称：電離則）
- 国家公務員法に基づく職員の放射線障害の防止（人事院規則10-5，略称：人規）

これらの法令には，ほとんど同じ内容の条項がもられているが，本書は基本的に放射性同位元素等規制法に準拠し，必要に応じて，その他の法令も引用した。関係法令の引用に際しては，次の略号を用いた。

法3-2(3) ……………… 放射性同位元素等規制法　第3条第2項第3号

法3の2-1 ……………… 放射性同位元素等規制法　第3条の2第1項

令12-1(2) ……………… 放射性同位元素等規制法施行令　第12条第1項第2号

則1(2) ……………… 放射性同位元素等規制法施行規則　第1条［第1項］第2号

告5第1条 ……………… 放射線を放出する同位元素の数量等を定める件（平成12年科学技術庁告示第5号）第1条

医則30の4 ……………… 医療法施行規則　第30条の4

医則30の9(4) ………… 医療法施行規則　第30条の9［第1項］第4号

医則30の14の3-1(3) … 医療法施行規則　第30条の14の3第1項第3号

電離則3 ……………… 電離則　第3条

人規3 ……………… 人事院規則10-5　第3条

（2）本書では国際放射線防護委員会（International Commission on Radiological Protection，略称 ICRP）が出版した勧告を多く引用・参照している。それぞれの勧告の名称については，本文中では「ICRP 1990年勧告」「ICRP Publ.60」（Publ.は Publication の略）などと表記しているが，図表中または図表の説明文では，ICRP Publ.60（1990 年）の意味で「ICRP 60,1990」のように，出版の番号と発行年のみ並べて表記している場合もある。

（3）放射線安全管理学は法令と密接に関連しているが，法令の引用にあたってはその本質的な内容を説明することに重点を置いた。従って，必ずしも法令に使用されている字句通りの記述はされていないため，細かい例外規程が省略されている場合があることに注意されたい。勉学に際しては，常に関係する法令の条文を確認することをおすすめしたい。

（4）1 cm 線量当量，3 mm 線量当量および 70 μm 線量当量は頻繁に使用されるので，記号 H_{1cm}，H_{3mm} および $H_{70\,\mu m}$ を用い，それぞれの線量当量率に対しては $\dot{H}_{1cm}$，$\dot{H}_{3mm}$ および $\dot{H}_{70\,\mu m}$ を用いた。

（5）単位はできるだけ国際単位系（SI）に準拠した。時間の単位には日本語の分，時間，日，週，月，年を用い，期間を表す場合には「1 年間に」を「/年」のように記載したが，線量率の単位などは「mSv/h」のように通常使用されている単位表記とした。

　　法令では使用されなくなった Ci や R などの単位も必要に応じて使用した。平成 17 年に施行された法令より，規制値も Bq 表示でラウンドナンバーとなったが，依然として放射能表記には，これまで同様に Ci から換算した 37 の倍数の Bq 表示が多く残っている。Ci および R は以下の式で換算される。

$$1 \text{ Ci} = 3.7 \times 10^{10} \text{ Bq} = 37 \text{ GBq}$$
$$1 \text{ R} = 2.58 \times 10^{-4} \text{ C/kg}$$

　　単位の接頭語を下記に示す。

倍数	記号	読み		倍数	記号	読み	
10^{18}	E	exa	エ ク サ	10^{-1}	d	deci	デ シ
10^{15}	P	peta	ペ タ	10^{-2}	c	centi	セ ン チ
10^{12}	T	tera	テ ラ	10^{-3}	m	milli	ミ リ
10^{9}	G	giga	ギ ガ	10^{-6}	μ	micro	マイクロ
10^{6}	M	mega	メ ガ	10^{-9}	n	nano	ナ ノ
10^{3}	k	kilo	キ ロ	10^{-12}	p	pico	ピ コ
10^{2}	h	hecto	ヘ ク ト	10^{-15}	f	femto	フェムト
10^{1}	da	deka	デ カ	10^{-18}	a	atto	ア ト

目　　次

標 準 計 測 法

外部放射線治療における 水吸収線量の標準計測法 （標準計測法 12）

日 本 医 学 物 理 学 会 編

B5判　256ページ

定価 3850円（本体3500円＋税）

「外部放射線治療における吸収線量の標準測定法（標準測定法01）」の改訂版。$^{60}Co\gamma$線による水吸収線量を標準とした校正によって水吸収線量校正定数が直接与えられた電離箱線量計を使用し，外部放射線治療における水吸収線量を計測するための標準的な方法を詳述。電離箱線量計校正の変化に対応し，光子線，電子線だけでなく，陽子線および炭素線治療も包括した外部放射線治療における水吸収線量計測の標準的方法・手順を提供。放射線治療関係者必携の指針書！！

密封小線源治療における 吸収線量の標準計測法 （小線源標準計測法 18）

日 本 医 学 物 理 学 会 編

B5判　220ページ

定価 3850円（本体3500円＋税）

密封小線源の特性、線量標準とトレーサビリティ、線源強度計測法、密封小線源治療における吸収線量の計算式を詳述。付録には、小線源治療における不確かさの評価・線量計算パラメータ詳細・モデルベース型線量計算アルゴリズムによる線量計算・IGBT 3次元治療計画・^{125}I線源強度の代替測定法・防護に係る測定・治療装置・品質保証/品質管理・事故防止とトラブル対応・緊急時対応訓練・HDR密封小線源治療計測の現状と課題を掲載。密封小線源治療の標準化に向けた指針書！

外部放射線治療装置の 保守管理プログラム

日本放射線腫瘍学会研究調査委員会編

B5判　80ページ

定価 1980円（本体1800円＋税）

高エネルギー放射線治療装置を適切に利用し、放射線治療を正しく行うためには、まず第一に線量および治療装置の精度を常に保証する品質保証プログラムが確立されていなければならない。本書は、放射線治療の理工学技術の総合的品質管理のために、関係学術団体が協同で作成した画期的な保守管理プログラムである。

〒107−0061　東京都港区北青山2〜12〜4　坂本ビル　**（株）通商産業研究社**

TEL 03（3401）6370　　FAX 03（3401）6320　　URL http://www.tsken.com

＊お急ぎのご注文はTEL・FAXまたはe-mail（tsken@tsken.com）で小社に直接お申込下さい。
12時までのご注文は、その日の内に宅配便・ゆうメール等で発送します（土、日、祝日は除く）。
送料は書籍代金が3000円以上の場合は無料、3000円未満の場合は440円［税込］です。

1. 放射線管理と線量

1.1 放射線管理の必要性

放射線を利用して物や人体を透視したり，放射性同位元素を用いることで分子を感度良く追跡できるなど放射能・放射線は人類に多大なる利益を与えてきた。しかし，一方で放射線は人体に障害を与えることもよく知られた事実である。したがって，被曝はできるだけ低いことが望ましい。国際放射線防護委員会 (International Commission on Radiological Protection, 略称 ICRP) は，ヒトに対する放射線の影響を解析評価した上で，科学的根拠に基づき，放射線防護に関する勧告を出してきた。各国ではこの勧告にある線量限度に準拠する内容で法律や規則をつくり，放射線を取扱う施設の責任者に対して，放射線業務従事者の被曝の管理に法的な義務を課している。

このように，ICRP が線量限度を勧告している意義として，放射線の人体に対する障害を認めると同時に，人間がある程度の被曝を受けても放射線の利用が人類に恩恵をもたらしていることから，放射線使用の必要性を認めているという事実を忘れてはならない。もちろん，被曝は最小限にするとともに，不必要な被曝はできるかぎり避けるよう努力しなければならない。

放射線による人体の被曝を防止することを放射線防護といい，その放射線防護を適切に実施する実務が放射線管理業務である。また，管理業務を技術的に体系づけたものを放射線管理学あるいは放射線安全管理学と称する。一方，保健物理学 (health physics) とは，米国のプルトニウムプロジェクトにおいて放射線防護を担当する保健部から発祥した言葉であり，広義には環境放射線を含む放射線からの防護に関連する広範な学術分野である。放射線環境衛生学，放射線生物学，医療処置などの分野まで含むとする解釈もあるが，狭義には前述の放射線管理学とほぼ同じ意味に用いられている。

1.2 放　射　線

表 1.1 には一般的な放射線の種類を示す。本書で扱う "放射線" とは "電離放射線 (ionizing radiation)" のことを指し，電離をおこすことのできる粒子は荷電粒子 (charged particle) と非荷電粒子 (uncharged particle) に分けられる。荷電粒子は電子と，電子より質量の大きい α 粒子，陽子，重陽子，重イオンなどの重荷電粒子 (heavy charged particle) に区別される。光子，中性子などの非荷電粒子は，他の原子との相互作用 (光電効果，コンプトン効果，核反応など) によって荷電粒子を放出させ，この荷電粒子が電離をおこさせる。

1. 放射線管理と線量

　光子で電離能力を持つのは，X 線，γ 線および紫外線である。X 線と γ 線は物理的性質は同じものであるが，γ 線は原子核内から生ずる電磁波，X 線は原子核外で生ずる電磁波として区別されている。陽電子と陰電子が結合して消滅するときに生ずる消滅放射線は，正しくは消滅 X 線である。加速装置によってエネルギーを与えられた電子は電子線として，β 線と区別すべきである。このような見地から，加速装置によって加速された He 原子核は $^4_2$He 核線と呼び，核内から放出される α 線と区別することが望ましい。

表1.1　放射線の種類

粒子の種類			記号	重荷 [e]	質量 [m_e]	平均寿命 [秒]
素粒子	光子 photon	紫外線		0	0	安定
		γ 線	γ			
		X 線	X			
	軽粒子 lepton	電子中性微子 electron neutrino	ν_e	0	<9×10^{-5}	安定
			$\bar{\nu}_e$	0		
		電子, β^-粒子	e^-, β^-	−1	1	安定
		陽電子, β^+粒子	e^+, β^+	+1	1	安定
		μ 粒子 muon	μ^+	+1	206.77	2.2×10^{-6}
			μ^-	−1		
	中間子 meson	π 中間子 pion	π^+	+1	273.13	2.6×10^{-8}
			π^-	−1		
			π^0	0	264.19	8.3×10^{-17}
		K 中間子 kaon	K^+	+1	966.1	1.24×10^{-8}
			K^-	−1		
			K^0	0	973.9	8.8×10^{-11}, 5.2×10^{-8}
	重粒子 baryon	核子 nucleon　陽子	p	+1	1836.2	安定
		中性子	n	0	1838.7	932
		ハイペロン hyperon	Λ粒子, Σ粒子, Ξ粒子等陽子，中性子より質量の大きい素粒子			
複合粒子	重陽子		d	+1	3670	安定
	三重陽子		t	+1	5497	3.89×10^8
	$^4_2$He 核　（α粒子）		$^4_2$He^{2+}, α	+2	7294	安定
	核破片			～22	陽子の95倍，140倍付近の確率大	多くは不安定
	イオン		原子核およびこれを核とする多数の各価イオン			

注（ⅰ）中間子と重粒子を合わせてハドロン（hadron）と呼ぶ。
　（ⅱ）K^0に対する反粒子は$\bar{K}^0$である。その他多くの反粒子を省略した。

1.3　外部被曝と内部被曝

　人体が放射線にさらされる場合には，放射線防護の観点から，体外照射 (external irradiation) と体内照射 (internal irradiation) に分けて考えると便利である。

　体外に放射線源があって照射される場合を体外照射あるいは外部被曝という。放射線が透過率の大きい γ 線などであって遠方に線源があれば全身均等に照射されるが，線源が近ければ体の一部だけが照射される。前者を全身照射 (total body irradiation) といい，後者を部分照射 (partial irradiation) という。頭胸部とか胸腹部が広く照射される場合は人体を構成する重要な器官の被曝となるので，全身照射として扱った方がよい。放射線が α 線，β 線のように透過率の小さいものならば体表付近しか照射されない。

　体内に取り込まれた放射性核種によって，身体内部から照射される場合を体内照射あるいは内部被曝という。体内照射の場合にも，^{3}H，^{36}Cl のように核種が全身均一に行きわたって全身照射をおこすこともあり，^{226}Ra，^{239}Pu，^{45}Ca，^{90}Sr などが骨や歯に多く集積するように，核種が特定の臓器や組織に特に多く摂取されて部分照射をおこすこともある。体内照射の場合には，飛程が短いために体外照射ではあまり問題にならない α 線や β 線が重要となり，これらは組織の限られた部分に強い障害を与えることになる。

　密封線源や放射線発生装置を取扱うときは外部被曝をおもに考慮すればよく，密封されていない放射性核種を取扱うときはその核種や数量，取扱い条件によって外部被曝と内部被曝の両方を考慮すべき場合と，おもに内部被曝を考慮すればよい場合がある。

1.4　確率的影響と確定的影響

　放射線防護で問題となる被曝の多くは，低線量率放射線による被曝である。この場合，放射線の生物学的影響を確率的影響 (stochastic effect) と確定的影響 (deterministic effect) に分けて論ずることはきわめて有用である。

　確定的影響は，あるしきい値以上で生じるもので，しかも線量の大きさによって重篤度が変化する。たとえば皮膚の場合，1 Sv では変化がないが，3〜5 Sv になると脱毛し，さらに線量が増えるとびらんになる。白内障，血球の変化などもまた確定的影響である (図 1.1 B)。一方，発癌や遺伝的影響は，線量の大きさによって障害の重篤度は変化せずに発生率のみが変化する。しかも線量−効果関係においてしきい値がないと考えられるこのような影響を確率的影響と呼ぶ (図 1.1 A)。

　表 1.2 に放射線障害を総括した。白血病を含む発癌と遺伝的影響が確率的影響で，他はすべて確定的影響である。

　放射線防護の目的は，確定的影響の発生を防止し，確率的影響の発生頻度を容認できるレベルにまで制限することにある。

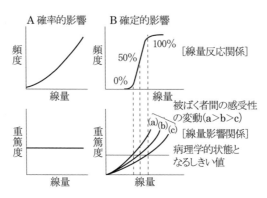

図1.1 確率的影響と確定的影響(ICRP 41, 1984)

表1.2 放射線障害の分類

確定的影響	身体的影響	血球減少，脱毛，皮膚障害，不妊など	急性障害
		白内障，胎児への影響など	晩発障害
確率的影響		発癌(白血病など)	
	遺　伝　的　影　響		

　確率的影響の組織別名目確率係数(ICRP 1990 年勧告 ; Publ.60)・名目リスク係数(ICRP 2007 年勧告 ; Publ.103)を表 1.3 に示す。低線量被曝の場合の単位実効線量あたりの致死がんの推定確率を ICRP 1990 年勧告では名目致死確率係数と定義していたが，ICRP 2007 年勧告では名目致死リスク係数と呼ぶ。がんの確率的影響は，おもに原爆被爆者の白血病と固形がん調査結果に基づき評価されている。がん部位ごとに性別，被爆時年齢ごとの罹患率や死亡率などを用いて生涯寄与リスクを算定し，さらに，年齢と性別を平均した名目リスク係数(がん/100 人/Sv)が算出された。

　放射線による確率的影響は被曝した線量に応じて発生する(多くは比例関係と考えられている)。すなわち，集団としての被曝線量に応じて癌や白血病は発生する。では，身体のどの部位の線量が問題となるのであろうか。癌であれば，それぞれの癌の発生する組織の受ける線量が最も密接に関係する。血液は主として骨髄で作られるので，白血病の発生には骨髄の受ける線量が最も密接な関係にあると考えられる。遺伝的影響の場合は生殖腺の受ける線量が問題となる。ICRP 2007 年勧告(表 1.3)によれば，1 Sv の全身被曝を受けた 100 人の成人(放射線業務従事者)では，食道・胃の悪性腫瘍による致死が各々 0.16 人・0.58 人，骨髄被曝による白血病での致死が 0.20 人などとなり，悪性腫瘍による致死は全部で 4.11 人となる。

表1.3 組織別名目確率係数・名目リスク係数[10^{-2} Sv^{-1}]と組織荷重係数(w_{T})

組　織	ICRP 1990年勧告（Publ.60）			ICRP 2007年勧告（Publ.103）		
	名目確率係数		組織荷重係数 (w_{T})	名目リスク係数		組織荷重係数 (w_{T})
	全年齢	成　人		全年齢	成　人	
食道	0.30	0.24	0.05	0.151	0.160	**0.04**
胃	1.10	0.88	0.12	0.770	0.580	0.12
結腸	0.85	0.68	0.12	0.494	0.380	0.12
肝臓	0.15	0.12	0.05	0.302	0.210	**0.04**
肺	0.85	0.68	0.12	1.129	1.260	0.12
骨	0.05	0.04	0.01	0.051	0.030	0.01
皮膚	0.02	0.02	0.01	0.040	0.030	0.01
乳房	0.20	0.16	0.05	0.619	0.270	**0.12**
卵巣	0.10	0.08		0.088	0.060	
膀胱	0.30	0.24	0.05	0.235	0.230	**0.04**
甲状腺	0.08	0.06	0.05	0.098	0.030	**0.04**
骨髄	0.50	0.40	0.12	0.377	0.200	0.12
その他の固形がん	0.50	0.40		1.102	0.670	
唾液腺			［対象外］			**0.01**
脳			［残りの組織］			**0.01**
残りの組織			［10組織の計］			［14組織の計］
			0.05			**0.12**
がんの合計	5.00	4.00		5.457	4.110	
生殖腺（遺伝性）	1.00	0.60	0.20	0.193	0.120	**0.08**
合　計	6.00	4.60	1.00	5.650	4.230	1.00

表1.4 がんと遺伝的影響に対する名目リスク係数[10^{-2} Sv^{-1}]

被曝集団	ICRP 1990年勧告（Publ.60）			ICRP 2007年勧告（Publ.103）		
	がん	遺伝的影響	合　計	がん	遺伝的影響	合　計
全年齢	6.0	1.3	7.3	5.5	0.2	5.7
成　人	4.8	0.8	5.6	4.1	0.1	4.2

重篤な遺伝性障害は 0.12 人となる。これらの結果に基づき，がんと遺伝的影響に対する名目リスク係数は，ICRP 勧告で表 1.4 のように提唱されている。致死がんの確率および重篤な遺伝性障害の確率が成人（放射線業務従事者）よりも全年齢の集団において少し大きいのは，全年齢にはより感受性の高い若年者グループが含まれているためである。遺伝的影響は評価法

に最新の知見を加えた結果，表 1.3 の生殖腺に示すように，ICRP 1990 年勧告(Publ.60)の全年齢あるいは成人集団でそれぞれ 1.00/100 人/Sv，0.60/100 人/Sv であったのに対し，ICRP 2007 年勧告(Publ.103)では全年齢 0.193/100 人/Sv，成人 0.120/100 人/Sv とそれぞれ 1990 年勧告の約 1/5 に見直された。

　1.5.5 で述べる実効線量の算出に利用される組織荷重係数は，これらの名目リスク(確率)係数を，遺伝的影響の生殖腺を含めて全組織の和を 1 とする相対健康損害に換算した上で，ICRP 1990 年勧告(Publ.60)では 0.20, 0.12, 0.05, 0.01 の値に，ICRP 2007 年勧告(Publ.103)では 0.12, 0.08, 0.04 および 0.01 の 4 段階に近似して定められている。

1.5　放射線防護に関する線量

1.5.1　線エネルギー付与 (linear energy transfer : LET) L_Δ

　媒質中を荷電粒子が $\mathrm{d}x$ の距離を通るとき，その飛程にそっての媒質に，特定の値 Δ(電子ボルト，記号 eV)より小さいエネルギーを与える衝突に基づくエネルギー損失を $-\mathrm{d}E$ とすれば

$$L_\Delta = \left(-\frac{\mathrm{d}E}{\mathrm{d}x} \right)_\Delta \tag{1.1}$$

として定義される量である。これには，励起に基づくエネルギー損失も含まれる。このことから L_Δ は制限線衝突阻止能(restricted linear collision stopping power)とも呼ばれる。L_∞は線衝突阻止能に等しい(図 1.2)。

1.5.2　防護量 (protection quantities) と実用量 (operational quantities)

　放射線管理においては，環境や個人の被曝線量を測定し，その結果が法定の線量限度などの基準値に対してどの程度であるのかを評価する必要がある。しかしながら，人体組織が吸収する放射線量は，体位，組織の位置や放射線の入射方向，エネルギーなどにより容易に変

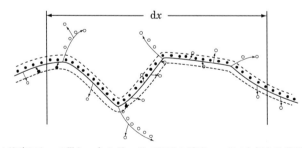

•は衝突によって得たエネルギーが Δ 以下の電子，。は Δ を超える電子を示す。

図1.2 線衝突阻止能 L_∞ と線エネルギー付与 L_Δ

化する。したがって，次項に述べる組織吸収線量に基づき，放射線防護の目的に使用される線量を防護量という。組織吸収線量，等価線量，実効線量が防護量にあたり，法令の線量限度は，この防護量により規定されている。

これらに対し，実際に測定できる量に基づいて，防護量と比較することが可能な線量が実用量である。実用量はそれぞれの防護量に相当する「線量当量」と呼ばれている。

1.5.3　吸収線量 (absorbed dose)

放射線によって単位質量の物質に与えられたエネルギーを吸収線量 D といい，物質の質量を m，吸収エネルギーを E として，

$$D = E/m \tag{1.2}$$

で求められる。物質 1 kg に吸収された放射線のエネルギー[J/kg]は，特別な単位としてグレイ[gray，記号 Gy]で示すことが SI 単位として認められている。

$$1\,\mathrm{Gy} = 1\,\mathrm{J/kg}$$

吸収線量は，物質の種類によって変化するため，吸収された物質を明確にして，空気吸収線量，水吸収線量，皮膚吸収線量のように呼称する。防護量の基本となる量が組織吸収線量である。

一方，非荷電性光子のエネルギーに関して，単位質量あたりの物質中の電子の運動エネルギーとして吸収されたエネルギーを示す量にカーマがある。カーマ kerma の名称は kinetic energy released in material の頭文字をとったものである。カーマの単位には吸収線量と同じくグレイ[Gy]を使用する。また単位時間あたりのカーマ dK/dt をカーマ率という。

吸収線量を D，カーマを K，質量エネルギー吸収係数を μ_{en}/ρ，質量エネルギー転移係数を μ_{tr}/ρ とすれば，

$$D = K \cdot \frac{\mu_{en}/\rho}{\mu_{tr}/\rho} = (1-g)K \tag{1.3}$$

と表せる。$(1-g)$ は制動輻射損失による補正係数であり，g は高エネルギーの電子では大きく，低エネルギー(X，γ 線では 1.0 MeV 以下)では無視できる。水中における 1 MeV の電子線では，g は 1%以下であり，^{60}Co の γ 線(平均エネルギー1.25 MeV)によって空気中で生ずる 2 次電子では $g=0.3$%である。

吸収線量は，あらゆる種類の放射線を対象にしたものであるが，カーマは非荷電性放射線だけを対象にしたものである。カーマの表示にあたっては，吸収線量のそれと同じく，物質名の明記が必要である。たとえば，空気中におけるカーマのことを空気カーマ K_{air} と呼ぶが，空気カーマ K_{air} は(1.3)式から明らかなように，空気の吸収線量 D_{air} にほぼ等しい。

1.5.4　等価線量 (equivalent dose)

組織の影響を評価する防護量に等価線量 H_T がある。等価線量 H_T は危険度とも言うべき量で，放射線 R による組織 T の平均吸収線量 $D_{T,R}$ に比例し，放射線の種類とエネルギーで一義

的に決まる放射線荷重係数 w_R（radiation weighting factor）（表 1.5）との積で表わす。放射線 R による組織 T の等価線量 $H_{T,R}$ は次式で与えられる。

$$H_{T,R} = w_R \cdot D_{T,R} \tag{1.4}$$

現在用いられている放射線荷重係数 w_R は表 1.5 の第 2 欄に示した ICRP 1990 年勧告の値である。

表1.5　放射線荷重係数（w_R）

放射線の種類とエネルギー範囲	w_R（ICRP Publ.60, 1990）	w_R（ICRP Publ.103, 2007）
光子：すべてのエネルギー	1	1
電子およびミュー粒子：すべてのエネルギー	1	1
中性子：エネルギーが 10 keV 未満のもの	階段状関数 5	連続関数
〃　　10 keV 以上 100 keV まで	10	E_n：1MeV 未満
〃　　100 keV を超え 2 MeV まで	20	$2.5+18.2\exp[-(\ln E_n)^2/6]$
〃　　2 MeV を超え 20 MeV まで	10	E_n：1MeV 以上 50MeV 以下
〃　　20 MeV を超えるもの	5	$5.0+17.0\exp[-(\ln 2E_n)^2/6]$
		E_n：50MeV 超
		$2.5+3.25\exp[-(\ln 0.04E_n)^2/6]$
反跳陽子以外の陽子：エネルギーが 2 MeV を超えるもの	5	陽子：すべてのエネルギー　2
アルファ粒子，核分裂片，重原子核	20	20
		荷電パイ中間子　2

E_n：中性子エネルギー［MeV］

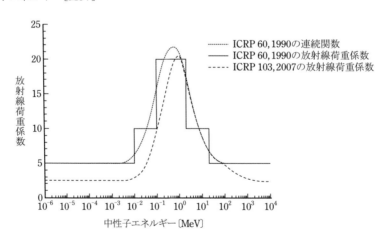

図1.3　中性子の放射線荷重係数 w_R と中性子エネルギーとの関係

また，中性子についての w_R を図 1.3 に示す。現行では，中性子のエネルギーに応じた階段状の不連続な値を用いているが，ICRP 2007 年勧告では表 1.5 の第 3 欄に示す連続関数に変更された。

$D_{T,R}$ の単位にグレイ[Gy]を用いたとき，$H_{T,R}$ の単位はシーベルト[sievert, 記号 Sv]である。旧単位では，$D_{T,R}$ の単位をラド[rad, 記号 rad]としたとき，$H_{T,R}$ の単位はレム[rem, 記号 rem]となり，両者には次の関係が成り立つ。

$$1\ \mathrm{Gy} = 100\ \mathrm{rad}$$

$$1\ \mathrm{Sv} = 100\ \mathrm{rem}$$

放射線場が異なった値の w_R をもついろいろな種類とエネルギーの放射線からなる場合は H_T は次式で与えられる。

$$H_T = \sum_R w_R \cdot D_{T,R} \tag{1.5}$$

時間 dt についての等価線量の増加を $dH_{T,R}$ とすれば，等価線量率 $\dot{H}_{T,R}$ (equivalent dose rate)は以下の式で定義される。

$$\dot{H}_{T,R} = \frac{dH_{T,R}}{dt} \tag{1.6}$$

等価線量率の SI 単位は Sv/sec[sec＝秒]である。

放射線事故などに伴う環境放射能による被曝に基づく集団の損害を評価するために ICRP により導入された集団線量(collective dose)は，集団を構成する各人が受けた放射線量をその集団全体について合計したものである。等価線量を集団について積分した集団等価線量 S_T は，人・シーベルト[人・Sv]という単位で表わす。

1.5.5　実効線量 (effective dose)

確率的影響のおこる確率と等価線量との関係は，また，照射された組織によっても変わることが知られている。それゆえ，いくつかの異なった組織への異なった線量の組み合わせを確率的影響の合計として表示するために実効線量 E が定義された。

実効線量 E は，すべての組織の荷重された等価線量の総和であり，次式で表される。

$$E = \sum_T w_T \cdot H_T \tag{1.7}$$

また，実効線量の時間微分である実効線量率 $\dot{E}$ (effective dose rate)は，次式で与えられる。

$$\dot{E} = \frac{dE}{dt} \tag{1.8}$$

式(1.7)において，H_T は組織 T の等価線量，w_T は組織荷重係数(tissue weighting factor)と呼ばれ，組織荷重係数 w_T は，1.4 で述べた名目リスク(確率)係数(表 1.3)を，遺伝的影響の生殖腺を含めて全組織の和を 1 とする相対健康損害に換算した上で，ICRP 1990 年勧告(Publ.60)では 0.20, 0.12, 0.05, 0.01 に，ICRP 2007 年勧告(Publ.103)では 0.12, 0.08, 0.04, 0.01 に丸めた値である。組織 T が全リスク中に占める割合を意味するものであり，$\sum w_T = 1$ で

ある。表1.6の第2欄に現行のICRP 1990年勧告の値を示したが，ICRP 2007年勧告では，生殖腺が0.20から0.08に見直されるなど第3欄太字の値に変更された。

表1.6　組織荷重係数 (w_T)

組　織	w_T (ICRP 60,1990)	w_T (ICRP 103,2007)
骨髄（赤色）	0.12	0.12
結腸	0.12	0.12
肺	0.12	0.12
胃	0.12	0.12
乳房	0.05	**0.12**
生殖腺	0.20	**0.08**
膀胱	0.05	**0.04**
肝臓	0.05	**0.04**
食道	0.05	**0.04**
甲状腺	0.05	**0.04**
皮膚	0.01	0.01
骨表面	0.01	0.01
唾液腺	［対象外］	**0.01**
脳	［残りの組織に含む］	**0.01**
残りの組織	［10組織］0.05	［14組織］**0.12**
計	1.00	1.00

太数字：ICRP 2007年勧告で変更された組織荷重係数

吸収線量と等価線量，実効線量の関係は，以下のように要約される。

実効線量を集団について積分した集団実効線量 S は最適化を行う際の手段であり，［人·Sv］で表わす。

1.5.6　預託等価線量 (committed equivalent dose)

人間が放射性核種を摂取し，それが長期間にわたり体内にとどまる場合，その放射線による組織の内部被曝を将来にわたって推定するために，ICRP によって預託等価線量 $H_T(\tau)$ が定義された。

$$H_T(\tau) = \int_{t_0}^{t_0 + \tau} \dot{H}_T(t)\,dt \tag{1.9}$$

ここで，$\dot{H}_T(t)$ は時刻 t における組織中の等価線量率，τ は積分を行う期間である。$H_T(\tau)$

をある一定の期間で特定する際, 期間 τ は年で与えられる。職業被曝および公衆被曝の評価にあたっては, 積分期間 τ は成人に対しては 50 年, 子供に対しては被曝時から 70 歳までの期間を意味する。

　預託線量は 1.5.8 に述べる線量預託の特別の場合とみなすことができる。

1.5.7 　預託実効線量 (committed effective dose)

　放射性物質の体内摂取に由来する組織の預託等価線量に適切な荷重係数 w_T を乗じて加え合わせたものが預託実効線量 $E(\tau)$ である。

　$E(\tau)$ は次式で与えられる。

$$E(\tau) = \sum_T w_T \cdot H_T(\tau) \tag{1.10}$$

　$E(\tau)$ を特定する際, 預託等価線量と同様に期間 τ は積分を実行する年数で与えられる。

1.5.8 　線量預託 (dose commitment)

　線量預託は, ある一単位の行為 (たとえば 1 年間の行為) といった特定の事象による 1 人あたりの線量率 (等価線量率 $\dot{H}_T$ または実効線量率 $\dot{E}$) の無限時間積分と定義され, 組織 T の等価線量預託 $H_{C,T}$ と実効線量預託 E_C は次式で与えられる。

$$H_{C,T} = \int_0^\infty \dot{H}_T(t)\,dt \tag{1.11}$$

または

$$E_C = \int_0^\infty \dot{E}(t)\,dt \tag{1.12}$$

積分期間は, 0 から無限大までとする。

1.5.9 　線量当量 (dose equivalent)

　線量限度は実効線量および等価線量などの防護量で規定されているが, 外部被曝による等価線量や実効線量を種々の条件下で厳密に評価することは, 実際上きわめて困難である。このため, 身体を模擬した ICRU 球への放射線入射方向について深さ 1 cm における線量をとる。これを 1 cm 線量当量と呼び, H_{1cm} と記す。3 mm 線量当量 (H_{3mm}), 70 μm 線量当量 ($H_{70\mu m}$) についても同様である。ICRU 球というのは国際放射線単位・測定委員会 (International Commission on Radiation Units and Measurements, 略称 ICRU) Report 25 (1976 年) で推奨の組織等価の物質で作られた直径 30 cm の球で, 密度が 1 g/cm³, その元素組成は質量比で酸素 76.2%, 炭素 11.1%, 水素 10.1% および窒素 2.6% である。

　実用量にはサーベイメータなどで測定される周辺線量当量 (ambient dose equivalent) $H^*(d)$, 方向性線量当量 (directional dose equivalent) $H'(d, \alpha)$ (α は入射角度) および個人線量計で測定される個人線量当量 (personal dose equivalent) $H_p(d)$ ($d=0.07$ mm (70 μm), 3 mm, 10 mm (1 cm)) がある。令和 3 年 (2021 年) 4 月 1 日から施行の改正放射性同位元素等規制

法では，実効線量としてはそれらの H_{1cm} が用いられ，等価線量には皮膚に対しては $H_{70\mu m}$，眼の水晶体には H_{1cm}，H_{3mm}，$H_{70\mu m}$ の適切なものが用いられる（表 1.7）。これらの実用量の具体的な算定方法は 8.2.2 および 8.2.5 を参照されたい。上記の ICRU 球内の各点における線量の値から，いろいろな照射条件のもとで，光子について，また中性子について求められ，したがって ICRU 球の実効線量 E が得られている。その結果，$E/H_{1cm} < 1$ であることが確認されているので，H_{1cm} によって "ICRP が定義した実効線量" を安全側に評価することができる。

内部被曝では放射性核種の摂取量から実効線量を計算する［8.2.4］。

表1.7　防護量と実用量

管理区分	防護量	実用量
環境モニタリング	実効線量	周辺線量当量：1 cm 線量当量 $H^*(10)$ 方向性線量当量：70 μm 線量当量 $H'(0.07,\alpha)$
個人モニタリング	実効線量 等価線量：皮膚 　　　　　眼の水晶体	個人線量当量：1 cm 線量当量 $H_p(10)$ 個人線量当量：70 μm 線量当量 $H_p(0.07)$ 個人線量当量：1 cm 線量当量，3 mm 線量当量 $H_p(3)$， 　　　　　　70 μm 線量当量

演 習 問 題

1．C/kg，Gy，Sv の関係を述べよ。

2．つぎの文章の（　　）のうちに入る適当な語句を番号とともに記せ。

（1）外部被曝において，ある場合には，身体外からの硬いβ線が男子の（1　　　）や眼の（2　　　）のような重要な組織に達することがあるものの，一般には，透過力の強い放射線が最も問題となる。

（2）放射性物質は，生物の代謝過程の中に入り，身体中に均等に分布するよりはむしろ特定の器官に（3　　　）することがあるので，α線放出核種と（4　　　）放出核種は，通常，（5　　　）被曝の方が重要である。

3．わが国に放射線の障害防止に関連した法令が多数ある。おもなものをあげよ。

4．γ線による全身の 0.01 Gy の被曝とβ線による甲状腺のみの 0.1 Gy の被曝では，実効線量はどちらが大きいか。

　　ただし，ICRP Publ.103 における甲状腺の組織荷重係数（w_T）は 0.04 である。

5．次のうち ICRP Publ.103 における α 粒子の放射線荷重係数はどれか。
　　a）1
　　b）2
　　c）10
　　d）20
　　e）連続関数

6．次のうち ICRP Publ.103 における組織荷重係数が最も大きいのはどれか。
　　a）乳房
　　b）肝臓
　　c）骨表面
　　d）生殖腺
　　e）唾液腺

7．次のうち放射線防護の目的で利用される防護量はどれか。2 つ選べ。
　　a）カーマ
　　b）吸収線量
　　c）等価線量
　　d）実効線量
　　e）個人線量当量

2. 国際放射線防護委員会の勧告と放射性同位元素等規制法

2.1 ＩＣＲＰ 1990 年勧告

2.1.1 基 本 的 概 念

わが国では基本的に ICRP 勧告を尊重し，その放射線防護の体系を国内関係法令に取り入れてきた。ICRP Publ.1(1958 年)，Publ. 6(1962 年)，Publ. 9(1965 年)，Publ. 26(1977 年)，Publ. 60(1990 年)は重要な基本勧告として，わが国の法令に大きな役割を果たしてきたものである。現行の放射線障害防止関係の法令は，ICRP 1990 年勧告(Publ. 60)に準拠している。

ICRP 1990 年勧告では放射線防護の枠組みを，①行為の正当化，②防護の最適化，③個人の線量限度の適用の 3 原則に基づくものとしている。①と②に関連して必要に応じて被曝線量を低減するための介入(intervention)を導入することにした。特に②で，特定の行為(practice)や線源による個人の被曝を制限する線量拘束値(dose constraint)という概念が取り入れられた。③については，職業被曝の実効線量限度が 5 年間の平均で年 20 mSv，ただし，どの 1 年についても 50 mSv を超えてはならないとしたことが最も重要な変更である。

2.1.2 被 曝 の 区 分

放射線による人体の被曝は，職業被曝，医療被曝，公衆被曝の 3 種類に区分される。ICRP 1990 年勧告で提示された被曝の区分を表 2.1 に示す。

表2.1　被曝の区分(ICRP 60, 1990)

区　分	被曝の内容
職業被曝	1. 放射線作業時に受ける人工放射線源による被曝(医療被曝，規制管理外の線源からの被曝を除く) 2. 以下の自然放射線源による被曝 　1) 規制機関が認定する「ラドンに注意を要する作業場所」での作業 　2) 規制機関が認定する「微量な放射性核種を有意に含む物質」を扱う作業およびその物質の貯蔵 　3) 航空機乗務員，添乗員などのジェット機の運航 　4) 宇宙旅行
医療被曝	1. 診断・治療目的の患者本人の被曝(集団検診，法律上の検査を含む) 2. 患者の付添い・介護をする個人の承知の上での自発的な被曝(職業被曝を除く) 3. 生物医学研究プログラムの志願者としての被曝
公衆被曝	1. 職業被曝および医療被曝以外のすべての被曝

放射線作業による被曝を職業被曝といい，従来は自然放射線源からの被曝は除かれていたものの，ICRP 1990 年勧告では航空機乗務員や添乗員のジェット機運行業務による自然放射線源からの被曝も職業被曝に加えることとした。医療被曝とは，診断または治療，すなわち医療を患者として受けて放射線に被曝することをいい，集団検診による被曝はこれに含まれる。一方，医療行為にたずさわる医師，診療放射線技師などが受ける被曝は職業被曝であって，放射線業務従事者（医療法では「放射線診療従事者等」）として管理される（表 2.3）。職業としてではなく付添いや介護をする家族・知人の被曝も医療被曝として扱われ，線量限度が適用されないので，適切な防護措置を施す必要がある。公衆被曝は，職業被曝・医療被曝以外のすべての被曝が該当する。

2.1.3　放射線防護体系

ICRP 1990 年勧告においては，放射線防護体系として 2.1.1 に述べた以下の 3 つの原則が掲げられている。

1. 行為の正当化（justification of practice）：「被曝を伴う行為は，その導入が正味の利益を生むことが確実なものでなければ，採用してはならない。」

　　放射線被曝を伴う行為を導入する場合には，最初に「行為の正当化」の判断を行わなければならない。その際には，被曝を伴わない代替手段の可能性についても考慮する必要がある。理想的には費用－便益分析の過程において，放射線防護以外の種々の社会的，経済的，道徳的要因も考慮されるべきであるが，これらの要因の中にはきわめて定量化しにくいものがあるので，法令には取り入れられていない。

2. 防護の最適化（optimization of protection）：「すべての被曝は，社会的・経済的な要因を考慮に入れながら，合理的に達成できる限り低く保たなければならない。」

　　正当化された行為であっても，被曝線量は少なくする方策をとらなければならない。「防護の最適化」にあたっては，被曝をもたらす施設，行為ごとに費用－便益分析を行う必要があるが，最適化を行った結果として得られた値は，個々の施設，行為，作業ごとに異なるので法令化は困難である。しかし，最適化は，技術的に可能なら，費用には関係なく達成し得る限り線量を抑える「最小化」の判断とは異なり，被曝を "合理的に達成可能な限り低くする――as low as reasonably achievable" というアララ（ALARA）の精神規定として，従来から放射線防護の面で大いに活かされてきた。

3. 線量限度（dose limitation）：「個人に対する線量は，ICRP がそれぞれの状況に応じて勧告する限度を超えてはならない。」

　　正当化され最適化された行為であっても，被曝線量はあらかじめ定めた線量限度を超えてはならない。ここで，線量限度とは，環境中に存在する正当化されたすべての行為から個人が受ける線量の上限値として ICRP が勧告した値である。法令上の線量限度は職業被曝と公衆被曝を対象とし，医療被曝と自然放射線による被曝は除外される。

2.2 ICRP2007年勧告

2.2.1 基 本 的 概 念

　ICRP は ICRP 1990 年勧告以来の放射線防護全般に関わる新基本勧告の最終討議を終え，2007 年 12 月に ICRP Publ.103 として発表した。現在，わが国における放射線防護に関する国内関係法令は ICRP 1990 年勧告に準拠しているが，ICRP 2007 年勧告においてどのような変更が行われているかについても理解しておくことが求められる。

　ICRP 2007 年勧告では，2.1.1 で述べた「介入」の代わりに，放射線防護体系が適用される「制御可能な被曝状況」として状況に基づく区分が提唱され，防護基本原則を適用する状況を重視した手法へと移行した。

　また，計画被曝状況に適用される従来の「線量限度」および「線量拘束値」に加えて，緊急時被曝状況，現存被曝状況に対しては「参考レベル（reference level）」を新たな指標として導入した。表 2.2 に ICRP 1990 年勧告と ICRP 2007 年勧告の比較をまとめた。

表2.2　ICRP 1990年勧告と2007年勧告との比較

ICRP 1990年勧告（Publ.60）	ICRP 2007年勧告（Publ.103）
被曝の状況	
行為（practice）と介入（intervention） 　線量拘束値（dose constraints）	計画（planned）被曝状況：線量限度＋線量拘束値 緊急時（emergency）被曝状況：参考レベル 　　　　　　　　　　　　（reference level） 現存（existing）被曝状況：参考レベル
放射線防護体系	
行為の正当化（justification of practice） 　防護の最適化（optimization of protection） 　線量限度（dose limitation）	正当化：すべての被曝状況に適用 防護の最適化：すべての被曝状況に適用 線量限度の適用：計画被曝状況に適用
影響の区分	
確定的影響（deterministic effect） 　確率的影響（stochastic effect）	確定的影響：組織反応（tissue reaction） 確率的影響：がん（cancer）と遺伝性影響（hereditary effects）
名目リスク係数（表1.4）	
全集団：がん6.0，遺伝的影響 1.3 　成　人：がん4.8，遺伝的影響 0.8	全集団：がん5.5，遺伝性影響 0.2 成　人：がん4.1，遺伝性影響 0.1
放射線荷重係数（表1.5参照）	放射線加重係数（訳語変更）
組織荷重係数（表1.6参照）	組織加重係数（訳語変更）

2.2.2 被 曝 の 状 況

ICRP 1990 年勧告では 1.行為の正当化，2.防護の最適化，3.個人の線量限度の適用の 3 原則について，行為と介入という区分に分けて説明していたが，ICRP 2007 年勧告では被曝の状況に関するアプローチへと発展し，以下の 3 つの被曝状況に分類した。

1. 計画(planned)被曝状況：線源の意図的な導入と運用を伴う状況である。計画被曝状況は，発生が予想される被曝(通常被曝)と発生が予想されない被曝(潜在被曝)の両方を生じさせることがある。患者の医療被曝もこの状況に含まれるが，他の計画被曝状況とは異なる性質を持つため，別に議論される[9.1.1]。

2. 緊急時(emergency)被曝状況：計画された状況を運用する間に，もしくは悪意ある行動から，あるいは他の予想しない状況から発生する可能性がある好ましくない結果を避けたり減らしたりするために緊急の対策を必要とする状況である。

3. 現存(existing)被曝状況：管理についての決定をしなければならない時に既に存在する，緊急事態の後の長期被曝を含む被曝状況である。

2.2.3 線量拘束値と参考レベル

ICRP 2007 年勧告では，防護の最適化のためのツールとして，線量拘束値の位置づけを重視した。線量拘束値は線源関連の線量制限のための値であり，線量限度は個人関連の線量制限値である(図 2.1)。それぞれの状況と区分において，線量限度，線量拘束値，参考レベルは表 2.3 のように適用する。線量拘束値および参考レベルはアララ(ALARA)の精神規定に基づく防護の最適化と関連して用い，線量拘束値はそれを超えると線量低減するための対策がとらなければならない値として定義されている。一方，参考レベルはそれ以上のレベルであればもちろんのこと，それ以下のレベルでも可能であれば最適化を実施することとされている点が特徴的である。

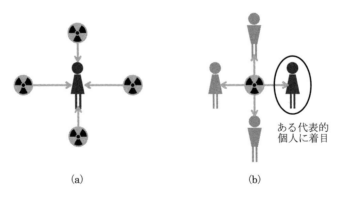

(a)   (b)

図2.1 各線量制限値の考え方
(a) 線量限度：すべての線源からの被曝について考える
(b) 線量拘束値，参考レベル：ある線源からの被曝について考える

表2.3　状況と区分に応じた線量制限の適用

状況＼区分	職業被曝	公衆被曝	医療被曝
計画被曝	線量限度 線量拘束値	線量限度 線量拘束値	診断参考レベル （線量拘束値*）
緊急時被曝	参考レベル	参考レベル	適用しない
現存被曝	適用しない**	参考レベル	適用しない

＊ 介助者や研究のボランティアの場合に適用。
＊＊ 長期的な改善作業，または影響を受けた区域内での長期的な雇用の結果生じる被ばくは，
　　放射線源が「現存」であっても計画された職業被曝の一部として扱う。

2.2.4　加重係数

　第1章でも解説したように，放射線防護量に関して，放射線荷重係数，組織荷重係数ともに一部の係数が変更された。また，weighting factor の邦訳が「荷重」から「加重」に変更され，それぞれ放射線加重係数，組織加重係数とされた。あくまでも邦訳が変更されただけであり，表わす意味自体は従来と変わらない。

2.2.5　線量限度の勧告値

　ICRP 2007年勧告の線量限度は，妊娠した女性の被曝に関する限度は胚や胎児の線量のみを規定している点が ICRP 1990年勧告とは異なっているが，線量限度値自体は変わりない。

　また，ICRP 2007年勧告では眼の水晶体の等価線量限度は変更されなかったが，その後，ICRP は眼の水晶体のしきい値および職業被曝に対する等価線量限度の引き下げを 2011年に発表し（ICRP ソウル声明），2012年にはその根拠となる報告書（ICRP Publ. 118）を刊行した。ICRP ソウル声明では，以前考えられていたしきい値よりも低い可能性のあることを示唆しており，水晶体のしきい値は 0.5 Gy と考えられ，水晶体の等価線量限度を 5年間の平均で年 20 mSv，年最大 50 mSv としている（表2.4）。この新しい眼の水晶体の等価線量限度は，放射線審議会より厚生労働大臣に具申され（平成30年3月2日原規放発第18030211号），令和2年（2020年）に放射性同位元素等規制法が改正された[2.3.4]。

表2.4　眼の水晶体に関する ICRP Publ.103 と ICRP Publ.118 のしきい値および等価線量限度の比較

項目	ICRP Publ.103	ICRP Publ.118
しきい値	混濁：　0.5〜2 Gy（急性被曝） 　　　　5 Gy（分割・長期被曝） 白内障：5 Gy（急性被曝） 　　　　>8 Gy（分割・長期被曝）	混濁：　0.5 Gy 　　　（急性，分割・長期被曝ともに） 白内障：0.5 Gy 　　　（急性，分割・長期被曝ともに）
職業被曝の 等価線量限度	150 mSv/年	100 mSv/5年 かつ 50 mSv/年

2.3 放射性同位元素等規制法

2.3.1 放射性同位元素等規制法の目的と規制対象

　放射性同位元素等規制法は，「原子力基本法の精神」[1.2.2]にのっとり，「放射性同位元素の使用，販売，賃貸，廃棄その他の取扱い」「放射線発生装置の使用」「放射性同位元素又は放射線発生装置から発生した放射線によって汚染された物（「放射性汚染物」という）の廃棄その他の取扱い」について規制することにより，これらによる「放射線障害を防止」し，「特定放射性同位元素を防護」して，「公共の安全を確保する」ことを目的としている（法1）。令和元年（2019年）9月施行の法改正により，目的に「特定放射性同位元素を防護」が加わるとともに，人の健康に重大な影響を及ぼすおそれがある特定放射性同位元素 [4.4.1] のセキュリティ対策が，新たに追加された。これに伴い，法律の名称が「放射性同位元素等による放射線障害の防止に関する法律（「放射線障害防止法」または「障防法」と呼ばれた）」から「放射性同位元素等の規制に関する法律（「放射性同位元素等規制法」）」に変更された。

　放射性同位元素等規制法の規制の対象は，「放射性同位元素」，「放射線発生装置」，「放射性汚染物」の3つに区分されており，以下に示す対象と行為が規制される〔法1〕。

1. 放射性同位元素；使用，販売，賃貸，廃棄，その他の取扱い（保管，運搬，所持など）
2. 放射線発生装置；使用のみ（販売や所持は規制されない）
3. 放射性汚染物（放射性同位元素または放射線発生装置から発生した放射線によって汚染された物）；　廃棄，その他の取扱い（詰替え，保管，運搬，所持など）

　放射性同位元素または放射性汚染物は，密封されていない放射性同位元素の使用においては同時に表記されることが多く，両者をあわせて「放射性同位元素等」という〔則1(3)〕。

2.3.2 事業者の区分

　放射性同位元素等規制法では，上記規制対象を取り扱う事業所を事業者として，許可届出使用者，届出販売業者・届出賃貸業者，許可廃棄業者に区分している。このうち放射線発生装置を使用する事業者や政令で定める放射性同位元素ごとに定められた下限数量を超える密封されていない放射性同位元素または下限数量の1000倍を超える密封された放射性同位元素を使用する事業者は，原子力規制委員会から許可を受ける必要がある。一方，密封された放射性同位元素1個又は1式当たりの数量が下限数量を超え1000倍以下のものだけを使用する場合には，原子力規制委員会への届出を要する。前者を「許可使用者」，後者を「届出使用者」といい，両者を合わせて「許可届出使用者」という〔法3, 3の2, 10(1), 令3〕。

　許可使用者の中でも，放射線発生装置を使用する許可使用者，10TBq以上の密封された放射性同位元素，または，下限数量の10万倍以上の非密封放射性同位元素を使用する許可使用者を「特定許可使用者」とし，特に施設検査，定期検査，定期確認[6.1.1]を義務づけている〔法12の8, 令13〕。

2.3.3 放射線業務従事者と管理区域

放射性同位元素等規制法では，放射性同位元素等または放射線発生装置の取扱い，管理またはこれに付随する業務を取扱等業務とし，取扱等業務に従事する者であって，管理区域に立ち入る者を放射線業務従事者〔則1(8)〕(医療法では放射線診療従事者等〔医則30の18〕)と定義していることから，管理区域は放射線管理上きわめて重要なものである。

管理区域は以下の値を超えるおそれのある場所〔則1(1)，告5第4条，医則30の16〕であり，放射線業務(診療)従事者以外が立ち入らないように措置された区域である。

1. 外部放射線に係る線量については，実効線量が 1.3 mSv/3 月
2. 空気中の放射性同位元素の濃度については，3 月間についての平均濃度が空気中濃度限度〔告5第7条〕の 1/10
3. 放射性汚染物の表面の放射性同位元素の密度が告示第5号別表第4(表7.2，付録2)に規定する表面密度限度の 1/10，すなわち α 線を放出する放射性同位元素では 0.4 Bq/cm^2，α 線を放出しない放射性同位元素の場合は 4 Bq/cm^2 である。

ここで，1と2が複合する場合は各々の寄与の割合の和が1となるおそれのある場合(割合の和に関しては4.1.2の〔例題〕を参照)となるが，3の表面汚染については複合の対象にはならない。また，2および3の「放射性同位元素」には「放射線発生装置から発生した放射線により生じた放射線を放出する同位元素」を含む。放射性同位元素等規制法では，使用を前提とする放射性同位元素以外の表面汚染に関する放射性同位元素には，すべて同様に含まれる。

2.3.4 放射線業務従事者の線量限度

法令で被曝線量を規制する対象は，放射線業務(診療)従事者と公衆の構成員になる。表2.5 に示す放射線業務(診療)従事者の線量限度には自然放射線による被曝[3.2.1]と医療被曝[3.4]は除外されている〔告5第24条〕。

表2.5 放射線業務(診療)従事者の線量限度

実効線量限度 〔則1(10)，告5第5条， 医則30の27-1〕	① (平成13年4月1日以降の5年ごと)	100 mSv/5年
	② (4月1日を始期として)	50 mSv/年
	女子 (4月1日，7月1日，10月1日， 1月1日を始期として)	5 mSv/3月
	妊娠中である女子※の内部被曝	1 mSv
等価線量限度 〔則1(11)，告5第6条， 医則30の27-2〕	眼の水晶体 　現行：(4月1日を始期として)	150 mSv/年
	令和3年4月以降：	
	① (平成13年4月1日以降の5年ごと)	100 mSv/5年
	② (4月1日を始期として)	50 mSv/年
	皮膚 (4月1日を始期として)	500 mSv/年
	妊娠中である女子※の腹部表面	2 mSv
緊急作業時の線量限度 〔則29-2，告5第22条， 医則30の27〕	実効線量	100 mSv
	眼の水晶体の等価線量	300 mSv
	皮膚の等価線量	1 Sv

※本人の申し出等により事業者が妊娠の事実を知ったときから出産までの間

放射線業務(診療)従事者の実効線量は外部被曝による実効線量(1 cm 線量当量)と内部被曝による実効線量の和として①と②を下回る必要がある。内部被曝による実効線量については 8.2.4 を参照されたい。女子の実効線量限度については，本邦の放射線関係法規の基となっている ICRP 勧告にもなく，5 mSv/3 月は実効線量限度①の 100 mSv/5 年から算出される 20 mSv/年をより厳しく運用したものである。

等価線量についても同様であるが，外部被曝による等価線量限度は眼の水晶体については 150 mSv/年，皮膚については 500 mSv/年，妊娠中である女子の腹部表面については，事業者が妊娠の事実を知ったときから出産までの期間につき 2 mSv と規定されている。眼の水晶体の等価線量限度に関しては，令和 2 年(2020 年)の放射性同位元素等規制法施行規則および告示第 5 号の改正により，現行の実効線量限度と同様に平成 13 年 4 月 1 日を始期とする 5 年間で 100 mSv，いずれの年度も年 50 mSv が適用され(表 2.5)，実効線量の 5 年間積算の起算点を合わせるために令和 3 年(2021 年)4 月の施行となった。

また，放射線関係法令では「女子」とは単なる性別ではなく，あくまでも女性が妊娠した場合の胎児の線量を出産までの期間に 1 mSv 以下とするためのものなので，「妊娠の可能性がないと診断された」場合には，男性と区別される必要がない。ただ，男女雇用均等法に基づき，性別による職業上の制限は原則として認められないことから，放射性同位元素等規制法および医療法では，「女子」について「妊娠不能と診断された者，妊娠の意思のない旨を許可届出使用者，許可廃棄業者または病院・診療所の管理者に書面で申し出た者および妊娠中の者を除く」という条件が加えられた。しかしながら，労働関係法令にはこれらの規定は採用されていない。

2.3.5 場所の線量限度等

場所に関する線量限度等を表 2.6 に示す。

使用施設内の放射線業務(診療)従事者が常時立ち入る場所において外部放射線に被曝する場合には，必要な遮蔽壁その他の遮蔽物を設けることによって，実効線量で 1 mSv/週以下の作業条件にしなければならない。これは，従事者の実効線量限度の年間 50 mSv を週当たりに換算した値である。

常時立ち入る場所における人が呼吸する空気中の放射性同位元素の濃度については，告示第 5 号別表第 2 第 4 欄(付録 2)に示されている空気中濃度限度以下とする。空気中に 2 種類以上の放射性同位元素が含まれる場合には，それぞれの放射性同位元素の濃度の別表第 2 第 4 欄に示す濃度に対する割合の和が 1 となるような濃度が限度となる(割合の和に関しては 4.1.2 の〔例題〕を参照)。また，放射性同位元素の種類が明らかでない場合には，当該空気に含まれていないことが明らかな種類を除いた別表第 2 第 4 欄の濃度のうち，最も低いものを適用し，種類が明らかであるが別表第 2 第 1 欄にない場合には，別表第 3 の第 2 欄(付録 2)の濃度が限度となる。

表2.6　場所の線量限度等

	外部放射線	空気中・排気中濃度	排水中濃度	表面密度
使用施設内の人が常時立ち入る場所 ［則1(1),14の7-1(3),告5第7,8,10条,医則30の4〜30の12,30の26-2,30の26-6］	実効線量 ≦1mSv／週	1週間の平均濃度 ≦空気中濃度限度 （告5別表第2第4欄／医則別表第3第2欄の濃度）		表面密度限度 （告5別表第4／医則別表第5の濃度）
管理区域の境界 ［則1(1),告5第4条,医則30の26-3］	実効線量 ≦1.3mSv／3月	3月間の平均濃度 ≦空気中濃度限度の1/10		表面密度限度の1/10
事業所または病院の敷地の境界 ［則14の7-1(3),14の11(4),告5第10,14条,医則30の17,30の26-1,4］	実効線量 ≦250μSv／3月	3月間の平均濃度 ≦排気中濃度限度 （告5別表第2第5欄／医則別表第3第4欄の濃度）	3月間の平均濃度 ≦排水中濃度限度 （告5別表第2第6欄／医則別表第3第3欄の濃度）	表面密度限度の1/10

　管理区域は，外部放射線量，空気中濃度，表面密度それぞれについて，人が常時立ち入る場所における限度値の 1/10 を超えるおそれのある場所と定義される。外部放射線の実効線量 1.3 mSv/3 月も，3 月を 13 週で換算すると週当たり 0.1 mSv であるので，1 mSv/週の 1/10 となっている。管理区域では法令で飲食が禁止されているので，常時立ち入る場所および管理区域の境界における水中濃度限度は規定されていない。人が触れる物の放射性同位元素の表面密度に関しては，常時立ち入る場所で告示第 5 号別表第 4（表 7.2，付録 2）に規定する表面密度限度以下，管理区域の境界ではその 1/10 以下とする必要がある。

　外部放射線と空気中濃度が複合する場合は，各々の寄与の比率の和が 1 以下でなければならないが，2.3.3 の管理区域と同様に表面密度は線量限度との複合には関係しない。

2.3.6　公衆の線量限度等

　公衆の構成員に対する線量限度は，法令には個人の線量限度として直接的には規定されていないが，工場または事業所の境界における場所の線量限度として規定されている。場所の線量限度は，法令では遮蔽により達成するよう定められているので「遮蔽基準」とも呼ばれている。法定の遮蔽基準を表 2.7 にまとめた。

　事業所や病院内の居住区域および敷地の境界の 250 μSv/3 月という実効線量限度は，1985 年の ICRP パリ声明にある「公衆の主たる限度 1 mSv/年」に基づくものである。病室の実効線量限度 1.3 mSv/3 月についても，1985 年 ICRP パリ声明の「生涯にわたる平均の年実効線量 1 mSv を超えることがない限り，5 mSv/年という補助的限度を数年にわたって用いることができる」という勧告に基づいている。これらはどちらも 1 年間で守るべき ICRP 勧告の限度値を 4 半期毎に達成させようとするもので，より厳しい運用となっている。

2. 国際放射線防護委員会の勧告と放射性同位元素等規制法

表2.7　法定遮蔽基準

場所の区分	実効線量限度
使用施設内の人が常時立入る場所〔則14の7-1(3)，告5第10条〕	1 mSv/週
放射性同位元素装備診療機器使用室以外の使用室，貯蔵・廃棄施設，放射線治療病室の画壁等の外側〔医則30の4〜30の12〕	1 mSv/週
管理区域の境界〔則1(1)，告5第4条，医則30の26-3〕	1.3 mSv/3月
病院または診療所内の病室〔告5第10条，医則30の19〕	1.3 mSv/3月
事業所，病院，診療所内の人が居住する区域 事業所，病院，診療所の敷地の境界〔則14の7-1(3)，告5第10条，医則30の17，30の26-4〕	250 μSv/3月

事業所または病院の敷地の境界における排気に係る濃度限度については，3 月間についての平均濃度が告示第 5 号別表第 2 の第 5 欄(付録 2)に示されている。この排気中濃度限度の空気を常時呼吸すれば 1 mSv/年に相当することになる。ここでも，空気中に 2 種類以上の放射性同位元素が含まれる場合には，それぞれの放射性同位元素の濃度の別表第 2 の第 5 欄に示す濃度に対する割合の和が 1 となる濃度が限度となる(割合の和に関しては 4.1.2〔例題〕を参照)。また，放射性同位元素の種類が明らかでない場合には，当該空気に含まれていないことが明らかな種類を除いた別表第 2 第 4 欄の濃度のうち，最も低いものを適用し，種類が明らかであるが別表第 2 第 1 欄にない場合には，別表第 3 の第 2 欄(付録 2)の濃度が限度となる。

同様に排水に係る濃度限度については告示第 5 号別表第 2 の第 6 欄(付録 2)に示されており，この排水中濃度限度の水を常時摂取すれば 1 mSv/年に相当することになる。2 種類以上の放射性同位元素が含まれる場合または別表第 2 にない場合にあっては，排気の場合と同様である。空気中・排気中および排水中濃度限度と告示別表との関係を示すと表 2.8 のようになる。

表2.8　空気中，排気中および排水中濃度限度

同位元素の種類	明らか 1種類	明らか 2種類以上	不明 明らかにないものを除く	明らか 別表第2にない
空気中濃度	別表第2第4欄の濃度(別表2-4)	別表2-4に対する割合の和が1	別表2-4のうち最も低いもの	別表第3第2欄の濃度
排気中濃度	別表第2第5欄の濃度(別表2-5)	別表2-5に対する割合の和が1	別表2-5のうち最も低いもの	別表第3第3欄の濃度
排水中濃度	別表第2第6欄の濃度(別表2-6)	別表2-6に対する割合の和が1	別表2-6のうち最も低いもの	別表第3第4欄の濃度

外部放射線，排気中濃度および排水中濃度が複合する場合には，各々の寄与の割合の和が1以下でなければならない。

2.3.7　放射線障害の防止に関する記帳

放射性同位元素等の入手，使用，保管，廃棄などに係る記録を残す作業を「記帳」という。許可届出使用者，届出販売業者，届出賃貸業者および許可廃棄業者について，それぞれ記帳する事項が定められている。許可届出使用者が記帳すべき事項には，放射性同位元素等の受け入れ，払い出し，使用，保管，運搬，廃棄，放射線施設の点検，教育訓練などがある。帳簿は毎年3月31日に閉鎖し，閉鎖後5年間保存する。また，帳簿は，電磁的方法により保存することができる〔法25，則24，24の2〕。放射性同位元素等規制法では，このほかに特定放射性同位元素の防護に関する記帳 [4.4.5(5)] がある。

一方，医療法では，診療用放射性同位元素等の入手，使用，保管，廃棄などに関して記帳し，これを1年ごとに閉鎖して，閉鎖後5年間保存する点は同様だが，教育訓練の規定はなく，診療用放射線の安全利用のための研修の実施がそれに対応する〔医則1の11-2(3の2)〕。医療法に特徴的な記帳に「装置等の1週間の延べ使用時間」があるが，それぞれの使用室の画壁の外側における実効線量率が一定のレベル以下であれば免除される〔医則30の23〕。

2.3.8　放射線障害予防規程

許可届出使用者，届出販売業者，届出賃貸業者（表示付認証機器等のみを扱う者を除く）および許可廃棄業者は，放射線障害を防止するため，使用若しくは業を開始する前に，放射線障害予防規程を作成し，原子力規制委員会に届け出なければならない（法21(1)，則21(1)）。放射線障害予防規程に定めるおもな事項は，1) 放射線取扱主任者 [4.1.5] の職務および組織に関すること，2) 放射線取扱主任者の代理者に関すること，3) 放射線施設の維持，管理，点検に関すること，4) 放射性同位元素または放射線発生装置の使用に関すること，5) 放射性同位元素等の受入れ，払出し，保管，運搬，廃棄に関すること，6) 放射線量および汚染の状況の測定，記録，保存 [7.4] に関すること，7) 放射線障害を防止するために必要な教育及び訓練に関すること，8) 健康診断に関すること，9) 放射線障害を受けた者またはそのおそれのある者に対する保健措置に関すること，10) 放射線障害の防止に関する記帳および保存 [2.3.7] に関すること，11) 災害時の措置に関すること，12) 危険時の措置に関すること，13) 放射線障害のおそれのある場合または放射線障害が発生した場合の情報提供に関すること，14) 応急の措置を講ずるために必要な事項に関すること，15) 放射線障害の防止に関する業務の改善に関すること，16) 放射線管理の状況の報告に関すること，17) 廃棄物埋設に関すること，18) その他放射線障害の防止に関し必要な事項と全般にわたっている。

また，放射線障害予防規程を変更したときは，変更の日から30日以内に，原子力規制委員会に届け出なければならない（法21(3)）。

2. 国際放射線防護委員会の勧告と放射性同位元素等規制法

演 習 問 題

1. 放射線業務従事者が，ある 1 週間に全身に対して 0.5 mSv の外部被曝を受け，さらにその期間の標準作業時間中元素状トリチウム 0.5×10^4 Bq/cm^3 で汚染された空気を呼吸したとすれば，この者のその週における複合線量はいくらになるか。

2. ^{14}C を含む物質を施設外へ排気，排水しようとする場合につぎの 3 つのケースの推定を行った。それぞれの理由を簡単に述べよ。

　ただし，平成 12 年（2000 年）科学技術庁告示第 5 号別表第 2 第 5 欄の CO_2 としての ^{14}C の濃度限度は 2×10^{-2} Bq/cm^3，第 6 欄の ^{14}C 標織有機化合物の濃度限度は 2×10^0 Bq/cm^3 である。

（1）1,200 g の炭素を含む可燃物中に ^{14}C の 10^5 Bq が混じている場合は，そのまま焼却炉で完全に燃焼させ排気させることができる。ただし，空気の組成は酸素 1，窒素 4 の割合とし，計算の便宜上燃焼は標準状態でおこると仮定して気体の容積を考えてよい。炭素の原子量は 12 とする。

（2）フードを通じて室内の空気が毎時 4 回換気される 150 m^3 の実験室がある。$^{14}CO_2$ を扱っているとき，事故により漏出がおこり施設外への排気のおそれのある場合を考えると，この実験室であつかう $^{14}CO_2$ の量は 8×10^7 Bq を超えないようにするのがよい。

　ただし，$^{14}CO_2$ の漏出は 8 時間にわたり連続して平均的におこると仮定する。

（3）ある作業所の 1 日（作業時間は 8 時間）の排水量が 8 m^3 以上であれば 1 日に水溶性である ^{14}C を含む化合物の 5×10^8 Bq を排水とともに廃棄することができない。

3. 表 2.6 が示すように，管理区域の水中濃度限度は規定されていない理由を説明せよ。

4. ICRP 1990 年勧告と放射性同位元素等規制法のおもな相異点を述べよ。

5. ICRP 2007 年勧告における，ICRP 1990 年勧告からのおもな変更点を述べよ。

6. 次のうち公衆被曝とみなされるものはどれか。
　　a）航空機の乗務員の被曝
　　b）放射線業務従事者の胎児の被曝
　　c）宇宙飛行士の宇宙飛行時の被曝
　　d）X 線撮影時に患者の付き添いをする人の被曝
　　e）生物医学研究プログラムの志願者としての被曝

7. 放射性同位元素等規制法における放射線業務従事者と線量限度の組合せで正しいのはどれか。
　　a）実効線量　　　　　　　　　　—— 　20 mSv/年
　　b）緊急作業に係る実効線量　　　—— 　300 mSv
　　c）女子の実効線量　　　　　　　—— 　5 mSv/3 月
　　d）皮膚の等価線量　　　　　　　—— 　150 mSv/年
　　e）妊娠中である女子の腹部表面等価線量 —— 　出産までの期間 1 mSv

3. 人類の被曝線量：放射線衛生学

3.1 環 境 放 射 線

放射線源は略して線源と呼ばれるが，環境中に存在する環境放射線は自然放射線源と人工放射線源に大別される。さらに後者は，医療関係，職業被曝，核実験フォールアウト，原子炉関係，副次的に放射線を出す雑線源，放射性同位元素に分類される。原子放射線の影響に関する国連科学委員会(United Nations Scientific Committee on the Effects of Atomic Radiation，略称 UNSCEAR)2008 年報告(UNSCEAR 2008)および原子力安全研究協会が2011 年に報告した「新版生活環境放射線(国民線量の算定)」(原安協 2011)に示された自然放射線と人工放射線による 1 年間の実効線量の世界平均を表3.1 に，日本人の平均を表3.2 に示す。加えて，表3.2 には日本人の医療被曝における診断手技毎の実効線量の内訳を付記した。

表3.1 自然放射線と人工放射線による年実効線量(世界平均：UNSCEAR 2008)

線　源	世界 1 人当たりの 年実効線量[mSv/年/人]	被曝の範囲・傾向
自然放射線	2.4[表3.3参照]	代表的範囲：1 -13 mSv，特定地域：10-20 mSv
医学診断(治療を除く)	0.6	代表的範囲：0-数10 mSv，平均：0.03-2.0 mSv
職業被曝	0.005	代表的範囲：0-20 mSv，作業者平均：0.7 mSv
大気圏内核実験	0.005	ピーク時(1963年)：0.11 mSv
チェルノブイリ事故	0.002	ピーク時(1986年)：0.04 mSv(北半球平均)
核燃料サイクル(公衆被曝)	0.0002	原子炉サイトから 1 km の場所：最大 0.02 mSv
合　計	3.0	

表3.2 自然放射線と人工放射線による年実効線量(日本平均：原安協 2011)

線　源	日本人1人当たりの 年実効線量 [mSv/年/人]	医療被曝による年実効線量 [mSv/年/人]	
自然放射線	2.1 [表3.3参照]	X線診断	1.47
医療被曝	3.87	X線CT	2.30
航空機乗客	0.004	集団検診・胃	0.038
核実験フォールアウト	0.0025	胸部	0.0097
職業被曝	0.00145(作業者平均：0.343)	核医学	0.034
原子力関連施設(公衆被曝)	0.000101	歯科	0.023
雑線源	<0.00005		3.87
合　計	6.0		

3.2 公 衆 被 曝

3.2.1 自 然 放 射 線

われわれは自然界(土壌，水中，空気中など)に存在する放射性物質からの放射線や2次宇宙線による外部被曝，体内の放射性物質による内部被曝をたえず受けている。特別な環境を除き，公衆被曝の大部分はこれらの自然放射線源によるものであり，年実効線量は地域によって大きな格差がある(表3.1)。前述した UNSCEAR 2008 年報告 (UNSCEAR 2008) および原安協「新版生活環境放射線(国民線量の算定)」(原安協 2011)における世界および日本の通常地域での自然放射線源による年平均実効線量の内訳は表 3.3 のようになる。

自然放射線による被曝は，地殻中に存在する放射性物質の量，地域，高度差などによりかなりの差がある。宇宙線は銀河宇宙線と陽子を主成分とする太陽由来の粒子線に大別される。

表3.3 自然放射線による年実効線量(世界平均：UNSCEAR 2008，日本平均：原安協 2011)

線 源		世界1人当たりの年実効線量 [mSv/年/人]	日本人1人当たりの年実効線量 [mSv/年/人]
外部被曝		[代表的範囲]	
宇宙放射線	直接電離・光子成分	0.28	
	中性子成分	0.10	
	宇宙線生成核種	0.01	
	小 計	0.39 [0.3-1.0]	0.30
大地放射線	屋外	0.07	
	屋内	0.41	
	小 計	0.48 [0.3-1.0]	0.33
内部被曝		[代表的範囲]	
吸入摂取	ラドン(^{222}Rn)	1.15	0.37
	トロン(^{220}Rn)	0.10	0.09
	喫煙 (^{210}Pb, ^{210}Po)		0.01
	ウラン・トリウム系列	0.006	0.006
	小 計	1.26 [0.2-10]	0.48
経口摂取	カリウム(^{40}K)	0.17	0.18
	ウラン・トリウム系列(^{210}Pb, ^{210}Po)	0.12	0.80
	炭素 (^{14}C)		0.0025
	小 計	0.29 [0.2-1.0]	0.98
自然放射線による年実効線量		2.4 [1.0-13]	2.1

外部被曝として問題となるのはエネルギーの高い中性子線であり，緯度が高いほど，高度が高いほど線量率が高くなる。飛行機利用で受ける線量も緯度と高度に依存するが，中緯度の高度 9〜12 km のジェット機内では 4〜8 mSv/h（UNSCEAR 2008）と報告されている。

大地放射線による外部被曝は，土壌中のウラン ^{238}U 系列，トリウム ^{232}Th 系列，カリウム ^{40}K などの天然放射性核種から放出される γ 線によるものであり，その年実効線量は，日本では最も少ない神奈川県で 0.12 mSv，最も多い岐阜県で 0.52 mSv（原安協 2011），国民 1 人当たり 0.33 mSv と推計されているが，イランのラムサールでは 400 mSv，ブラジルのポソデカルダスでは 250 mSv にも達する地域がある。

宇宙線によって生成される ^{14}C，^{3}H などは，内部被曝にはほとんど寄与せず，内部被曝に影響を与えるもののすべては大地に含まれている放射線源からのものである。壊変系列の中でもとりわけウラン ^{238}U 系列の ^{226}Ra（半減期 1600 年）の壊変により生じる ^{222}Rn［ラドン］（半減期 3.82 日）およびトリウム ^{232}Th 系列の ^{224}Ra（半減期 3.66 日）の壊変により生じる ^{220}Rn［通称トロン］（半減期 55.6 秒）は気体であることから，空気中に拡散したこれらの Rn ガスの吸入摂取による実効線量の割合が大きく，世界平均では全自然放射線の半分を占める。

経口摂取による被曝は，飲料水や食品に含まれるウラン系列由来の鉛 ^{210}Pb やポロニウム ^{210}Po，カリウム ^{40}K などの寄与が大きい。自然界に存在するカリウムのうち，$β^{-}$ 線，γ 線を放出する ^{40}K の天然存在比は 0.0117% であり，人体の必須元素であるカリウムとともに体内に取り込まれる。また，ラドンの壊変生成物である ^{210}Pb，^{210}Po は空気中から降下して植物の葉の表面へ付着する。一方，^{210}Po については，海産物，特に魚類の内臓に濃縮される。日本人の魚介類の消費量は世界の中でも多く，魚種によっては内臓も食することから，実効線量が 0.80 mSv と他の国と比較して食品からの ^{210}Po の摂取量が多くなっている。

3.2.2 核実験フォールアウト

フォールアウトとは大気中の放射性降下物のことであって，主として原水爆実験で生じた放射性粒子が成層圏から長年月にわたり地表に降下する場合である。第 2 次世界大戦後の東西冷戦下，抑止力の名目で加速した核兵器開発競争のもとで実施された大気圏内核実験は終戦直後の 1945 年から開始された。大気圏内核実験のピークは，1961 年（59 回），62 年（118 回）で，平均で 3 日に 1 回，地球のどこかでキノコ雲が立ち上っていた期間があったが，1963 年以降は核実験の大部分，そして 1981 年以降はそのすべてが地下核実験に移行した（表 3.4）。核実験による実効線量預託は 3×10^{7} 人・Sv と自然放射線による年間実効線量の 2 倍に達したが，その 12% が 1980 年までに与えられ，その後の平均集団線量は減少しつつある。1980 年代の初めには，自然放射線からの実効線量の 1% 程度であって，寄与の大きい順から ^{14}C，^{137}Cs，^{95}Zr，^{90}Sr などであった。この内，^{95}Zr は半減期 64.0 日なので既に線量預託への寄与は終了しており，^{137}Cs（半減期 30.0 年）と ^{90}Sr（半減期 28.7 年）も今世紀中には寄与を失うが，半減期が 5,370 年の ^{14}C がかなり将来まで低い線量率で被曝の大きい原因となる。

表3.4 大気圏内核実験回数と核反応収量・大気中拡散量（UNSCEAR 2000）

年　次	核反応生成物[Mt]		大気圏内核実験回数[回]					
	総収量	拡散量	全世界	アメリカ	旧ソ連	イギリス	フランス	中　国
1945-1950	0.221	0.139	9 *	8 *	1			
1951	0.590	0.334	18	16	2			
1952	11.0	3.19	11	10		1		
1953	0.360	0.253	18	11	5	2		
1954	48.3	15.5	16	6	10			
1955	2.06	1.08	20	14	6			
1956	22.9	6.30	32	17	9	6		
1957	9.64	5.11	46	23	16	7		
1958	56.8	20.6	91	52	34	5		
1959	0	0						
1960	0.072	0.036	3				3	
1961	86.5	18.3	59		58		1	
1962	170.4	71.8	118	40	78			
1963	0	0	部分的核実験禁止条約締結				［調印せず］	
1964	0.020	0.010	1	［地下核実験へ移行］				1
1965	0.040	0.040	1					1
1966-1970	20.7	12.0	29				21	8
1971-1975	5.32	3.13	25				20	5
1976-1980	4.78	2.83	7					7
合　計	440	161	530	197	219	21	45	22

＊；広島・長崎の実戦使用を含む

3.2.3 原子炉関係

　わが国のエネルギー自給率はわずか9%にとどまっており，一次エネルギーの約40%を占める石油を政情が不安定な中東に依存している。2度のオイルショックの経験から，エネルギー資源の多様化が課題となり，石油に代わるエネルギーとして石炭・天然ガスや原子力の導入を進めてきた。火力発電は石油・石炭・天然ガスなどの化石燃料を燃やして発電を行っているため，CO_2を排出するが，原子力発電は太陽光や風力発電と同様にCO_2を排出せず，地球温暖化防止の観点からも優れた発電方法である。1966年7月に日本原子力発電(株)東海発電所が商業用原子力発電所として初めての運転を開始した。1985年度には石油火力発電を抜いて主力電源となり，2010年度の原子力発電力量は総発電力量の26%を占めた。日本は，米国(99基)，フランス(58基)に次ぐ世界3番目(38基)の原子力発電保有国である。2011年3月の東京電力福島第一原子力発電所の事故の影響もあり，原子力発電を停止し火力発電に切り替えた結果，CO_2排出量が過去最大となり，2013年には1990年比で10.5%増となった。2019年9月現在，稼動している商業用原子力発電所は9基のみである。

(1) 原子炉

　ウランを燃料とする原子炉では，濃縮された ^{235}U に中性子が衝突して核分裂し，熱エネルギーとともに中性子が発生する。燃料の大部分を占める ^{238}U は中性子と衝突しても核分裂はおこさないが，中性子を吸収して核分裂しやすいプルトニウム ^{239}Pu に変化する（図3.1(a)）。原子炉内では連鎖核分裂によって，1)電荷をもった重い核破片と軽い核破片ならびに γ 線と速発中性子が発生する。2)核破片は β^- 線および γ 線を放射し，中性子を出して安全な中重核へとたどる。3) (γ, n) 反応による中性子，(n, n') 反応による γ 線および放射性生成核から出る β 線，γ 線，4)上記諸過程に伴う制動 X 線，5)冷却材（水，空気，CO_2）の中性子による放射化物から放出される放射線など多様な放射線が放出する。

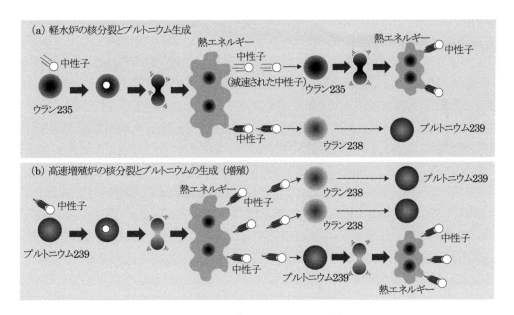

図3.1 核分裂とプルトニウムの生成

　1986 年のソ連チェルノブイリ原発事故は原子炉火災にともなうフォールアウトにより，その実効線量預託は約 6×10^5 人・Sv となった。また，2011 年 3 月 11 日に発生した東日本大震災による津波とその後の停電によって，東京電力福島第一原子力発電所の原子炉冷却機能が停止し，炉心溶融（メルトダウン）と水素爆発により，大量の放射性核種による環境汚染を引き起こした。その後，周辺住民の避難は長期化し，現在も帰還に向けた復興・除染作業が続いている。今回の事故からは多くの教訓を学ぶ必要があるが，現状の電力消費量を維持したまま，原子力発電を否定し，地球温暖化に直結する大量の CO_2 を排出する火力発電などへの依存を増すことは，別の環境破壊として将来に禍根を残しかねない。現在の電力依存度の見直しを含めて，クリーンな代替エネルギー開発が必要である。

(2) 核燃料サイクル

　金属ウラン，ウラン化合物およびセラミック燃料といわれるウラン，トリウム，プルト
ニウムの酸化物，炭化物などの単体や混合物などがそれぞれの目的に応じた形態で使用さ
れる。さらに，原子炉での使用済燃料を再処理し，ウランやプルトニウムを抽出して再び
核燃料として利用する。この一連の循環過程を核燃料サイクル(図3.2(a))という。

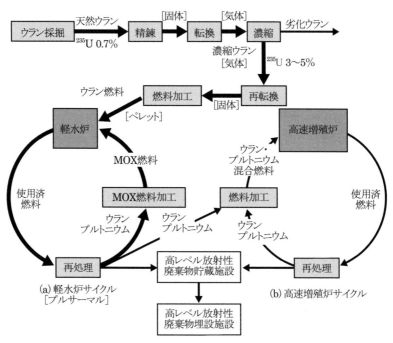

図3.2 核燃料サイクル
プルサーマル(a)と高速増殖炉サイクル(b)

1) 製錬・転換

　採掘されたウラン鉱石から製錬によってイエローケーキと呼ばれる天然ウラン精鉱
U_3O_8が作られ，転換工場で六ふっ化ウラン UF_6(気体)になり，ボンベに詰められて濃縮
工場へ送られる。世界中のウラン鉱山の約半分は露天掘式のもの，残り半分は抗内式の
ものであり，製錬は鉱山の近くで行われる。採掘および製錬の両過程を通じての被曝の
うち，採掘による分が大部分を占める。

2) 濃縮

　天然ウラン中の ^{235}U の存在比は0.7%である。^{235}U の含有率をこれ以上に高めたものを
濃縮ウランという。核燃料に使用される ^{235}U の含有率は3〜5%である(図3.3)。わが国
では動力炉・核燃料開発事業団(現日本原子力研究開発機構)が開発した遠心分離法によ

るウラン濃縮のパイロットプラントが人形峠に 1982 年に完成した。続いて，日本原燃（株）による青森県六ヶ所村の濃縮工場が 1992 年より操業を開始した。

3）再転換・燃料加工

　気体状の濃縮ウラン UF_6 は再び転換工場に送られて粉末状の二酸化ウラン UO_2 に変換される。UO_2 は加工工場でせともの状のペレットに焼きかためられ，金属管に入れられて燃料棒となり原子力発電所へ運ばれる。1999 年に発生した茨城県東海村のウラン加工施設（JCO）の臨界事故は，再転換工程でおこった本邦初の臨界事故であり，現場にいた作業員 2 名が被曝により死亡した。

4）再処理

　ウラン燃料は発電により 3〜5% しか消費されず，核分裂生成物などの高レベル廃棄物を除く 95〜97% の燃料は再利用できる（図 3.3）。原子炉での使用済燃料は取り出して貯蔵プールで放射能を減らした後，鉛の容器（キャスク）に入れて再処理工場に運ばれる。わが国では，1 日の処理能力が使用済燃料で 0.7 t の再処理施設が動力炉・核燃料開発事業団で建設され 1981 年から稼働している。製品としては精製三酸化ウラン（UO_3）粉末と精製硝酸プルトニウム（$Pu(NO_3)_4$）溶液が出されている。さらに，日本原燃（株）によって 800 t/年 の再処理工場の建設が 2021 年竣工を目指して進められている。

　核燃料サイクルはウラン鉱石の採鉱と製錬に始まり，核燃料の転換，^{235}U 濃縮，燃料製造，原子炉による発電，核燃料再処理，放射性廃棄物の処分など多くの段階を含んでいる。各段階において環境に放出される放射性核種の多くは，寿命が短く環境中で移行性も低いので，局地的な問題となる。2018 年 1 月には 31 ヶ国で 443 基の原子力発電所が稼働し，世界の電力供給量の約 10% を原子力発電が占めるが，自然放射線による世界平均年実効線量の 8×10^{-5} 倍程度とごく僅かである。

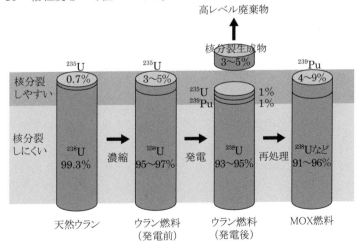

図3.3 核燃料の組成変化とMOX燃料

（3）プルサーマル

　プルサーマルとは，使用済燃料を再処理し，Pu を取り出して U に混ぜた混合酸化物（Mixed Oxide Fuel：MOX，図 3.3）を燃料として，通常の軽水炉で利用することで（図 3.2(a)），熱中性子炉の thermal reactor からきた和製英語である。わが国では，2009 年 12 月に九州電力玄海原子力発電所 3 号機が国内初のプルサーマルによる営業運転を開始した。

（4）高速増殖炉

　核分裂によって発生する高速中性子をあまり減速させずに核分裂連鎖反応がおこるように設計された原子炉（高速炉）の中でも，消費する以上の核分裂物質を生じさせるものを高速増殖炉という（図 3.1(b)）。中心部に核分裂しやすい ^{239}Pu や ^{235}U が約 20% 含まれる燃料を置き，その周りを核分裂しない ^{238}U で囲む構造（ブランケット）となっており，炉心から発生した中性子がブランケット内の ^{238}U を効率よく ^{239}Pu に変えるため，消費する燃料以上の核分裂物質を生じさせる。このように，Pu は高速増殖炉の燃料（PuO_2-UO_2）となって核燃料サイクルに重要な役割をはたすものである（図 3.2(b)）。実験炉の「常陽」の後継炉で，実用化のための原型炉である「もんじゅ」は，1991 年から試運転を開始し，1994 年には初臨界に達したが，翌 1995 年に冷却剤であるナトリウム漏えい事故のため，運転を休止した。2010 年 5 月には 3 年後の本格運転を目指して 14 年ぶりに運転を再開したものの，同年 8 月の炉内中継装置の落下事故により，再度運転を停止した。その後，東日本大震災に伴う原子力行政の見直しの中で，2016 年 12 月に政府が廃炉を正式決定し，翌 2017 年に廃止措置計画を原子力規制委員会に申請して認可された。2047 年の廃炉作業終了を目指して 2018 年 7 月には，核燃料の取り出しが開始された。

　一方，原子炉開発で先んじているフランスでは，高速増殖炉計画として，実験炉：ラプソディー（1967〜1983 年），原型炉：フェニックス（1973〜2009 年），実証炉：スーパーフェニックス（1985〜1998 年）を経て，現在ナトリウム冷却高速炉である ASTRID の建設計画があり，2018 年 7 月に公表された戦略ロードマップでは，この ASTRID を日仏共同開発することで合意した。

3.2.4 雑 線 源

（1）自発光塗料

　時計，計器の目盛盤，安全標識などの自発光塗料に使う核種としては昔 Ra が使用された。これはその放出する α 線によって螢光物質（ZnS など）を励起発光させるためである。この場合，放射線による障害の危険性は製造者側と使用者側とで異なる。夜光時計の文字盤に塗料を塗るダイヤルペインターが，作業用の筆をなめて Ra を体内に摂取し，それが原因で障害を受けた例が多い。

　わが国では，1960 年以降は，Ra に代って ^{147}Pm が使用されてきた。この核種は半減期が 2.6 年と短く，ほとんど γ 線を出さないだけでなく，ガラス，プラスチックなどによって

220 keV の β 線は外へ出ることがない。そして β 線による制動 X 線はほとんど吸収される。

1993 年には，放射性物質を全く使用しなくても一度光を当てると長時間蛍光を出す長残光性夜光塗料が開発されたため，1995 年以降には，放射性物質を使用した自発光塗料は急速に影をひそめた。ただし，現在でも一部の輸入品で放射性核種を用いたものが流通している。

(2) 放電管

放電管にはグロースターター(点灯管)，ネオングローランプ，アレスター(避雷器)があり，放電特性を改善するために放射性核種が利用されていたが，近年は放射性核種を使用しないものも開発され，生産は減少傾向にある。その他，定電圧放電管，リレー放電管などの冷陰極放電管には，古くから ^{60}Co，^{63}Ni，^{85}Kr などの放射性核種が使われていたが，現在は使用されていない。最近では，自動車のヘッドライトや施設照明に用いられる高輝度放電ランプ(High Intensity Discharge : HID ランプ)にも ^{85}Kr が添加されているが，これらによる一般公衆への被曝は無視できるくらい小さい。

(3) 電子顕微鏡

ICRP(III)報告に「望まれない副産物として放出される X 線」の項で，「5 keV を超えるエネルギーに電子が加速されるすべての装置は電離放射線の潜在線源とみなさなければならない」と勧告している。要するに，電子線，β 線が存在するところには必ず X 線が発生すると心得なければならない。

電子顕微鏡には 50 keV～10 MeV に加速された電子線が使われる。観察窓のところが危険度が高いが，鉛ガラスを使用すれば安全である。

(4) 陰極線オシロスコープ

一般には，発生する X 線の透過力は小さく，量的にも少ない。しかし，研究用装置で，観測者の眼の位置で 8 mSv/h に達したものもあるといわれる。

(5) 高出力電子管

マグネトロン，サイラトロンなどいずれも高速度の電子線が衝撃するターゲットから X 線が発生する。

(6) テレビ受像機

テレビ受像機および CRT(Cathode Ray Tube)からは，電子線を蛍光面に衝突させて画像を得る際に制動 X 線が放出される。CRT を利用したテレビ受像器は，2011 年以降ほとんど利用されなくなったため，CRT による被曝は無視できる。

(7) 煙感知器

自動火災報知設備のセンサーとして，煙を検出するイオン化式煙感知器には ^{241}Am が使用されている。放射能は 7 ～37 kBq 程度のものが利用されてきたが，近年は放射性核種を使用しないものが開発され，放射性核種を用いたものはほとんど生産されていない。

これらの発光時計(^{226}Ra, ^{147}Pm, ^{3}H), 電子電気装置(^{85}Kr, ^{147}Pm, ^{232}Th など), 静電防止器(^{210}Po), 煙探知器(^{241}Am), 陶磁器, ガラス製品, 白熱マントル, 光学製品その他による被曝は自然放射線による世界平均年実効線量の$1/10^{-2}$以下と推定してよいであろう。なお, これらの雑線源による日本人の年間実効線量は 0.00005 mSv 以下とされているが, 現状ではさらに少なくなっていると予想される。

3.3 職 業 被 曝

3.3.1 職 業 被 曝

職業被曝全体の状況はあまり明確ではないが, 表 3.1 に示す世界平均の値では, 自然放射線による年実効線量の$1/10^{-2}$以下である。特に集団実効線量の高い集団の UNSCEAR 2008 年報告による職業被曝の統計を表 3.5 に示す。近年では, 人工放射線源の他にも, 高められた自然放射線源(technologically modified natural radiation : TMNR)による被曝も職業被曝として監視する必要性が提唱されている。

表3.5 職業被曝(世界平均：UNSCEAR 2008)

線 源/行 為	モニターした作業者数 [×1,000人]	年平均実効線量 [mSv/年/人]	年集団実効線量 [人・Sv]
人工放射線源：2000〜2002年			
核燃料サイクル	660	1.0	800
医療利用	7,440	0.5	3,540
産業利用	869	0.4	289
軍事活動	331	0.1	45
その他	565	0.1	56
合 計	9,865	0.4	4,730
高められた自然放射線源(technologically modified natural radiation；TMNR)：1995〜2002年			
航空機乗務員	300	3.0	900
石炭採鉱	6,900	2.4	16,560
その他の採鉱(ウランを除く)	4,600	3.0	13,800
鉱山以外の作業場所	1,250	4.8	6,000
合 計	13,050	2.9	37,260

3.3.2 放射線発生装置

障害防止法で規定される放射線発生装置は, 荷電粒子を加速することにより放射線を発生させる装置で, 具体的には, サイクロトロン, シンクロトロン, シンクロサイクロトロン, 直線加速装置, ベータトロン, ファン・デ・グラーフ型加速装置, コッククロフト・ワルトン型加速装置と文部科学大臣が指定する装置として変圧器型加速装置, マイクロトロン, プ

ラズマ発生装置である。ただし，装置の表面から 10 cm の位置での最大線量当量率が 1 cm 線量当量率で 600 nSv/h 以下のものは除かれる〔法 2-4，令 2，告 5 第 2 条〕。これらのうち，ファン・デ・グラーフ型加速装置，コッククロフト・ワルトン型加速装置は静電加速器であり，一方，荷電粒子を円形に加速する装置にはサイクロトロン，シンクロトロン，シンクロサイクロトロン，ベータトロン，マイクロトロンがある。

　一方，医療法施行規則では，診療用の放射線発生装置として，1 MeV 以上のエネルギーを有する電子線または X 線の発生装置である診療用高エネルギー放射線発生装置〔医則 24(1)〕または粒子線を照射する診療用粒子線照射装置〔医則 24(2)〕と定格出力の管電圧が 10 kV 以上であり，X 線のエネルギーが 1 MeV 未満のエックス線装置〔医則 24 の 2〕（以下 X 線装置）に分類される。前者は，リニアック治療装置，ベータトロン治療装置，サイクロトロンなどであり，後者には，撮影用，透視用，治療用 X 線装置などが該当する。

　その中でも群を抜いて普及しているのは，X 線装置である。UNSCEAR 2008年報告によれば，わが国の診断用X線装置の数は88,000台と推定されている。また，厚生労働省の平成29年度（2017年度）医療施設調査によると，マルチスライスCTが7,099台，その他のCTは678台であり，マンモグラフィ装置は2,699台，核医学診断装置数は，SPECTが1,325台，PETが66台，PET/CTが391台である。日本国民の平均被曝に最も多く寄与しているのは，放射線診断あるいは放射線治療による患者の被曝である医療被曝[3.4]であり，日本人1人あたりの年間実効線量の約6割を占める（表3.2）。その大部分はX線CTを含むX線診断によるものであり，医療被曝線量が，前回（1992年）調査の2.25 mSv/年から3.87 mSv/年と有意に大きくなった主要原因は，おもにX線CTの急速な普及によるものである。

　工業用の X 線回析装置（加速電圧 5～20 kV 程度）はエネルギーが低いにもかかわらず，取扱いの不備によって，過去にかなりの放射線障害が現れた。

3.3.3　放射性同位元素

　放射線を放出する放射性同位元素は，3.1.1 で述べた自然界に存在する極微量なものまで含めれば，我々の身の回りに存在している。一方，法令では，被曝を制御する必要性から一定の数量および濃度を超える放射性同位元素を管理の対象として規制している。法規制の対象となる放射線および放射性同位元素の法令上の定義に関しては，4.1.1 および 4.1.2 で詳しく解説するとともに，4.2，4.3 で密封および非密封の放射性同位元素に関して概説する。

　以上の放射線源のうち 3.2.1 自然放射線と 3.2.2 核実験フォールアウトは放射線管理の対象外と考えてよいし，3.2.4 副次的に放射線を出す雑線源は使用者側に対して放射線障害防止の義務づけをすべきものではなく，装置の規格，基準として安全を確保すべきものである。残りの 3.2.3 原子炉関係，3.3.2 放射線発生装置および 3.3.3 放射性同位元素を使用する業務あるいはその施設が放射線安全管理の対象となる。

3.4 医 療 被 曝

　自然放射線を除けば，人類の平均被曝線量に最も大きな割合を占めているのは医療被曝である。医療被曝は先進国（表3.6の医療レベルⅠ）と開発途上国（表3.6の医療レベルⅢ-Ⅳ）との間で60倍以上の差がある。世界平均の1人あたりの年間実効線量2.4 mSv（表3.1）を比較のためにNとすると，先進国（表3.6の医療レベルⅠ）の医科診断の平均（1.91 mSv/年）は0.8Nと概算される。また，先進国では核医学診断検査数の増加もめざましく，$N/20$を占めるに到っている。特に，わが国の医療被曝は国民1人あたり年平均3.87 mSv であり（表3.2），先進国の平均と比較してもその2倍と顕著に高い。その大部分はCTを含むX線診断に

表3.6　医療レベル別の医療放射線検査数・年実効線量（世界平均：UNSCEAR 2008）

医療レベル （医師1人当たりの人口	Ⅰ <1,000	Ⅱ 1,000〜3,000	Ⅲ-Ⅳ >3,000[人]）	世界全体
人口[万人]	1,540	3,153	1,752	6,446
人口千人当たりの放射線検査数：1997〜2007年				
X線診断				
医科	1,332	332	20	488
歯科	275	16	2.6	74
核医学診断	19	1.09	0.0215	5.07
放射線治療	2.4	0.4	0.06	0.8
一人当たりの年実効線量[mSv/年/人]：1997〜2007年				
X線診断				
医科	1.91	0.32	0.03	0.62
歯科	0.0064	0.0004	0.000051	0.002
核医学診断	0.121	0.0051	0.000047	0.0314

表3.7　放射線検査の被曝線量（赤羽恵一：
Innervision, 25:46-49, 2010）

検査の種類	実効線量（およその値）
胸部X線撮影	0.06 mSv
上部消化管検査 （バリウム検査）	3 mSv
X線CT撮影	5〜30 mSv
核医学検査	0.5〜15 mSv
PET検査	2〜10 mSv
乳房撮影	2 mGy[乳腺線量]
歯科撮影	0.002〜0.01 mSv

よるものであり，一方，検診による被曝は全体の 1/80 以下となっている。わが国の人口あたりの検査件数も先進国中でも飛び抜けて多く，その改善が望まれる。

　表 3.7 にはわが国の放射線検査の種類ごとのおよその被曝線量を示した。撮影条件にもよるが，集団検診で実施される胸部間接撮影は 1 回の撮影で約 0.06 mSv，上部消化管検査（バリウム検査）では 3 mSv 程度の線量を受ける。また，最近検査数が増加している X 線 CT 撮影は 1 回の検査での被曝線量が 5〜30 mSv と高く，国民全体の平均医療被曝線量の 6 割を占めている。一方，放射線治療を受ける患者の中には身体の一部に数十 Sv 以上にもおよぶ線量を受ける者もいる。

　医療被曝軽減の目的を達成するためには，線量調査，管理の施行に加えて教育が重要である。近代的な放射線設備と技術を駆使すれば，最高の医療（best medical care）を行っても $N/5$ 以下に抑えることができるとされている[9.1.5]。

3.5　集団の確率的影響

3.5.1　人類の平均被曝線量

　人類が被曝を受けている種々の放射線の線源について解説してきた。

　個人についての被曝線量を考えた場合，一般には，放射線業務に従事する者の職業被曝線量の平均値は当然高いが，放射線業務従事者の数が国民に占める割合は少ないから，国民全体の平均線量にはさして影響しない。放射線治療を受ける患者の線量についても同様である。一方，集団検診は国民の多数が受けるので，1 人 1 人の線量は少なくても，国民平均線量をかなり高めている。

　放射線の身体的影響の中でも，確率的影響の代表である白血病は，その成因は不明であるが，その発生率はかなり広い線量域にわたって集団の平均線量に比例することが知られている。

　遺伝的影響は単に生殖腺線量（gonad dose）だけでなく，被曝した個人から将来生まれる子供の数にも関連する。いくら生殖腺が過度の被曝をしても，その人が将来子供を作らなければ遺伝的影響はない。放射線治療を受ける患者の年令は比較的に高いので，遺伝的影響は少ない。被曝した個人の子供に遺伝的影響が発現することは非常にまれである。しかし，被曝した個人の子供がさらに子供を作ると，遺伝子突然変異をもった人間の数が集団の中に増加してくる。このために突然変異率は集団全体が受ける線量に比例する。

3.5.2　白血病有意線量 （leukaemia significant dose）

　白血病有意線量を説明するにあたり，まず骨髄線量を理解する必要がある。

　j を照射の種類（頭部，胸部，手，透視などであって，これに番号 1，2，3，4………をつける），k を年令（0 才，1 才，2 才………ならば 0，1，2，………とつける），i を骨髄要素の番号（骨髄を区分けして番号 1，2，3，………とつける），m_i を骨髄要素 i の質量とする。

ここで，19才($k=19$)の人の，胸部撮影($j=2$)による，$i=1$ の骨髄要素での吸収線量を $D^1_{2,19}$ で表わすと，骨髄全体で受けた線量は

$$D^1_{2,19}\, m^1_{2,19} + D^2_{2,19}\, m^2_{2,19} + \cdots\cdots\cdots = \sum_i D^i_{2,19}\, m^i_{2,19} \tag{3.1}$$

で表わされ，骨髄の全質量は

$$m^1_{2,19} + m^2_{2,19} + \cdots\cdots\cdots\cdots\cdots\cdots = \sum_i m^i_{2,19} \tag{3.2}$$

であるから，平均骨髄線量は

$$d_{2,19} = \frac{\sum_i D^i_{2,19}}{\sum_i m^i_{2,19}} \tag{3.3}$$

となる。したがって，一般的に，平均骨髄線量(mean marrow dose)d_{jk} は

$$d_{jk} = \frac{\sum_i D^i_{jk} m^i_{jk}}{\sum_i m^i_{jk}} \tag{3.4}$$

で定義される。ここに D^i_{jk} は年令 k なる個人について j なる照射による骨髄 i 中の吸収線量，m^i_{jk} は骨髄要素 i の質量である。

d_{jk} を国民全体について平均したものが国民平均骨髄線量(population mean marrow dose)D_m と呼ばれ

$$D_m = \frac{\sum_j \sum_k N_{jk}\, d_{jk}}{\sum_k N_k} \tag{3.5}$$

で与えられる。ここに N_{jk} は j なる照射を受けた年令 k の国民の数，N_k は年令 k の国民の数を表わす。

そこで，白血病有意線量 D_l は白血病発生率および j なる照射を受けた年令 k の国民の生存率に基づくところの白血病有意係数 L_{jk} で修正した

$$D_l = \frac{\sum_j \sum_k N_{jk}\, d_{jk}\, L_{jk}}{\sum_k N_k} \tag{3.6}$$

で与えられる。

白血病は被曝して直ちに発病し死亡するものではなく，広島，長崎の原爆による被曝調査の結果によると被曝後約 7～8 年に白血病による死亡のピークがあり，次第に減少して被曝後 25 年で正常値に近くなる。したがって余命の短い人は，発病前に死亡する場合がある。白血病有意係数 L_{jk} は各人の余命と白血病死のパターンを組み合わせて得られた係数で，当然，余命の短い人の L_{jk} は小さくなる。

3.5.3 遺伝有意線量 (genetically significant dose)

遺伝有意線量 D は各人の子供期待数で加重された生殖腺線量の平均値を意味する。

$$D = \frac{\sum_j \sum_k (N_{jk}^{(F)} W_{jk}^{(F)} d_{jk}^{(F)} + N_{jk}^{(M)} W_{jk}^{(M)} d_{jk}^{(M)})}{\sum_k (N_k^{(F)} W_k^{(F)} + N_k^{(M)} W_k^{(M)})} \tag{3.7}$$

F : 女性

M : 男性

N_{jk} : j なる照射を受けた年令 k に属する個人の数

N_k : 年令 k の国民の数

W_{jk} : j なる照射を受けた年令 k の人の子供期待数 (child expectancy)

W_k : 年令 k の国民の子供期待数

d_{jk} : 年令 k の人が j なる照射を受けた時の生殖腺線量

遺伝有意線量は，被曝後に子供を作る個人の医療被曝がおもな原因となる。したがって，若年層や若い成人の間接撮影に限らずすべての X 線照射にあたり，生殖腺遮蔽を実施することによって大幅に減少させることができる。

わが国における医療被曝を表 3.8 に示す。わが国においては，胸部集団検診による早期発見，化学療法などによって，肺結核は戦後急速に減少した。その結果，肺結核の危険度よりも，集団検診による確率的影響の危険度の方がずっと重視されるに至り，小中学生に対して毎年全学年に行われていた集団検診を，1975 年から小学校 1 年生と中学校 2 年生のみとし，さらに中学生以下の胸部集団検診を廃止した結果，遺伝有意線量が急速に減少した。

表3.8 日本国民の年平均医療被曝(丸山隆司：'85国際保安用品会議)

診療の区分		国民線量[μGy/年/人]			
		遺伝有意線量	平均骨髄線量	白血病有意線量	癌有意線量
X線診断	撮影	100.2	40.5	32.8	16.5
	透視	49.9	66.0	53.1	26.6
	CT	1.1	2.8	2.2	0.7
集団検診	胸部	0.32	97	93	
	胃	1.5	16.5	14.5	
核医学診断および治療		3.8	2.5	2.0	
ビーム治療		0.66	1520	230	42
ブラッキー治療		0.015	156	26	
歯科診断	口内法	0.08	9.1	8.3	8.3
	パントモ	0.01	0.38	0.35	0.22
合計		157.6	1911	462	94.3

(1980年前後)

演 習 問 題

1．我々が体外および体内から自然に受けている放射線被曝の原因を列挙せよ。

2．400人の集団のうち200人（子供期待数 0.5 の男 100 人と女 100 人）が生殖腺に 200 μSv の被曝線量を受けた。あとの 200 人（子供期待数 2 の男 100 人と女 100 人）は全く被曝を受けない。この集団の遺伝有意線量を求めよ。

3．2.で被曝のグループを入れ替えた場合はどうか。

4．2.および 3.について平均生殖腺線量 D_g を求めよ。

5．我が国の 1 年間 1 人当たりの医療被曝による年間実効線量に最も近いのはどれか。
   a）8.50 mSv
   b）3.87 mSv
   c）1.48 mSv
   d）0.16 mSv
   e）0.01 mSv

4. 放 射 線 源

4.1 法 令 上 の 定 義

放射線源は自然放射線源と人工放射線源に大別され，第3章では環境中に存在するそれら
の線源による被曝の状況を述べた。本章では，法令上の放射線および放射性同位元素の定義
を解説した後に，業務として放射線を使用する場合に用いる放射線源を概説する。ただし，
つぎに掲げる定義は，あくまでも放射性同位元素等規制法上の定義であり，学術用語や他の
法令の定義とは異なることに注意が必要である。

4.1.1 放 射 線

原子力開発および利用の基本方針を定めている原子力基本法において，「放射線」とは，
以下に掲げる電磁波または粒子線と定義されている〔法2-1，原子力基本法3-1(5)〕。

1. アルファ線，重陽子線，陽子線，その他の重荷電粒子線およびベータ線
2. 中性子線
3. ガンマ線および特性エックス線(軌道電子捕獲に伴って発生する特性エックス線に限る)
4. 1メガ電子ボルト以上のエネルギーを有する電子線およびエックス線

ここで注意を要する点は電子線およびX線に関してエネルギーの規定があることであり，
1メガ電子ボルト[MeV]未満のエネルギーを有する電子線・X線が，放射性同位元素等規制法
で定義される「放射線」に含まれない点である。すなわち，1MeV未満の電子線およびX線を
発生する装置は，放射性同位元素等規制法でいう放射線発生装置に該当せず，この装置その
ものが規制の対象とならない。しかし，この法律による個人の被曝線量，管理区域の線量，
放射線遮蔽などについては，各条文の但し書きにより1MeV未満の電子線やX線も含めて計
算することになっている。

また，放射線の定義は，各法令間でおおよそ一致しているものの，細かい点で異なってい
る。たとえば，放射線防護に関係する労働法である労働安全衛生法の施行規則にあたる電離
放射線障害防止規則などでは，先に述べた電子線およびX線に対するエネルギーの規定がない。

4.1.2 放射性同位元素

国際原子力機関(International Atomic Energy Agency, 略称IAEA)は，ICRP Publ.60を踏ま
えて 1996 年に刊行した「電離放射線に対する防護と放射線源の安全のための国際基本安全
基準(Basic Safety Standards, 略称BSS)」の中で，規制免除に関する具体的な基準である
国際基本安全基準免除レベルを提示した。BSSでは，295核種についての放射能と放射能濃

度が定められている。また，1996 年には英国放射線防護庁(National Radiological Protection Board, 略称 NRPB)が免除レベルに関する報告書(NRPB-R306)で，BSS の 295 核種以外の計算を示した。これらの合計 765 核種の免除レベルは国際免除レベルと呼ばれ，2005 年に施行された現行の関係法規に規制の下限数量および濃度として取り入れられた。

　放射性同位元素等規制法では，放射線を放出する同位元素およびその化合物ならびにこれらの含有物であって，その同位元素の種類ごとに告示第 5 号に定める数量(以下「下限数量」)および濃度を超えるものを放射性同位元素と定義している〔法 2-2, 令 1, 告 5 第 1 条〕。また，医療法でも同様に定義づけられている〔医則 24(2)〕。密封された放射性同位元素については，1 個(1 組または 1 式で使用するものは 1 組または 1 式)あたりの数量および濃度，密封されていない放射性同位元素では，1 工場または 1 事業所が所持する数量および容器 1 個あたりの濃度がともに以下の規制下限値を超えるものが規制の対象となる。

1. 放射性同位元素の種類が 1 種類の場合，告示第 5 号別表第 1(付録 2)の第 1 欄に掲げる種類に応じて，第 2 欄に掲げる数量および第 3 欄に掲げる濃度を規制下限値とする。

2. 放射性同位元素の種類が 2 種類以上の場合は，告示第 5 号別表第 1(付録 2)の第 1 欄に掲げる種類ごとの数量の，第 2 欄に掲げる数量に対する割合の和が 1 となる数量および告示第 5 号別表第 1 の第 1 欄に掲げる種類ごとの濃度の，第 3 欄に掲げる濃度に対する割合の和が 1 となる濃度を規制下限値とする。

　放射性同位元素等規制法や医療法では，2 種類以上の異なった基準値を複合して考慮する場合にそれぞれの基準値に対する「割合の和」が 1 を超えるかどうかで判定する。以下に上記で説明した数量および濃度の「割合の和」に関する計算の例を示す。

〔例題 1〕ある事業所では ^{60}Co 74 kBq および ^{192}Ir 3.7 kBq の密封線源を同時に使用している。放射性同位元素等規制法の規制の対象となるか。

〔解 1〕^{60}Co の下限数量は 1×10^5 Bq＝100 kBq，^{192}Ir の下限数量は 1×10^4 Bq＝10 kBq である(付録 1)ので，

$$^{60}\text{Co} : \frac{74 \ \text{kBq}}{100 \ \text{kBq}} = 0.74 (<1) \qquad ^{192}\text{Ir} : \frac{3.7 \ \text{kBq}}{10 \ \text{kBq}} = 0.37 (<1)$$

で両線源は 1 個あたりではすべて下限数量以下であり，放射性同位元素等規制法の規制の対象とはならない。濃度に関しても線源 1 個あたりで判断する必要があるが，数量および濃度のどちらか一方が規制下限値以下であれば，規制の対象とはならないため，この場合は，数量が下限値以下である段階で規制対象とはならない。

〔例題 2〕ある事業所で密封されていない ^{90}Sr 3.7 kBq, ^{60}Co 11.1 kBq および ^{131}I 555 kBq をあわせて使用する場合には法的に放射性同位元素とみなされるか。

〔解 2〕数量に関しては，告示第 5 号別表第 1 の第 2 欄に示された数量は，^{90}Sr が 1×10^4 Bq

$=10\ \mathrm{kBq}$, $^{60}\mathrm{Co}$ が $1\times10^5\ \mathrm{Bq}=100\ \mathrm{kBq}$, $^{131}\mathrm{I}$ が $1\times10^6\ \mathrm{Bq}=1000\ \mathrm{kBq}$ である (付録 1) ので,

$$\frac{3.7\ \mathrm{kBq}}{10\ \mathrm{kBq}} + \frac{11.1\ \mathrm{kBq}}{100\ \mathrm{kBq}} + \frac{555\ \mathrm{kBq}}{1000\ \mathrm{kBq}} = 0.37 + 0.111 + 0.555 = 1.036\ (>1)$$

となる。すなわち, それぞれの同位元素の種類に関して, 下限数量に対する割合の和が 1.036 となり, これは 1 を超えているので, 放射性同位元素等規制法の規制を受けることになる。濃度に関しては各容器 1 個あたりで判断する必要がある。非密封の場合においても数量および濃度のどちらか一方が規制下限値以下であれば規制の対象とはならず, あらかじめ濃度に関しては個々の容器ごとに判定されているべきであるが, 通常, 下限値を超えていることが多い。この「割合の和」の考え方は, 各基準値の単位が異なっている場合にも適用でき, 合理的である。

主要な放射性同位元素の下限数量および濃度は, 巻末の付録 1 に掲げたので参照されたい。ただし, 放射線を放出するものでありながら, 他の法令により規制されることから, 放射性同位元素等規制法の定義から除かれるものは以下の通りである〔法 2-2, 令 1, 告 5 第 1 条〕。

1. 原子力基本法 (昭和 30 年法律第 186 号) 第 3 条第 2 号に規定する核燃料物質および同条第 3 号に規定する核原料物質

2. 医薬品機器等法 (旧薬事法) (昭和 35 年法律第 145 号) 第 2 条第 1 項に規定する医薬品およびその原料または材料であって医薬品機器等法第 13 条第 1 項の許可を受けた製造所に存するもの

3. 医療法 (昭和 23 年法律第 205 号) に規定する病院または診療所において行われる医薬品機器等法第 2 条第 15 項に規定する治験の対象とされる薬物

4. 陽電子放射断層撮影装置による画像診断に用いられる薬物その他の治療または診断のために医療を受ける者または獣医療を受ける飼育動物に対し投与される薬物であって, 当該治療または診断を行う病院等または獣医師が飼育動物の診療を行う診療施設において調剤されるもののうち, 原子力規制委員会が厚生労働大臣または農林水産大臣と協議して指定するもの

5. 医薬品医療機器等法第 2 条第 4 項に規定する医療機器で, 原子力規制委員会が厚生労働大臣または農林水産大臣と協議して指定するものに装備されているもの〔医薬品医療機器等法施行令別表第 1 に掲げる放射性物質診療用機器で, 治療を目的として人体内から再び取り出す意図をもたずに人体内に挿入された $^{125}\mathrm{I}$ または $^{198}\mathrm{Au}$ を装備しているものに限る (医療機器を指定する告示 (平成 17 年文部科学省告示第 76 号))〕

このように, 核燃料物質および核原料物質や医薬品およびその原料, 治験薬などは, 実際に放射性物質でありながら, 放射性同位元素等規制法の対象から除外されている。後者の医

薬品または治験薬である放射性同位元素で密封されていないものに関しては，診療用放射性同位元素または陽電子断層撮影診療用放射性同位元素〔医則 24(7)〕として医療法または獣医療法の規制を受ける。

　また，この法改正により，許可使用者が使用場所の変更などの所定手続きにより下限数量以下の非密封線源を管理区域外で使用できるようになった〔則 15-2〕。しかしながら，この管理区域外での使用に関しては，その運用に関して管理面からも熟慮を要する。

4.1.3　密封線源の定義

　放射性同位元素は密封線源と非密封線源に分類される。これは科学的な観点から厳格に区別されるものではなく，取扱いの観点から分類されたものである。

　密封線源とは，必要な放射線が十分に透過するようなカプセルに放射性核種を封入した，もしくは安定な形に固定した線源である。放射性同位元素等規制法では「密封」という用語に対して法令用語として明確な定義はなされていないが，則 15 に密封された放射性同位元素を使用する場合には，つぎに適合する状態において使用するよう技術上の基準が示されていることから，「密封」とは，この状態を保持していることが条件だと解釈されている。

1. 正常な使用状態においては，開封または破壊されるおそれのないこと。
2. 密封された放射性同位元素が漏えい，浸透などにより散逸して汚染するおそれのないこと。

4.1.4　法規制と線源・機器

　密封線源を使用する場合，1 個あたり当該核種の下限数量の 1000 倍を超えるものを使用する場合には使用の許可が必要であるが，下限数量の 1000 倍以下のものは何個使用しても届出でよい。放射線検出器の校正に使用する各種の校正線源があるが，1 個あたり当該核種の下限数量以下であれば，法律上は放射性同位元素とはみなさない。校正線源の中には，これに該当するものも多い。

（1）α線校正線源

　　白金の円板ベース上に，酸化物の形で放射性核種を電着，焼結し，これをアルミニウム

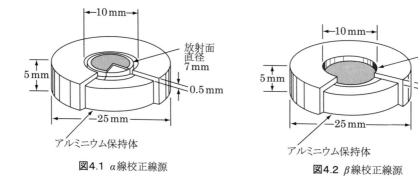

図4.1　α線校正線源　　　　　　　図4.2　β線校正線源

合金の保持体中に収めてある（図 4.1）。使用されている核種には，^{241}Am, ^{231}Pa, ^{228}Th, ^{230}Th などがある。

(2) β線校正線源

　　この線源は，放射性核種をアルミニウム合金の支持体中に収めてある（図 4.2, 4.2.2(2)）。使用されている核種には，^{147}Pm, ^{204}Tl, ^{90}Sr–^{90}Y, ^{106}Ru–^{106}Rh, ^{22}Na（β$^+$）などがある。軟β線を放出する ^{14}C および ^{3}H の校正線源は，^{14}C では［メチル–^{14}C］，^{3}H では［メチル–^{3}H］ポリメタクリレートの約 1 mm の薄いシートであり，強度も大きく，核種は均一に分布している。

(3) γ線校正線源

　　構造上，円板状（111 kBq），薄い円板状（111 kBq），桿状（37 kBq）の 3 種類に分けることができる（図 4.3）。使用されている核種には，^{241}Am, ^{133}Ba, ^{133}Cs-^{137m}Ba, ^{57}Co, ^{60}Co, ^{54}Mn, ^{203}Hg, ^{22}Na, ^{88}Y の他にも数多くある。

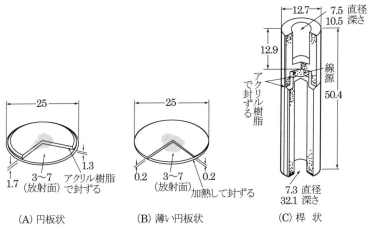

(A) 円板状　　　　(B) 薄い円板状　　　　(C) 桿 状

図4.3 γ線校正線源［単位：mm］

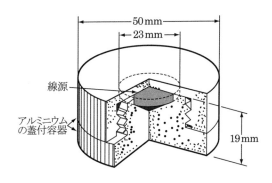

図4.4 ^{238}Uを使用したα, β, γ線校正線源

4. 放 射 線 源

　なお，^{238}U を使用した α，β，γ 線校正線源があるが，これは直径 23 mm のウランの円板であり，アルミニウム容器の中に収められている(図4.4)。使用していないときにはねじ蓋をして，線源への接触による汚染防止に配慮している。

(4) 自家製線源

　実験者自身によって，購入した放射性溶液を希釈配分して，密封状の校正線源あるいはチェッキングソースが作られることがある。これらは，1 試料あたり $10^5 \sim 10^6$ Bq 程度の β，γ 線源が多く，アクリル樹脂棒の先端内部，あるいはポリエチレン管内部に放射性溶液を乾燥して封入し，シンチレーションカウンターの校正線源とする。また，測定用プランチェットの中心部に放射性溶液を滴下して乾燥後，その上を薄膜でおおい，GM カウンターあるいはガスフローカウンターなどの校正線源とする。

(5) 表示付認証機器・表示付特定認証機器

　放射性同位元素装備機器とは，硫黄計その他の放射性同位元素を装備している機器をいい〔法2-3〕，法律第12条の2の設計認証または特定設計認証と法律第12条の4の認証に係る確認の検査を受ければ表示付認証機器または表示付特定認証機器として一般の放射性同位元素とは別の取扱いができる。すなわち，表示付認証機器はすべて届出で使用でき，表示付特定認証機器は届出も要しない。また，これらのみを使用する事業所では，4.1.5 に述べる放射線取扱主任者の選任や7.4の測定などの義務はない〔法3の3-1，25の2〕。平成17年(2005年)の法改正時にはみなし表示付認証機器として，ガスクロマトグラフ用エレクトロン・キャプチャ・ディテクタのみがこれに該当していた〔法附則4〕が，その後，γ 線密度計，γ 線レベル計，β 線厚さ計などが設計認証を取得し，表示付認証機器に加わった。

4.1.5　放射線取扱主任者

　放射性同位元素等規制法の規定に基づき，事業所はそこで使用する線源・機器に応じて，放射線取扱主任者を選任しなければならない〔法34〕。非密封放射性同位元素の使用者を含めた事業所または法人ごとに選任が必要な放射線取扱主任者を表 4.1 に示す。放射線取扱主任者の免状には，国家試験に合格し原子力規制委員会または原子力規制委員会の登録を受けた者(以下「登録資格講習機関」)が行う講習を修了した第一種，第二種および原子力規制委員会または登録資格講習機関が行う講習のみを修了した第三種がある〔法35〕。ただし，あらかじめ設計認証を受けた表示付認証機器または表示付特定認証機器の使用のみであれば，放射線取扱主任者をおく必要はない。

(1) 第一種放射線取扱主任者

　10 TBq 以上の密封線源を取扱う特定許可使用者[2.3.2]の事業所には，第一種放射線取扱主任者を 1 事業所あたり少なくとも 1 人選任することが定められている〔則30〕。同様に，非密封放射性同位元素を取扱う許可使用者または特定許可使用者，放射線発生装置を取扱う特定許可使用者の事業所には，各事業所ごとに第一種放射線取扱主任者免状を有す

る者から少なくとも1人の放射線取扱主任者を選任しなければならない(表4.1)〔法34, 則30〕。

表4.1 放射線取扱主任者の選任の区分〔法34, 則30〕

区　　分	放射線取扱主任者の選任
特定許可使用者, 非密封放射性同位元素を使用する許可使用者, 許可廃棄業者	第一種免状所持者から1事業所あたり少なくとも1人選任
密封放射性同位元素のみを使用する許可使用者	第一種または第二種免状所持者から1事業所あたり少なくとも1人選任
届出使用者	第一種, 第二種, 第三種免状のいずれかの所持者から1事業所あたり少なくとも1人選任
届出販売業者, 届出賃貸業者	第一種, 第二種, 第三種免状のいずれかの所持者から1法人あたり少なくとも1人選任
表示付認証機器または表示付特定認証機器のみを使用する者	放射線取扱主任者を選任しなくてよい

4.1.4(4)の自家製線源も作成時には放射性溶液を使用するので, 非密封放射性同位元素を使用する許可使用者に該当する。一方, 非密封放射性同位元素であっても4.1.2で述べた核種の種類ごとの下限数量または濃度以下であれば, 放射性同位元素等規制法および医療法の規制を受けない〔法2-2, 令1, 告5第1条, 医則24(2)〕。

(2) 第二種放射線取扱主任者

　1個あたりの数量が当該核種下限数量の1000倍を超え, 10 TBq未満の密封線源を使用する許可使用者は, 1事業所あたり少なくとも1人, 第一種または第二種放射線取扱主任者から主任者を選任する必要がある〔則30〕。非破壊検査装置などがこれに当たる。

(3) 第三種放射線取扱主任者

　1個あたりの密封線源が当該核種の下限数量の1000倍以下のものを使用する届出使用者は, 第一種, 第二種, あるいは第三種放射線取扱主任者のいずれかを1事業所あたり少なくとも1人選任しなければならない。レベル計や密度計で設計認証を受けない放射性同位元素装備機器がこれに該当する。届出でよい販売業者および賃貸業者も同様であるが, 販売・賃貸業者は事業所ごとではなく1法人あたり1人選任すればよい〔則30〕。

　許可届出使用者, 届出販売業者, 届出賃貸業者および許可廃棄業者は, 放射線取扱主任者に選任した者に, 選任された日から1年以内, その後は前回講習を受けた翌年度の開始日から3年以内(本書では「3年度内」という)(届出販売業者および届出賃貸業者にあっては5年度内)に, 原子力規制委員会の登録を受けた「登録放射線取扱主任者定期講習機関」の行う「放射線取扱主任者定期講習」を受けさせなければならない。主任者定期講習

の課目や時間数(表 4.2)は，選任した事業者が使用している線源・機器や行為によって異なっている点に注意が必要である〔法 36 の 2，則 32，別表第 4，「講習の時間数等を定める告示(平成 17 年文部科学省告示第 95 号)」〕。

表4.2 放射線取扱主任者定期講習の課目及び時間数

主任者定期講習の課目 / 受講対象主任者	放射性同位元素等規制法	[放射性同位元素等又は放射線発生装置]の取扱い [ ]は取扱いの対象	[放射線施設]の安全管理 [ ]は対象施設	放射性同位元素等・放射線発生装置の取扱い事故発生時の対応	総時間数	主任者定期講習を受けさせる期間
非密封放射性同位元素・放射線発生装置を使用する許可使用者が選任した放射線取扱主任者	1時間以上	[放射性同位元素等又は放射線発生装置] 1時間以上	[使用施設等]	30分以上	4時間以上	選任後1年以内，以降3年度内
許可廃棄業者が選任した放射線取扱主任者	1時間以上	[放射性同位元素等] 1時間以上	[廃棄物詰替施設等]	30分以上		
密封された放射性同位元素を使用する許可届出使用者が選任した放射線取扱主任者	1時間以上	[密封された放射性同位元素] 1時間以上	[使用施設等]	30分以上	3時間以上	
届出販売業者又は届出賃貸業者が選任した放射線取扱主任者	1時間以上	—		放射性同位元素等の取扱い事故の事例 1時間以上	2時間以上	選任後1年以内，以降5年度内

「放射性同位元素等」：放射性同位元素及び放射性汚染物

4.2 密 封 線 源

4.2.1 密封線源に必要な条件

密封線源は，その線源から放射性同位元素が漏えいすることなく，取り扱いの際には 4.1.3 で述べた線源の「密封」状態が極力保たれる必要がある。

密封線源を固形化および密封する際には，使用環境において生じる物理・化学現象に十分耐えうることや，線源としての放射性核種，その担体，結合物質などによる化学的な腐食，圧力増加，放射線損傷に十分耐え得るものとしなければならない。線源には放射性核種をセラミックに焼きこむか金属により固形化して，カプセルに封入する。材料の金属には，主としてステンレス鋼や貴金属類が用いられるが，アルミニウム，チタン，黄銅などが使用されることもある。ガラスやプラスチック製のものは，耐久性の観点から一時的な使用にとどめるべきである。

4.2.2 密封線源の分類

密封線源はその種類，形状，構造などが多種多様であり，明確な分類は困難であるが，その代表的な例をいくつか示す。

(1) α線源

^{241}Am（α線エネルギー：5.443，5.486 MeV）や^{210}Pb（5.304 MeV）などの箔状線源が多く使用されている。この箔状線源は，放射性核種を不溶性かつ非揮発性な化合物として，純金あるいは純銀のマトリックス中に均一に分散，焼結し，これを裏面となる銀板と放射面となる金合金，あるいは，金，パラジウムとの間にはさんだものである（図4.5）。

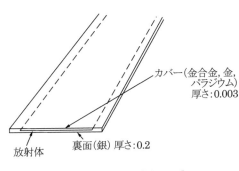

放射体　裏面(銀) 厚さ:0.2　カバー(金合金,金,パラジウム)厚さ:0.003

図4.5 箔状α線源［単位：mm］

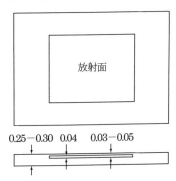

放射面

0.25−0.30　0.04　0.03−0.05

図4.6 面状β線源［単位：mm］

(2) β線源

1）面状線源

^{147}Pm（β線エネルギー：0.225 MeV）や^{204}Tl（0.764 MeV）などの各線源が多く使用されている。面状線源は，α箔状線源の場合と同じようにそれぞれの核種を安定な化合物，たとえば酸化プロメチウム（Pm_2O_3），クロム酸タリウム（$TlCrO_3$）などの粉末を銀粉中に混合焼結したもので，これを銀板ではさんである（図4.6）。

2）点状線源

^{147}Pm の点状線源では，^{147}Pm 銀箔の小円板（直径1 mm）がステンレス鋼カプセルに封入してある。^{204}Tl では，イオン交換物質のペレット（直径1 mm）中に^{204}Tl が混合されており，窓厚が 0.05 mm のアルミニウムのステンレス鋼に封入してある（図4.7）。

(3) 陽電子線源（$β^+$線源）

放射性核種から放出する陽電子線を利用する線源である。したがって，非常に薄い窓をもつ容器中に封入されている。もちろん，その陽電子の消滅放射線も利用できる。

使用されている核種は，^{58}Co（$β^+$線エネルギー：0.475 MeV），^{22}Na（0.546 MeV）である。白金のベースの上に，^{58}Co は金属として電着され，^{22}Na は塩化物として蒸着されている。

4. 放射線源

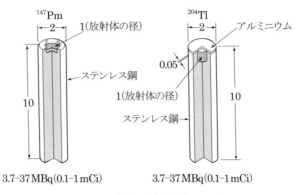

図4.7 点状 β 線源〔単位：mm〕

（4）制動放射線源

β 線とその吸収物質の原子核との相互作用により発生する制動 X 線を利用した線源である。使用される吸収物質によって違ったエネルギースペクトルが得られる。β 粒子の運動エネルギーのうち制動 X 線になる割合はあまり多くないので，かなり多量の放射能（7.4～185 GBq）が用いられる。

^{90}Sr/Al，^{3}H/Ti，^{3}H/Zr，^{147}Pm/Al，^{147}Pm/Si，^{147}Pm/Zr-Al 線源などがある（図 4.8）。

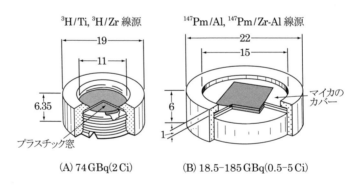

図4.8 制動放射線源〔単位：mm〕

（5）低エネルギー γ，X 線源

これらのほとんどが電子捕獲に伴う X 線源である。^{241}Am，^{210}Po，^{238}Pu 以外は電子捕獲壊変の核種で ^{55}Fe，^{109}Cd，^{170}Tm，^{57}Co，^{153}Gd，^{125}I などがあるが，これらの線源の構造はほとんど同じである。

最もよく使用されるのが ^{241}Am 線源（59.5 keV，Np-LX 線 11.9～22.2 keV）である。構造上は円板状線源，点状線源，線状線源に分けることができる（図 4.9）。円板状線源は，酸化物としての ^{241}Am をアルミニウム箔中に混入し，これをタングステン合金で裏打ちされたステンレス鋼カプセル中に封入したものなどがある。点状線源は，^{241}Am 1 個のセラ

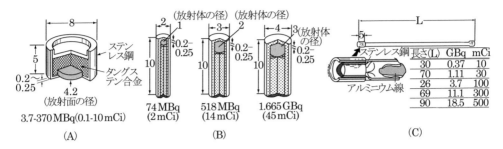

図4.9 低エネルギーγ・X線源［単位：mm］
(A)円板状線源，(B)点状線源，(C)線状線源

ミックのビーズの中に混入し，窓厚 0.2〜0.25 mm のステンレス鋼カプセル中に封入したものがある。線状線源は，成型したアルミニウム線中に ^{241}Am の酸化物を混入し，あるいは何個かのセラミックのビーズの中に ^{241}Am を混入し，これらをステンレス鋼カプセル中に封入したものがある。

(6) γ線源

　^{137}Cs（半減期 30.2 年，γ線のエネルギー：^{137m}Ba からの 0.662 MeV），^{192}Ir（73.8 日，0.317，0.468 MeV 他），^{124}Sb（60.2 日，0.603，1.69 MeV 他），^{60}Co（5.27 年，1.17，1.33 MeV），^{226}Ra（1600 年，娘核種を含めて 0.19〜2.43 MeV），^{228}Th（1.91 年，娘核種を含めて 0.08〜2.62 MeV）などのγ線源がある。いずれの線源も厳重に封入されており，構造上の頑丈さおよび熱に対する強い耐性がある。

　^{137}Cs 線源を例にすると，111 GBq までの線源ではセシウムガラスのビーズを，111 GBq 以上の線源では塩化セシウムのペレットをカプセル中に封入している。370 GBq までの線源は，円筒状のカプセル中に封入されている。これらのカプセルは，みなステンレス鋼であり溶接で封入している（図 4.10）。

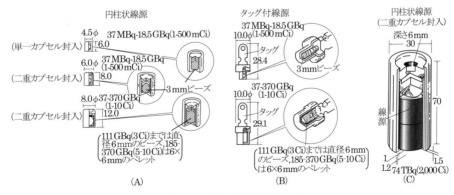

図4.10 ^{137}Cs 線源［単位：mm］

4. 放 射 線 源

（7）医療用小線源

　医療用の密封線源としては，従来は針（needle）状または管（tube）状のカプセルに密封された ^{226}Ra，^{60}Co，^{137}Cs などが用いられていたが，現在では ^{192}Ir（半減期 73.8 日，γ 線エネルギー：0.30〜0.60 MeV）のワイヤ（wire）が主流となっている。ワイヤは柔軟で自由に曲げられるため，内部より照射する目的で腫瘍に刺入して使用される他，腫瘍にあらかじめ細いビニル管を縫いこんでおいて，後で針金を通すようにして使用される場合もある。^{192}Ir ワイヤが国産できるようになり，従来主流であった ^{226}Ra 針の代わりに舌癌などの治療に効果をあげている。

　また，腔内照射のために開発されたのが遠隔操作式アフターローディング法（remote afterloading system: RALS）である。この線源としては ^{60}Co，や ^{137}Cs が用いられていたが，現在では ^{192}Ir が使用されており，治療部位への照射精度が高く，利用が拡大している。この方法では，あらかじめ線源の入っていない支持器（模擬線源：dummy source）を使用し，確実に病巣に線源が挿入されていることを確認した後に，本物の線源に交換して治療が行なわれる。図 4.11 は RALS に用いる ^{192}Ir 密封線源の一例である。

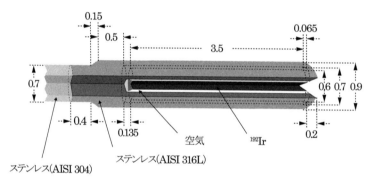

図4.11 RALS用 ^{192}Ir 線源［単位：mm］

　わが国では，^{198}Au（半減期 2.70 日，γ 線エネルギー：0.412 MeV），^{192}Ir（半減期 73.8 日，γ 線エネルギー0.30〜0.60 MeV）などのシード（seed）も癌治療に広く利用されてきたが，2003年に「診療用放射線照射器具を永久的に挿入された患者の退出について」（厚生労働省

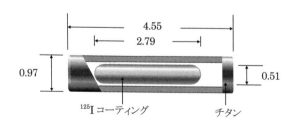

図4.12 ^{125}I シード［単位：mm］

医薬安第 0313001 号通知)が出され，また ^{125}I(半減期 59.4 日，EC に引き続き 35.5 keV のγ線，内部転換に伴う 27.5 keV，31.1 keV の Te X 線放出；平均エネルギー：28.5 keV)の シード線源の企業供給が開始されたことにより，前立腺癌に対する永久挿入治療が開始された。これらは，医療法では診療用放射線照射器具にあたり，医療法および前述の医薬安第 0313001 号通知の内容の遵守が基本となる。^{125}I シードの一例を図 4.12 に示す。

(8) 大γ線源

　TBq 級以上の大 γ 線源の構成に使用される線源の型には，コイン(coin)型，ウェーファ (wafer)型およびペレット(pellet)型がある(図 4.13)。いずれかの型状の線源を数多くつめて，点状線源，棒状線源，円筒状線源に利用している。これらの線源は，医療用照射線源，ラジオグラフィ用線源などに利用されている。これらに用いられるおもな核種は，^{60}Co および ^{137}Cs であるが，^{137}Cs 線源は一般に ^{60}Co 線源よりも大きい(図 4.10(C))。

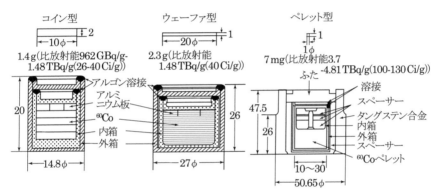

図4.13 ^{60}Co大線源の型とカプセル(ステンレス鋼製)〔単位：mm〕

(9) 中性子線源

　(α, n)による中性子線源においてα線を放出する核種として ^{242}Cm, ^{241}Am, ^{226}Ra, ^{210}Po などが用いられる。

　ベリリウム，硼素，弗素，リチウムをターゲットとする ^{241}Am 線源は，金属ベリリウム，硼素，弗化カルシウム，水素化リチウムをそれぞれ酸化アメリシウムと混合し成型したものである。^{226}Ra–Be 線源は，金属ベリリウムと臭化ラジウムとの混合物を成型したものである。これらの線源は，みなステンレス鋼のカプセル中に二重に封入されており，(6)γ線源の場合と構造はほとんど同じである(図 4.14)。

　(γ, n)による中性子線源として最もよく使われるのは，

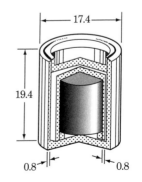

図4.14 中性子線源〔単位：mm〕

アンチモンに等容積のベリリウムを混合したもので，^{124}Sb からの高エネルギーγ線を利用したものである。

　小型で強力な中性子線源として広い用途を持つ自発核分裂核種^{252}Cfは半減期が 2.65 年で，1 g の線源から 1 秒間に 2.4×10^{12} 個の中性子が放出される。

4.3　非密封放射性同位元素

4.3.1　非密封放射性同位元素の形態

　密封線源でない放射性物質はすべて非密封状態ということになる。4.2 で解説したように密封線源であっても破損し，漏えいすることもあるので，密封・非密封の区分は厳密なものということはできない。実状に即した取扱いが肝要である。

　密封線源の多くが照射を目的とした線源であるのに対し，非密封状態の放射性同位元素は照射を目的としたものが少ないことから，非密封線源というよりも非密封放射性同位元素とか非密封アイソトープという方が一般的である。

　わが国で使用される放射性物質は，原則として，製造業者・輸入業者から販売業者(日本アイソトープ協会)を通して使用者に渡ることになっている。一部は加速装置，中性子発生装置，ミルキング装置などによる自家製のものがある。放射性核種は壊変による放射能の減衰以外に絶対になくならないので，使用後の放射性廃棄物が問題になる。

　製造業者あるいは販売業者から出されている各種のカタログによって使用しようとする放射性物質をよく調べた上で発注することになる。一般に，購入する放射性物質の量(放射能)が多くなるほど，価格が割安になる点では一般商品の比ではない。しかし，不必要に大量に購入することは放射線管理，特に施設の貯蔵量の面からも好ましくなく，放射性同位元素の壊変による減衰という点からみても不利であるため，必要な量だけその都度購入するのがよい。

4.3.2　購入時の容器

　放射性同位元素の形状は，結晶，粉末，気体などの場合もあるものの，その大部分は水溶液または適当な溶媒の溶液である。使用者に届くまではバイアル，アンプルなどに封入されて容易にこぼれたり，散逸するおそれがなく，密封状態で出荷・輸送される。

　容器は製造業者によりある程度の違いがある。図 4.15 にそのいくつかを示した。特にバイアル(vial)は，アイソトープ溶液の容器として使用される。図 4.15 中央はアルミニウムキャップの中心部の約 10 mm ϕ のふたをとった状態で，ゴム栓が見える。注射針でこのゴム栓をつきさしてバイアル中の放射性物質を取り出す。

　購入したら，すぐにアイソトープの容器にはってあるラベルや仕様書をよくみて確認しておくことが必要である。製造番号，化学的形状，放射能，放射能濃度または比放射能，pH，放射化学的純度，検定日，製造元，頒布元などが記入されている。

図4.15 バイアル：各バイアルのラベルには放射性核種の量，濃度，検定日，保存条件，製造会社などの必要な情報が記載されている。

4.3.3 標識化合物

標識化合物の多くが有機化合物の構成元素である ^{14}C または ^{3}H 標識であるが，$^{32}P, ^{35}S, ^{51}Cr,$ $^{125}I, ^{131}I$ など標識体もかなりある。きわめて数多くの標準的な化合物について標識化合物が作られカタログに載せられているが，カタログに記載のない特別な標識化合物がほしいときにはメーカーに調製を依頼することもできる。

標識化合物については分子中のどの原子がラベルされているかが使用する上で重要である。たとえば栄養素の一種である天然アミノ酸 L-メチオニン(methionine)については，図 4.16 に示す 3 種類の ^{14}C 標識体が市販されているが，これらを動物に投与した場合，同じ化学構造の化合物を投与したにも関わらず，標識部位の相違により放射能の体内分布は大きく異なってくる。

一般に，標識化合物は有機物としての不安定さに加えて自己放射線による分解のため，一般有機試薬に比べて幾分不安定であることが多く，使用しない場合は冷暗所に保存する。

(a) [1-^{14}C]-L-methionine

$$CH_3-S-CH_2-CH_2-CH-^{14}COOH$$
$$|$$
$$NH_2$$

(b) [3,4-^{14}C]-L-methionine

$$CH_3-S-^{14}CH_2-^{14}CH_2-CH-COOH$$
$$|$$
$$NH_2$$

(c) [S-methyl-^{14}C]-L-methionine

$$^{14}CH_3-S-CH_2-CH_2-CH-COOH$$
$$|$$
$$NH_2$$

図4.16 3種類の標識部位の異なる^{14}C標識L-メチオニン(methionine)

4.3.4 放射性医薬品

放射性同位元素の中でも，放射性医薬品またはその原料，病院などで実施される治験の対象薬および陽電子断層撮影診療用に病院などにおいて調剤される薬物などは，放射性同位元素等規制法で定める放射性同位元素からは除かれている〔令 1〕〔4.1.2〕ので，同法に基づく使用許可を受ける必要はない。これらを医療用に使用する場合には，医療法第 7 条に基づく

構造設備の検査許可を受けること，および医療法第 28 条に基づく届出をする必要がある。

　放射性医薬品は実験用のアイソトープとして使用することもできるが，まったく同じ構造を有する標識化合物であっても，一般のアイソトープとして入手したものは放射性同位元素等規制法で規制され，医療用に購入したものは医療法の規制のもとで使用される点に注意しなければならない。

4.3.5　使用後の放射性廃棄物

　実験などに使用した非密封放射性同位元素は，密封線源の場合と違って，使用前とまったく異なった形態をもった放射性廃棄物となる。すなわち，液体廃棄物，ガラスや金属に吸着した固体状とみなされる廃棄物，空気中に浮遊する放射性粉塵・微粒子，またそれらが吸着されたフィルタ，ペーパータオルに吸着された液状放射性廃棄物，気体廃棄物，生体内に摂取された ^{14}C 化合物が代謝の過程で気体となる例，実験に使用した動物などである。放射性廃棄物の処理については，第 10 章で述べる。

4.4　特定放射性同位元素の防護

　令和元年(2019 年)9 月施行の法改正により，放射性同位元素等規制法は，人の健康に重大な影響を及ぼすおそれがある特定放射性同位元素[4.4.2]のセキュリティ対策として，法律第 1 条の目的に「特定放射性同位元素の防護」が新たに加えられた。これに伴い，法律の名称がこれまでの「放射性同位元素等による放射線障害の防止に関する法律（「放射線障害防止法」または「障防法」と呼ばれた）」から「放射性同位元素等の規制に関する法律（「放射性同位元素等規制法」）」に変更された。以下に「特定放射性同位元素の防護」の概略を説明する。

4.4.1　特定放射性同位元素

　「特定放射性同位元素（以下「特定 RI」と略すことあり）」とは，放射性同位元素の中でも，その放射線が発散された場合において人の健康に重大な影響を及ぼすおそれがあるものとして政令で定めるもの〔法 2-3〕であって，その種類および密封の有無に応じて原子力規制委員会が定める数量以上のものをいう〔令 1 の 2〕。この特定放射性同位元素の数量は，「特定放射性同位元素の数量を定める告示〔平成 30 年原子力規制委員会告示第 10 号（「特定 RI 告示第 10 号」）〕」第 2 条に定められており，特定 RI 告示第 10 号別表第 1 には密封されたまたは密封されていない粉末でない固体状の放射性同位元素（23 元素 24 核種），別表第 2 にはそれ以外の密封されていない放射性同位元素（84 元素 237 核種）それぞれの規制下限数量が示されている。放射性同位元素の種類が 2 種類以上のものについては，放射性同位元素の定義[4.1.2]と同様に，告示第 10 号別表第 1 の第 1 欄の種類ごとに，第 2 欄に掲げる下限数量に対する割合の和が 1 となる数量以上の場合に特定放射性同位元素としての規制を受ける（表 4.3）。

4.4.2　防護従事者と特定放射性同位元素防護管理者

「防護従事者」とは，特定放射性同位元素の防護に関する業務に従事する者で，特定放射性同位元素防護管理者を含む。「特定放射性同位元素防護管理者」とは，特定放射性同位元素の防護に関する業務を統一的に管理させるため，特定放射性同位元素の取扱いの知識その他について原子力規制委員会規則で定める要件を備える者のうちから選任された者[4.4.6]である〔法 38 の 2，則 1(16)〕。

4.4.3　防護区域

「防護区域」とは，放射性同位元素を使用する室，放射性同位元素の廃棄のための詰替えをする室，貯蔵室，貯蔵箱，耐火性の構造の容器，保管廃棄設備または使用場所を変更して一時的に使用をする場所を含む特定放射性同位元素を防護するために講ずる措置の対象となる場所をいう〔則 1(14)，(15)〕。

4.4.4　特定放射性同位元素の防護のために講ずべき措置等

許可届出使用者および許可廃棄業者は，特定放射性同位元素を工場または事業所において使用，保管，運搬または廃棄する場合には，施錠その他の方法による特定放射性同位元素の管理，特定放射性同位元素の防護上必要な設備および装置の整備および点検その他の特定放射性同位元素の防護のために必要な措置を講じなければならない〔法 25 の 3-1，令 19 の 2〕。具体的には，許可届出使用者および許可廃棄業者が設置する施設において使用，保管または廃棄をしようとする特定放射性同位元素について，特定放射性同位元素の区分(a)～(c)に応じ，それぞれ防護に必要な措置を講じなければならない〔則 24 の 2 の 2〕。

区分(a)：その放射線が極めて短時間に人の健康に重大な影響を及ぼすおそれがあるもの：告示第 10 号別表第 1 または別表第 2 第 2 欄の数量の 1000 倍以上のもの

区分(b)：その放射線が短時間に人の健康に重大な影響を及ぼすおそれがあるもの：告示第 10 号別表第 1 または別表第 2 第 2 欄の数量の 10 倍以上 1000 倍未満のもの

区分(c)：区分(a)，区分(b)以外：告示第 10 号別表第 1 または別表第 2 第 2 欄の数量以上 10 倍未満のもの

この特定放射性同位元素の区分ごとの数量は，「特定 RI 告示第 10 号」第 3 条に定められており，密封されたまたは粉末でなく揮発性・可燃性・水溶性でない固体状の非密封特定放射性同位元素では同告示第 10 号別表第 1 第 2 欄の数量，それ以外の密封されていない特定放射性同位元素においては別表第 2 第 2 欄の数量に対し，区分(a)はその 1000 倍，区分(b)では 10 倍，区分(c)では第 2 欄の数量そのものが下限数量とされている（表 4.3）。

たとえば，区分(b)および区分(c)：告示第 10 号別表第 1 または別表第 2 第 2 欄の数量以上 1000 倍未満の特定放射性同位元素（一時的な使用の場合を除く）の防護のために必要な措置は，次の各号に定めるところによる。

表4.3 防護措置が必要な特定放射性同位元素の区分〔特定 RI 告示第 10 号第 2, 3 条〕

密封／非密封	同位元素の種類	特定放射性同位元素の定義〔4.4.1〕	防護措置が必要な特定放射性同位元素の区分*
密封された放射性同位元素：密封した物 1 個に含まれている数量	同位元素の種類が 1 種類	1 個あたりの数量が特定 RI 告示第 10 号別表第 1 第 2 欄の数量以上のもの	数量の区分 (a)：1000 倍／区分 (b)：10 倍以上 1000 倍未満／区分 (c)：数量以上 10 倍未満のもの
	1 個に含まれる同位元素が 2 種類以上	同位元素ごとの数量を下限数量で除した値の和が 1 以上のもの	区分 (a)：1000 以上／区分 (b)：10 以上 1000 未満／区分 (c)：1 以上 10 未満のもの
非密封の放射性同位元素〔①粉末でなく揮発性・可燃性・水溶性でない固体状のもの，②それ以外〕：使用をする室等に存ずる数量	同位元素の種類が 1 種類	所持する総量が特定 RI 告示第 10 号①別表第 1／②別表第 2 第 2 欄の数量以上のもの	数量の区分 (a)：1000 倍／区分 (b)：10 倍以上 1000 倍未満／区分 (c)：数量以上 10 倍未満のもの
	1 室に存在する同位元素が 2 種類以上	1 室に存在するすべての同位元素ごとの数量を下限数量で除した値の和が 1 以上のもの	区分 (a)：1000 以上／区分 (b)：10 以上 1000 未満／区分 (c)：1 以上 10 未満のもの

* 特定放射性同位元素の防護措置：区分 (a) 極めて短時間に，区分 (b) 短時間に人の健康に重大な影響を及ぼすおそれがあるもの

1. 防護区域を定めること。
2. 1）業務上防護区域に常時立ち入ろうとする者には，その身分および当該防護区域への立入りの必要性を確認の上，立入りを認めたことを証明する書面等（「証明書等」という）を発行し，立入りの際に当該証明書等を所持させること（この証明書等を所持する者を「防護区域常時立入者」という），2）その他の防護区域に立ち入ろうとする者については，その身分および当該防護区域への立入りの必要性を確認するとともに，確認を受けた者が防護区域に立ち入る場合には，防護従事者を同行させ，特定放射性同位元素の防護のために必要な監督を行わせること。
3. 防護区域への人の侵入を防止するため，1）防護区域の出入口に施錠を行うとともに，2）防護従事者のうちからあらかじめ指定した鍵の管理者にその鍵を厳重に管理させ，当該者以外の者がその鍵を取り扱うことを禁止すること，および 3）鍵または錠に異常が認められた場合には，速やかに取替えまたは構造の変更を行うこと。ただし，防護従事者に当該出入口を常時監視させる場合は，この限りでない。
4. 防護区域常時立入者が防護区域に立ち入ろうとする場合には，その都度，その立入りが正当なものであることを確認するための措置を講ずること。
5. 防護区域への人の侵入を監視するため，1）人の侵入を確実に検知して直ちに表示するとともに，一定期間録画する機能および 2）人の侵入を検知した場合に警報を発するとともに，あらかじめ指定した者に直ちにその旨を通報する機能を有するとともに当該装置への不正な活動を検知し警報を発する機能を有する「監視装置」を設置するこ

と。ただし，防護区域において二人以上の防護従事者で同時に詰替えのみをする場合は，この限りでない。

6. 特定放射性同位元素を堅固な障壁によって区画することその他の特定放射性同位元素を容易に持ち出すことができないようにするための二以上の措置を講ずること。ただし，防護区域において二人以上の防護従事者で同時に詰替えのみをする場合は，この限りでない。

7. 特定放射性同位元素の管理に関し，1）特定放射性同位元素は防護区域内に置く，2）監視装置により防護区域への人の侵入を常時監視する，3）防護従事者に，特定放射性同位元素の管理に係る異常が認められた場合または当該特定放射性同位元素の防護のために必要な設備若しくは装置に異常が認められた場合には，直ちに組織的な対応（異常の発生をあらかじめ指定した防護従事者に報告することその他の防護規程に定める措置をいう）をとらせる，4）防護従事者に，毎週1回以上，特定放射性同位元素並びにその防護のために必要な設備および装置について点検を行わせ，異常が認められた場合には直ちに組織的な対応をとらせ，異常が認められない場合にはその旨を防護規程に定めるところにより報告させるなどの措置を講ずること。

8. 事業所等において特定放射性同位元素を運搬する場合には，放射性輸送物にA型輸送物に係る技術上の基準に規定する容易に破れないシールの貼付け等の措置を講じること。ただし，二人以上の防護従事者に同時に運搬を行わせるときは，この限りでない。

9. 特定放射性同位元素の防護のために必要な情報を取り扱う電子計算機については，電気通信回線を通じた外部からの不正アクセスを遮断する措置を講ずること。

10. 特定放射性同位元素の防護のために必要な設備および装置については，その機能を維持するため，保守を行うこと。

11. 特定放射性同位元素の盗取が行われるおそれがあり，または行われた場合における関係機関への連絡については，連絡手段を備えることその他その連絡を確実かつ速やかに行うことができるようにすること。

12. 特定放射性同位元素の防護のために必要な措置に関する詳細な事項は，当該事項を知る必要がある者以外の者に知られることがないよう管理すること。

13. 特定放射性同位元素の防護のために必要な体制を整備すること。

14. 特定放射性同位元素が盗取されるおそれがあり，または盗取された場合において確実かつ速やかに対応するための「緊急時対応手順書」を作成すること。

加えて，区分(a)：告示第10号別表第1または別表第2第2欄の数量の1000倍以上の特定放射性同位元素（一時的な使用を除く）の防護のために必要な措置は，上記3は鍵を異にする二以上の施錠に変更し，4は確認のための二以上の措置を講ずる，11の連絡方法を二以上の連絡手段を備えるなど，二重のセキュリティ対策を講じることが要求される。

4.4.5　特定放射性同位元素の防護に関する事業者の義務

特定放射性同位元素を取り扱う事業者は，4.4.3 特定放射性同位元素の防護のために講ずべき処置に加え，特定放射性同位元素を防護するため，以下の項目を遵守しなければならない。

（1）特定放射性同位元素防護規程

許可届出使用者および許可廃棄業者は，特定放射性同位元素を工場または事業所において使用，保管，運搬または廃棄する場合，特定放射性同位元素を防護するため，特定放射性同位元素の取扱いを開始する前に，特定放射性同位元素防護規程を作成し，原子力規制委員会に届け出なければならない〔法 25 の 4（1），則 24 の 2 の 3〕。特定放射性同位元素防護規程に定めるおもな事項は，1）防護従事者の職務および組織に関すること，2）特定放射性同位元素防護管理者［4.4.6］の代理者に関すること，3）特定放射性同位元素の区分の別に関すること，4）防護区域［4.4.3］の設定に関すること，5）防護区域（一時的な使用の場合には，一時的に使用する管理区域）の出入管理に関すること，6）監視装置［4.4.4］の設置に関すること，7）特定放射性同位元素を容易に持ち出すことができないようにするための措置に関すること，8）特定放射性同位元素の管理に関すること，9）特定放射性同位元素の防護のために必要な設備または装置の機能を常に維持するための措置に関すること，10）関係機関との連絡体制の整備に関すること，11）特定放射性同位元素の防護のために必要な措置に関する詳細な事項に係る情報の管理に関すること，12）特定放射性同位元素の防護のために必要な教育および訓練（以下「防護に関する教育訓練」）［4.4.5（4）］に関すること，13）緊急時対応手順書に関すること，14）特定放射性同位元素の運搬［4.4.5（2）］に関すること，15）特定放射性同位元素に係る報告［4.4.5（3）］に関すること，16）特定放射性同位元素の防護に関する記帳および保存［4.4.5（5）］に関すること，17）特定放射性同位元素の防護に関する業務の改善に関すること，18）その他特定放射性同位元素の防護に関し必要な事項と全般にわたっている。

また，特定放射性同位元素防護規程を変更したときは，変更の日から 30 日以内に，原子力規制委員会に届け出なければならない〔法 25 の 4（3）〕。

（2）特定放射性同位元素の事業所外運搬に係る防護のために講ずべき措置等

事業者は，特定放射性同位元素を事業所外において運搬する場合には，運搬開始前に，当該特定放射性同位元素の運搬について責任を有する「運搬責任者」を明らかにし，当該特定放射性同位元素の運搬に係る責任が移転される時期および場所その他の原子力規制委員会規則で定める事項について発送人，運搬責任者および受取人の間で取決めを締結し，当該の運搬が開始される前に，この取決めの締結について，原子力規制委員会に届け出なければならない〔法 25 の 5，25 の 6〕。

（3）特定放射性同位元素に係る報告

事業者は，密封された特定放射性同位元素について製造，輸入，受入れ，譲受け，輸出，

払出しまたは譲渡しをしたときは，その数量，年月日，相手方の氏名または名称および住所などを，当該行為を行った日から 15 日以内に原子力規制委員会に報告しなければならない。ただし，製造，輸入および輸出を除く行為であって，許可届出使用者または許可廃棄業者の事業所等が同一であるときは，その報告を省略することができる。

また，事業者は，報告を行った特定放射性同位元素の内容を変更したときまたは変更により当該特定放射性同位元素が特定放射性同位元素でなくなったときは，その旨および当該特定放射性同位元素の内容を，変更の日から 15 日以内に原子力規制委員会に報告しなければならない。さらに，許可届出使用者および許可廃棄業者は，毎年 3 月 31 日に所持している密封された特定放射性同位元素について，同日の翌日から起算して 3 月以内に原子力規制委員会に報告しなければならない〔法 25 の 7，則 24 の 2 の 10〕。

（4）特定放射性同位元素の防護に関する教育訓練

許可届出使用者および許可廃棄業者は，特定放射性同位元素を取り扱う場合には，8.4 放射線障害の防止に関する教育訓練とは別に，特定放射性同位元素の防護に関する業務に従事する防護従事者に対して，特定放射性同位元素防護規程の周知を図るほか，特定放射性同位元素を防護するために必要な教育および訓練（「防護に関する教育訓練」という）を施さなければならない〔法 25 の 8，則 24 の 2 の 11〕。

1）実施時期

初めて特定放射性同位元素の防護に関する業務を開始する前および特定放射性同位元素の防護に関する業務を開始した後は前回の防護に関する教育訓練を行った年度の翌年度の開始日から 1 年以内（本書では「翌年度内」という）。

2）防護に関する教育訓練の内容および時間数

防護従事者が初めて特定放射性同位元素の防護に関する業務を開始する前に実施する防護に関する教育訓練では，「特定放射性同位元素の防護に関する概論」および「特定放射性同位元素の防護に関する法令および特定放射性同位元素防護規程」について，表 4.4 に示す時間数以上行わなければならない〔「特定放射性同位元素の防護のために必要な教育および訓練の時間数を定める告示（平成 30 年原子力規制委員会告示第 12 号）」〕。なお，防護従事者の職務の内容に応じて，上記の項目に関して十分な知識などを有していると認められる者に対しては，当該項目に関する教育訓練を省略することができる。

表4.4 防護に関する教育訓練の内容および時間数

防護に関する教育訓練の内容	特定放射性同位元素の防護に関する概論	特定放射性同位元素の防護に関する法令および特定放射性同位元素防護規程
防護従事者	1 時間以上	1 時間以上

(5) 特定放射性同位元素の防護に関する記帳

　許可届出使用者，届出販売業者，届出賃貸業者および許可廃棄業者が，特定放射性同位元素を取り扱う場合には，2.3.7 放射線障害の防止に関する記帳のほか，帳簿を備え，以下の事項を記載しなければならない。

　許可届出使用者・許可廃棄業者が帳簿に記載しなければならない事項を列挙すると

　　1）防護区域常時立入者への証明書等[4.4.4]の発行の状況およびその担当者の氏名

　　2）防護区域の出入管理の状況およびその担当者の氏名

　　3）監視装置による防護区域内の監視の状況およびその担当者の氏名

　　4）特定放射性同位元素の点検の状況およびその担当者の氏名

　　5）特定放射性同位元素の防護のために必要な設備および装置の点検および保守の状況ならびにこれらの担当者の氏名

　　6）防護に関する教育訓練[4.4.5(4)]の実施状況

　　7）特定放射性同位元素の運搬[4.4.5(2)]に関する取決め

　帳簿は1年ごと（毎年3月31日）に閉鎖し，閉鎖後5年間保存する。また，帳簿は，電磁的方法により保存することができる〔法25の9，則24の2の12〕。

4.4.6　特定放射性同位元素防護管理者

　特定放射性同位元素防護管理者[4.4.2]（本書では「防護管理者」と記載する場合あり）は，特定放射性同位元素の取扱いの知識を有し，防護業務に管理的地位にある者から選任された者で，特定放射性同位元素の防護に関する業務を統一的に管理する役割を担う。4.1.5 で述べた放射線取扱主任者とは，業務は全く異なるものの，その義務や選任，代理者および講習などについては，放射線取扱主任者制度を準用している〔法38の3，則38の7〕。

(1) 特定放射性同位元素防護管理者の選任

　許可届出使用者および許可廃棄業者は，特定放射性同位元素を工場または事業所において使用，保管，運搬または廃棄する場合，特定放射性同位元素の防護に関する業務を統一的に管理させるため，特定放射性同位元素の取扱いの知識などについて規定の要件を備える者のうちから，特定放射性同位元素防護管理者を1事業所または1廃棄事業所につき1人選任しなければならない。また，特定放射性同位元素の取扱いを開始するまでに選任しなければならない。選任した日または解任した場合も同様に解任した日から30日以内に原子力規制委員会に届け出なければならない〔法38の2，則38の4，38の5〕。

　加えて，防護管理者が旅行，疾病その他の事故で，その職務を行うことができない期間中に特定放射性同位元素を取り扱うときは，許可届出使用者および許可廃棄業者は，防護管理者の要件を備える者の中から防護管理者の代理者を選任しなければならない。この場合，その職務を行えない期間が30日以上のときは，代理者を選任した日から30日以内に原子力規制委員会に届け出なければならない。解任したときも，同様とする。防護管理者

の代理者が防護管理者の職務を代行する場合は，防護管理者と同等とみなす〔法 38 の 3，則 38 の 8〕。

(2) 特定放射性同位元素防護管理者の義務等

　　特定放射性同位元素防護管理者またはその代理者は，誠実にその職務を遂行しなければならない〔法 38 の 3，則 38 の 4，38 の 8〕。

　　また，許可届出使用者および許可廃棄業者は，特定放射性同位元素防護管理者に選任した者に，原子力規制委員会の登録を受けた「登録特定放射性同位元素防護管理者定期講習機関」の行う防護管理者の資質の向上を図るための「特定放射性同位元素防護管理者定期講習」（本書では「防護管理者定期講習」と記載する場合あり）を，選任された日から 1 年以内，その後は前回講習を受けた翌年度の開始日から 3 年以内（本書では「3 年度内」という）に，受講させなければならない。防護管理者定期講習の課目と時間数は，表 4.5 に示すとおりである。ただし，防護管理者定期講習の過去 3 年度内に放射線取扱主任者定期講習を受けた者に対しては，「法に関する課目」，「放射性同位元素等の取扱いに関する課目」またはその双方（密封された放射性同位元素を使用する許可届出使用者が選任した放射線取扱主任者が受講する主任者定期講習を受けた者で，密封されていない放射性同位元素を取り扱う者は，「法に関する課目」に限る）を省略することができる〔法 38 の 3，則 38 の 7，別表第 4，「特定放射性同位元素防護管理者定期講習の時間数等を定める告示（平成 30 年原子力規制委員会告示第 11 号）」〕。

表4.5　特定放射性同位元素防護管理者定期講習の課目および時間数

受講対象者 ＼ 防護管理者定期講習の課目	放射性同位元素等規制法	放射性同位元素の取扱い	特定放射性同位元素の防護	総時間数	防護管理者定期講習を受けさせる期間
特定放射性同位元素防護管理者	1 時間以上	1 時間以上	30 分以上	3 時間以上	選任後 1 年以内，以降 3 年度内

4. 放 射 線 源

演 習 問 題

1．数量が 1×10^{10} Bq，濃度が 1×10^5 Bq/g の密封された ^{3}H は放射性同位元素等規制法で規制されるか。

2．^{60}Co 37 kBq の密封線源を 5 個，^{60}Co 74 kBq の密封線源を 5 個および ^{137}Cs 3.7 kBq の密封線源を 10 個使用している。放射性同位元素等規制法の規制の対象となるか。

3．非密封の ^{14}C を 3.7 MBq，^{32}P を 37 kBq および ^{131}I を 370 kBq 所持している場合には，数量に関して放射性同位元素とみなされるか。

4．図 4.16 に示した標識部位の異なる 3 種類の ^{14}C 標識 L-メチオニン (methionine) は同じ化学構造であるにも関わらず，動物に投与した後の放射能体内分布が異なる理由を述べよ。

5. 放射線防護の原則

5.1 一般的原則

外部被曝，内部被曝に対する防護の原則は，第一に放射線源をできるだけ狭い空間に閉じ込めること(contain)，第二に必要最小限の放射線のみを取り出して利用すること(confine)，そして第三に放射線を十分に管理すること(control)である。この 3 つを 3C の原則といい，この原則に則して十分に安全な放射線施設を設置し，その中で放射線や放射性物質を扱うことが重要である。

密封線源や放射線発生装置から発生する放射線のみを取扱う際には，専ら外部被曝に対する防護に留意すればよいが，密封されていない放射性核種を取扱うときは，原則として外部被曝に加えて内部被曝も考慮する必要がある。

5.2 外部被曝に対する防護

密封線源や放射線発生装置から発生する放射線を利用したり，非密封の放射性核種を取扱う場合など，あらゆる放射線源・放射性物質を取扱う場合には，必ず体外からの外部被曝に対する防護に留意しなければならない。体外からの放射線防護には「距離(distance)，遮蔽(shield)，時間(time)」の DST の法則と呼ばれる 3 原則がある。放射性同位元素等規制法や医療法施行規則にも，以下の 1. 〜3. の措置を講じることにより，放射線業務(診療)従事者の被曝線量が実効線量限度および等価線量限度を超えないようにすることが定められている〔則 15(3)，医則 30 の 18〕。

1. 距離(distance)：線源との距離を大きくする
2. 遮蔽(shield)：線源との間に適当な遮蔽材を置く
3. 時間(time)：取扱い時間をできるだけ短縮する

5.2.1 距離

すべての放射線を発する点線源について，フルエンス，照射線量，カーマ，1 cm 線量当量などは，距離の 2 乗に反比例して減少する。しかし現実には，線源は大きさを持つので，線源自体による放射線の自己吸収があり，さらに空気による吸収もあるため，厳密には異なるが，元来飛程の短い α 線やきわめてエネルギーの低い β 線においては，空気だけで遮蔽できる。

光子放出核種について，単位放射能の点線源から単位距離における単位時間あたりの 1 cm 線量当量率を 1 cm 線量当量率定数という。単位放射能を 1 MBq，単位距離を 1 m とし

たときの 1 cm 線量当量率定数 Γ_{H} をおもな核種について表 5.1 に示す。Γ_{H} がわかっていれば，その核種の放射能 $A[\mathrm{MBq}]$ の点線源から任意の距離 $l[\mathrm{m}]$ での 1 cm 線量当量率 $\dot{H}_{1\mathrm{cm}}$ は，

$$\dot{H} = \frac{A}{l^2}\Gamma_{\mathrm{H}}$$

によって容易に計算できる。

表 5.1 の線量当量率定数は以下に示す計算によって得られる。

1 壊変ごとにエネルギー $E[\mathrm{MeV}]$ の光子を 1 個放出する放射能 $A[\mathrm{MBq}]$ の点線源から $l[\mathrm{m}]$ の距離での空気衝突カーマ率 $\dot{K}$ $[\mathrm{Gy \cdot s^{-1}}]$ は，空気衝突カーマ率定数を Γ_{K} とすれば

$$\dot{K} = \frac{A}{l^2}\Gamma_{\mathrm{K}}$$

である。

$$\Gamma_{\mathrm{K}} = \frac{l^2}{A}\dot{K} \quad [\mathrm{Gy \cdot m^2 \cdot MBq^{-1} \cdot s^{-1}}]$$

Γ_{K} は点線源から 1 m の距離でのエネルギーフルエンス率に空気のエネルギー吸収係数 $\mu_{\mathrm{en}}/\rho[\mathrm{m^2 \cdot kg^{-1}}]$ を乗じて得られる。Γ_{K} を 1 時間あたりで表わせば

$$\Gamma_{\mathrm{K}} = \frac{E}{4\pi}\frac{\mu_{\mathrm{en}}}{\rho} = 4.589 \times 10\, E\frac{\mu_{\mathrm{en}}}{\rho} \quad [\mu\mathrm{Gy \cdot m^2 \cdot MBq^{-1} \cdot h^{-1}}]$$

となる。

1 cm 線量当量率定数 Γ_{H} は Γ_{K} に換算係数 f_{D1cm} を乗じたものである。Γ_{H} を 1 時間あたりの $\mu\mathrm{Sv}$ で表わせば

$$\Gamma_{\mathrm{H}} = 4.589 \times 10 E\frac{\mu_{\mathrm{en}}}{\rho}f_{\mathrm{D1cm}} \quad [\mu\mathrm{Sv \cdot m^2 \cdot MBq^{-1} \cdot h^{-1}}] \tag{5.1}$$

となる。表 5.1 には空気衝突カーマ率定数も示した。

表5.1 おもな核種の1cm線量当量率定数および空気衝突カーマ率定数

核種	1cm線量当量率定数 $[\mu\mathrm{Sv \cdot m^2 \cdot MBq^{-1} \cdot h^{-1}}]$	空気衝突カーマ率定数 $[\mu\mathrm{Gy \cdot m^2 \cdot MBq^{-1} \cdot h^{-1}}]$
^{24}Na	0.486	0.431
^{54}Mn	0.127	0.110
^{59}Fe	0.167	0.147
^{60}Co	0.347	0.306
^{131}I	0.0648	0.0512
^{137}Cs	0.0910	0.0771
^{192}Ir	0.138	0.109
^{198}Au	0.0683	0.0545
^{226}Ra*	0.256	0.214

*0.5 mm 白金カプセルに封入

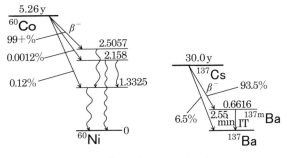

図5.1 ^{60}Coと^{137}Csの壊変図表

〔**例題**〕表 5.1 の ^{60}Co の 1 cm 線量当量率の値を計算で確かめよ。

〔**解**〕式(5.1)によって計算する。

図 5.1 でわかるように，^{60}Co は 1 壊変について，1.17 MeV の光子および 1.33 MeV の光子をそれぞれほぼ 1 個ずつ放出しており，1.17 MeV の光子と 1.33 MeV の光子エネルギーはかなり近接しているので，1 壊変について，1.25 MeV の光子 2 個を放出しているとみてよい。

$E=1.25$[MeV]，$\mu_{en}/\rho=0.002666$[m^2·kg^{-1}]（アイソトープ手帳），$f_{D1cm}=1.13$，1 壊変あたり 2 個に注意して

$$\Gamma_H = 0.346[\mu Sv \cdot m^2 \cdot MBq^{-1} \cdot h^{-1}]$$

となる。

照射線量(率)は，X 線，γ 線のみについての場を表わす実用的な量であるとみることができる。β 線，中性子線などに対してはこれに相当する特殊な量はないが，粒子フルエンスまたはエネルギーフルエンスを用いればよい。

近接して放射性物質を取扱う場合は，β 線による手の局部被曝の防護に留意しなければならない。β 線は物質に吸収されやすいため，近接して操作する場合は，β 線のほうが問題になる場合が多い。β 線に対する防護の目安を与えるために，さまざまな形状の β 線源からの線量率を表 5.2 に示す。

表5.2 β 線源からの線量率

線 源 の 形 状	吸収線量率	適 用 範 囲
放射能の強さ 3.7×10^4 Bq の点線源	1cm の距離で約 10 mSv/h	β 線の最大エネルギー 0.3〜2.5 MeV
放射能面密度 3.7×10^4 Bq/cm^2 の面線源	線源表面で約 100 mSv/h	β 線の最大エネルギー 0.8〜3.0 MeV
放射能濃度 3.7×10^4 Bq/cm^3 の体線源	線源表面で約 10 mSv/h	線源自体の密度は 1 g/cm^3 β 線の最大エネルギー 2〜3 MeV

5.2.2 遮　　　蔽

　距離をとるという方法には限界がある。放射線源を操作する手の長さは限られているし，6.1.2 に記載した道具を使用したとしても視認性を犠牲にする訳にはいかないからである。特に，線量率が高く，線源を取扱う場所に空間的制限がある場合には，遮蔽によって線量率を下げるという積極的方法をとる必要がある。

　遮蔽は，線源自体に対して行う場合（線源容器などを使用）と，作業者側に対して行う場合（含鉛手袋・鉛エプロン・防護メガネなどを着用）とがある。また線源と作業者の間に遮蔽板を設ける場合は，行動空間を広くし，遮蔽材料を節約するために，取扱いに支障のない範囲で，線源に遮蔽板を近づけて遮蔽を行うと効果的である。例えば図 5.2 で示すような線源と作業者の位置関係を想定すると，線源に遮蔽容器を使用しない(a)の場合，周辺の空間線量率は高く作業者は遮蔽により被曝を低減する必要がある。線源と自分の間に遮蔽板を配置するのが原則であるが，B さんのように線減より離れた位置で遮蔽すると行動範囲が制限されるため，A さんのように線減の近くに遮蔽板を設置して遮蔽範囲を広くするか，個人の遮蔽だけであれば C さんのように自身に遮蔽具を装着すると良い。同じ状況でも(b)のように線源を遮蔽容器に収納すれば空間線量率を一律に低下できるため，不意に居合わせた D さんの被曝をも低減できる。

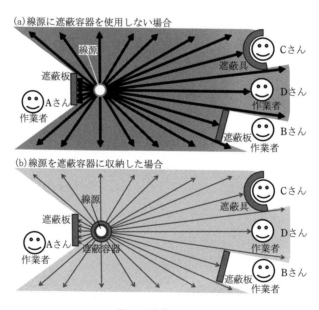

図5.2 遮蔽の効果

（1）α 線

　α 線の空気中の飛程 R[cm]については，α 線のエネルギーE[MeV]が 4～7 MeV の範囲でつぎの式が成立する。

$$R=0.318E^{3/2} \quad (4<E<7) \tag{5.2}$$

したがって，α線の空気中での飛程は数 cm 程度である。水中や組織中での飛程は空気中の約 1/500 であるので，ゴム手袋(厚さ 0.25 mm 位)の装着で完全に遮蔽できる。α線は制動放射を行うことはほとんどないが，多くのα線放射核種はγ線を伴うので注意を要する。また，特定の原子核と $(α, n)$ 反応をおこし中性子を発生する可能性がある。

(2) β線

β線はα線と比べれば，一般に，その飛程は大きいが，通常，厚さ数 mm 程度のアルミニウム板や非金属のプラスチック板・アクリル板でも遮蔽することができる。アルミニウム中の最大飛程を図 5.3 に，アルミニウム中の最大飛程を求める式をつぎに示す。

$$R=0.542E-0.133 \qquad (0.8<E<3) \tag{5.3}$$

$$R=0.407E^{1.38} \qquad (0.15<E<0.8) \tag{5.4}$$

R ：最大飛程$[g/cm^2]$

E ：β線の最大エネルギー$[MeV]$

β線は物質のいかんにかかわらず物質の単位断面積あたり等しい質量を通過した場合，失うエネルギーはほぼ等しいので，式(5.3)，(5.4)および図 5.3 はどの物質についてもほぼ成立すると考えて良い。

この両式を $R=0.5E$ といった単純な式に近似することは，管理の現場ではきわめて便利である。たとえば，実験によく使われる代表的なハードβ核種である ^{32}P の最大エネルギーが 1.7 MeV であることを基準として $E=2$ MeV とすると，最大飛程は 1.0 g/cm^2 と

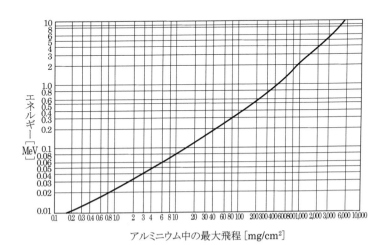

図5.3 β線の最大飛程とエネルギーの関係

なる。β線の遮蔽によく用いられるアクリル板の密度はおよそ $1.0\,\mathrm{g/cm^3}$ であるので，$1.0\,\mathrm{cm}$ の厚みで遮蔽できることになる。

　高エネルギーの β 線に対しては，制動放射線を考慮する必要がある。β 粒子および電子について，その運動エネルギー$E\,[\mathrm{MeV}]$が制動放射線のエネルギーに変わる割合 F は，ターゲットの原子番号を Z とすれば，近似的につぎのように表わされる。

$$F = 1.1 \times 10^{-3}\,ZE \tag{5.5}$$

　したがって，高エネルギーβ 線の遮蔽には，線源周囲をまずプラスチックなどの低原子番号の物質でおおい，その外側を鉛やコンクリートで遮蔽すると効果的である。

　連続したエネルギースペクトルをもつβ線に基づく制動放射線の照射線量(率)を正確に計算することは困難であるが，一般に，$1\,\mathrm{GBq}$ の β 線放射核種がその β 線を十分阻止するように遮蔽されたときの照射線量は，β 線の最大エネルギーに等しいエネルギーをもつ γ 線放射核種 $1\,\mathrm{MBq}$ があるとして計算すれば安全側に評価することができる。

　一方，陽電子放射体の場合には，陽電子 1 個について $0.51\,\mathrm{MeV}$ の消滅光子が 2 個，K 電子捕獲の場合には X 線が放出されるので，これらに対する考慮が必要である。

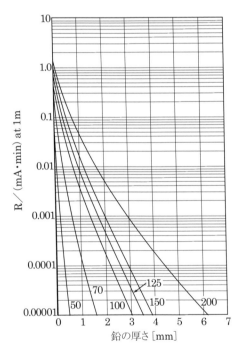

図5.4　鉛によるX線の減弱
（曲線の数字は管電圧をkVで示す）

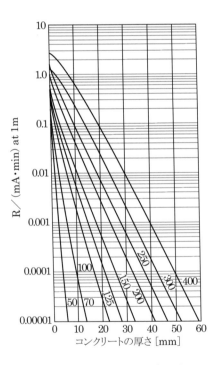

図5.5　コンクリートによるX線の減弱
（曲線の数字は管電圧をkVで示す）

（3）X線

　一般のX線管によって発生するX線のエネルギー範囲は，数keVから数百keV程度である。この程度のエネルギーのX線では，原子番号の高い物質との相互作用のおもなものは光電効果である。光電効果は原子番号の4〜5乗に比例しておこるので，鉛，タングステンなどの重金属による遮蔽効果はきわめて大きい。図5.4および図5.5にそれぞれ鉛およびコンクリートによるX線の減弱曲線を示す。

（4）γ線およびγ線と同程度のエネルギーのX線

　狭い平行線束（narrow parallel beam）の単一エネルギーの光子が物質中で減弱する状況を表わした次式は減弱の指数法則と呼ばれる。

$$I = I_0 \, e^{-\mu x} = I_0 \left(\frac{1}{2}\right)^{\frac{x}{x_{1/2}}} \tag{5.6}$$

ただし，I_0は入射光子のフルエンス率，Iは厚さxの物質を通過した光子フルエンス率，μは物質の光子に対する線減弱係数，$x_{1/2}$は半価層と呼ばれ

$$x_{1/2} = \frac{\log 2}{\mu} = \frac{0.693}{\mu} \tag{5.7}$$

の関係がある。μは物質と光子のエネルギーできまる定数で光子数が物質の単位長さあたり減弱する割合を意味する。μを物質の密度ρで除した

$$\mu_{\mathrm{m}} = \frac{\mu}{\rho} \tag{5.8}$$

を質量減弱係数と呼び，光子数が物質の単位断面積あたり単位質量で減弱される割合を示す。μ_{m}は光子のエネルギーが0.5 MeVから5 MeVまでの間は物質の種類による差はあまりない。X線の場合には，連続スペクトルであるので，I_0とIを照射線量率を用いて表わすことにより前述の減弱の指数法則が成立する。この場合には，μはxとともに変化する。

　広い線束（broad beam）に対しては，狭い平行線束の場合に比べて，コンプトン散乱による寄与が加わるので，減弱はつぎの式で表される。

$$I' = BI_0 \, e^{-\mu x} = BI_0 \left(\frac{1}{2}\right)^{\frac{x}{x_{1/2}}} \tag{5.9}$$

ここで，Bをビルドアップ係数（build-up factor）と呼び，つぎの近似式

$$B \approx 1 + \mu x \tag{5.10}$$

で表わされ，μxはrelaxation lengthと呼ばれる。Bを含んだ見掛けの半価層$x'_{1/2}$を用いれば(5.9)式は，つぎのように表される。

$$I' = BI_0 \, e^{-\mu x} = I_0 \left(\frac{1}{2}\right)^{\frac{x}{x'_{1/2}}} \tag{5.11}$$

〔**例題**〕 ^{60}Co 点状線源からの γ 線による照射線量率を比重 2.35 のコンクリート遮蔽壁で $\dfrac{1}{10,000}$ に減弱させるために必要な厚さを求めよ。

〔**解**〕 ^{60}Co γ 線の狭い平行線束の鉛（比重 11.34）に対する半価層は 1.0 cm である。したがって，^{60}Co γ 線のコンクリートに対する半価層は，$1.0\ \text{cm} \times \dfrac{11.34}{2.35} \fallingdotseq 5\ \text{cm}$ となる。

$2^5 = 32,\ 2^{10} \approx 1,000$ となるから

$$\left(\frac{1}{2}\right)^{13} < \frac{1}{10,000} < \left(\frac{1}{2}\right)^{14}$$

である。安全側をとって半価層 14 枚分，すなわち，鉛ならば 14 cm，コンクリートならば 70 cm にすればよい。

　以上の計算は狭い平行線束に対するものであって，実際に使用する線束は広い線束と考えなければならない。そこで，狭い平行線束の場合よりも照射線量率は B（ビルドアップ係数）倍される。

$$\mu_{\text{Pb}} = \frac{0.693}{1}\ ,\quad \mu_{\text{conc}} = \frac{0.693}{5}$$

$$B_{\text{Pb}} \approx 1 + \frac{0.693}{1} \times 14 \fallingdotseq 11$$

$$B_{\text{conc}} \approx 1 + \frac{0.693}{5} \times 70 \fallingdotseq 11$$

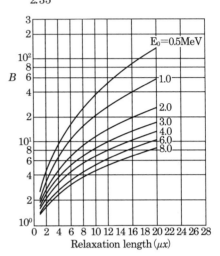

図5.6 ビルドアップ係数（点状線源，アルミニウム中）（この図は普通コンクリートにほぼ適用できる）

となるから B は鉛もコンクリートもほぼ同じになる。広い線束による照射線量率は狭い平行線束の場合の 11 倍になったのでさらに半価層 4 枚分（$2^4 = 16 > 11$）を加え，鉛ならば

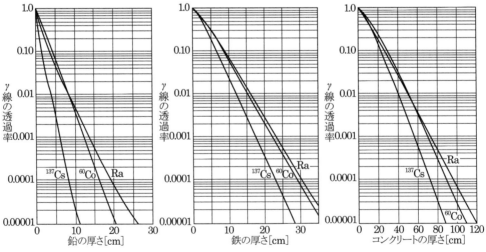

図5.7 鉛による γ 線の遮蔽（ビルドアップ係数を含む）

図5.8 鉄による γ 線の遮蔽（ビルドアップ係数を含む）

図5.9 普通コンクリート（比重 2.35）による γ 線遮蔽（ビルドアップ係数を含む）

18 cm，コンクリートならば 90 cm となる。これだけの遮蔽壁に対するビルドアップ係数 B を $B \approx 1 + \mu x$ から求めると約 14 となる。これを図 5.6 から求めると約 20 となる。

　また，図 5.7 を用いれば鉛による γ 線の遮蔽を容易に求めることができる。図 5.7 はビルドアップ係数が含まれているので，${}^{60}\mathrm{Co}$ γ 線の広い線束において照射線量率を $1/10{,}000$ にする鉛の厚さ 17 cm が直ちに得られる。これは，上に求めた 18 cm と近似している。${}^{60}\mathrm{Co}$ γ 線のビルドアップ係数を含んだ半価層は約 1.2 cm である。これは図 5.7 において ${}^{60}\mathrm{Co}$ γ 線の透過率 $0.001 \approx (1/2)^{10}$ で鉛の厚さ 12 cm から得られる。鉛同様によく使用される重要な遮蔽物質である鉄およびコンクリートによる γ 線の遮蔽を図 5.8〜5.9 に示す。図 5.9 から ${}^{60}\mathrm{Co}$ γ 線を $1/10{,}000$ にするコンクリートの厚さを求めると 87 cm となる。

(5) 高エネルギーX線

　　直線加速装置からの 6 MV X線，ベータトロンからの 10 MV，20 MV および 30 MV X線に対して，鉛，鉄およびコンクリートによる透過率を図 5.10，図 5.11 および図 5.12 に，1/10 価層を図 5.13 に示す。また，上記 X線の半価層と 1/10 価層を表 5.3 に示す。

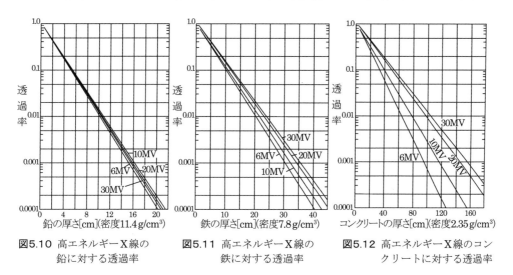

図5.10　高エネルギーX線の　　図5.11　高エネルギーX線の　　図5.12　高エネルギーX線のコン
　　　　鉛に対する透過率　　　　　　　鉄に対する透過率　　　　　　　クリートに対する透過率

表5.3　コンクリート，鉄および鉛の実効減弱係数 (μ)，1/10価層および半価層

X線のエネルギー[MV]	コンクリート			鉄			鉛		
	μ [cm^{-1}]	1/10価層 [cm]	半価層 [cm]	μ [cm^{-1}]	1/10価層 [cm]	半価層 [cm]	μ [cm^{-1}]	1/10価層 [cm]	半価層 [cm]
6	0.0733	31.4	9.45	0.230	10.1	3.01	0.461	5.00	1.50
10	0.0586	39.3	11.8	0.213	10.8	3.25	0.423	5.45	1.64
20	0.0465	49.5	14.9	0.202	11.5	3.43	0.435	5.30	1.59
30	0.0431	53.4	16.1	0.194	11.9	3.57	0.437	5.27	1.58

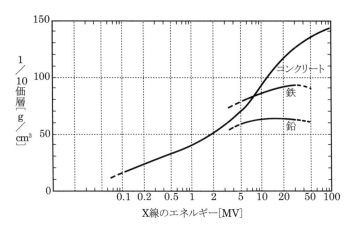

図5.13 高エネルギーX線に対するコンクリート，鉄および鉛の
1/10価層：図5.10〜図5.12から得られたもの

(6) 中性子線

　一般に，速い中性子を減速させるには，鉛や鉄のように原子番号の高い元素との非弾性
衝突が効率が良い。減速して 0.5 MeV 程度のエネルギーになった中性子は，軽い元素との
弾性散乱によって減速され，遅い中性子になる。この遅い中性子は，たいていの元素に吸収
される。したがって，原子番号の高い元素との非弾性散乱で放出される高エネルギーγ線，

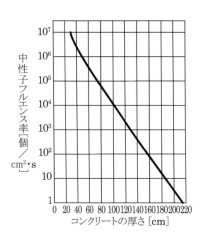

図5.14 コンクリート中における速い
中性子の減弱

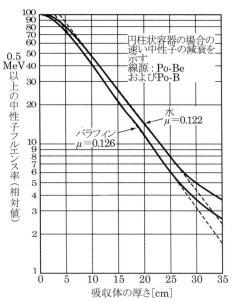

図5.15 水およびパラフィン中における速い
中性子の減弱

および吸収されるとき放出する捕獲γ線の遮蔽をあわせて考えなければならない。また，中性子線はγ線ほど迷路による遮蔽効果は期待できないことも注意すべきである。

　実験室内で小規模中性子源を扱う場合には，遮蔽材としてコンクリートブロック，パラフィンブロック($5 \times 10 \times 20$ cm)，水などが使用される。これらの物質についての中性子線の減弱曲線を図 5.14 および図 5.15 に示す。

5.2.3　時　　　　間

　一定線量率の環境下での作業であれば，被曝線量は取扱い時間に比例することは明らかであるが，作業時間を極度に短縮して放射線防護をはかることは変則といわなければならない[6.1.4]。実際の作業前に予備操作として行われるコールドラン[6.2.6(3)]は，操作の習熟に寄与するのみならず，作業時間の短縮にも有効である。

5.3　内部被曝に対する防護

　密封されていない放射性物質を使用する場合には，何らかの理由によって体内に取り込まれる可能性があることを常に意識しなければならない。体内に取り込まれた放射性物質が壊変し，放出された放射線により組織にエネルギーが与えられることを内部被曝という。非密封の放射性核種を取扱う場合にも，まずは体外からの外部被曝に対する防護にも配慮する必要があり，5.2 で述べた「距離，遮蔽，時間」の外部被曝防護の 3 原則(DST の法則)を守ることが重要である。そのうえで，非密封放射性物質が体内に摂取されることによる内部被曝の危険性に対する対策も必要となる。体内摂取の危険度を低下させるためには，「希釈(dilute)，分散(disperse)，除去(decontaminate)，閉じ込め(contain)，集中化(concentrate)」の内部被曝防護の 5 原則(3D2C の法則)も同時に考慮しなければならない。

1. 希釈(dilute)：希釈により低濃度で用いる
2. 分散(disperse)：換気や廃液希釈により汚染物を低濃度にする
3. 除去(decontaminate)：汚染を除去して体内摂取を防ぐ
4. 閉じ込め(contain)：容器に収納したりフード・グローブボックス[6.2.3]内で使用する
5. 集中化(concentrate)：集中保管することで散逸・不明をなくす

5.3.1　放射性物質の体内摂取経路

放射性物質が体内に取り込まれる経路には

1. 経口
2. 経呼吸器
3. 経皮膚(傷口からの取り込みを含む)

の 3 経路がある。1. は汚染した器物を口にし，あるいはピペットを口で吸って放射性物質を飲み込む場合などである。2. は放射性粉塵，微粒子，ガスなどによって汚染した空気を呼吸した場合である。内部被曝を防ぐには，この 3 つの経路によって放射性物質を体内へ取

り込むことがないように留意しなければならない。特に，非密封の放射性物質を使用する管理区域内では，これらの原因となる飲食・喫煙は厳禁である。

　体内に取り込まれた放射性物質から放出される放射線量は，壊変による物理的減衰と排泄による生物学的減少の両者によって決まる。後者の生物学的減少は，実際には分布や代謝などにより複雑な過程をたどるが，体外への排泄によって体内に残存している放射性物質の化学量が半分に減少する時間を生物学的半減期 T_b という。したがって，体内の放射性核種による影響は，その核種固有の物理的半減期 T_p と生物学的半減期 T_b から以下の式で導かれる有効半減期（実効半減期）T_{eff} に依存する。

$$\frac{1}{T_{eff}} = \frac{1}{T_p} + \frac{1}{T_b}$$ (5.12)

　α 線放出核種は，飛程がきわめて短いことから外部被曝の危険性は少ないが，体内に取り込まれると高LETであり，周辺組織に大きな吸収線量を与えることから，特に注意を要する。体内に取り込まれた放射性核種がどの臓器に集まりやすいかを表わすものに臓器親和性がある。表5.4に代表的な核種の臓器親和性を示す。特に，核種が特異的に集積することにより身体的障害の原因となる臓器を決定臓器と呼ぶことがある。ただし，同一の核種であっても，化学形が異なると，特異的に集積する組織・臓器が異なることがある。有効半減期が長い核種や特異的な組織集積性を示す核種による内部被曝も特に注意しなければならない。

表5.4　おもな放射性核種の臓器親和性

高親和性組織・臓器	放射性核種
骨	^{32}P, ^{45}Ca, ^{90}Sr, ^{226}Ra
骨・肝臓	^{232}Th, ^{238}U, ^{239}Pu, ^{241}Am
肝臓・脾臓	^{60}Co
造血器・脾臓	^{59}Fe
甲状腺	$^{123/125/131}$I
睾丸	^{35}S
腎臓	^{192}Ir, ^{203}Hg
消化管	^{24}Na, ^{60}Co, ^{90}Y, ^{113m}In, ^{198}Au
肺（吸入摂取による）	^{222}Rn
全身・筋肉	^{137}Cs
全身	^{3}H, ^{14}C

5.3.2　内部被曝防護の実際

　放射性物質を極力体内に取り込まないようにするためには，まず，放射性物質を取扱う作業環境の汚染防止につとめなければならない。そのためには，

1. 適当な施設，設備（測定器・器具など）
2. 業務従事者の操作技術の習熟，および安全取扱いに関する規則作法の遵守

3. 適切な放射線管理の実施

が必要である。これらの条件はそれぞれ相補う性質をもち，密封線源の管理にもあてはまることである。そして使用される放射性核種の量，種類，作業の規模などにもよるが，放射線防護の立場からは 2. の比重が大きいと考えられる。これらの詳細については 6.2 で具体的に述べるが，特に内部被曝の防止の観点から 6.2.6(5)に留意されたい。

密封線源も，破損すれば非密封となるおそれがあり，特に窓(被覆)の薄い α 線源や軟 β 線源は，衝撃にきわめて弱いので，これらの取扱いには十分注意しなければならない。加えて，線源の使用前後にスミア法[7.3.2]などによる検査で，漏えいの有無を調べることが重要である。特にラジウム Ra 線源は，古くなると以下のような理由で，ラドン Rn ガス(半減期 3.8 日)漏えいのおそれがある。その第 1 は，系列壊変による Rn ガスの蓄積で線源内の圧力があがること，第 2 は，Ra 塩の脱水が完全でないときは，放射線分解による水素と酸素の発生によって線源内の圧力が高まることである。Rn ガスから系列生成する娘核種は，すべて固体である。そのため Rn ガスが漏えいするとそれによる汚染が広範囲に及ぶことになる。このことから Ra 線源は換気装置のある貯蔵庫におく方がよい。セシウム Cs は普通 Cs_2SO_4，$CsNO_3$，$CsCl$ などの形で使用される。$CsNO_3$ は分解しやすく酸素を発生して内圧を高め漏えいの危険があるが，Ra 線源の場合に比べて危険度は低い。

演 習 問 題

1. 物質に入射する前のγ線の照射線量率を I_0 とすると，厚さ x の物質を透過した後の照射線量率 I は
$$I = I_0\, e^{-\mu x} \tag{i}$$
で表わされる。ここに μ は線減弱係数である。しかし，一般にはビルドアップ係数 B を用いた
$$I' = I_0\, B e^{-\mu x} \tag{ii}$$
の式によって遮蔽計算を行っている。これについて，以下の問いに答えよ。

(1) (i) 式が適用される場合の条件を述べよ。

(2) なぜ (ii) 式でビルドアップ係数 B を考えなければならないか，その理由を述べよ。

(3) ビルドアップ係数 B はどんな条件によって変化するか。

2. ^{60}Co 密封線源から，2 m の位置での 1 cm 線量当量を測定したところ，4.34 μSv·h^{-1} であった。この線源の放射能はいくらか。

ただし，^{60}Co の 1 cm 線量当量率定数を 0.347 μSv·m^2·MBq^{-1}·h^{-1} とする。

3. ^{60}Co γ線に対する鉛の半価層を求めよ。ただし減弱係数は次表から求めよ。

光子エネルギー[MeV]	1.00	1.17	1.33	1.50
μ [cm^{-1}]	0.80	0.78	0.65	0.59

4. つぎの文は正しいか。

^{60}Co の γ線を遮蔽する場合，遮蔽物の厚さと密度との積が等しければ鉛を用いても，コンクリートを用いても，遮蔽効果は大差ない。

5. つぎの各問題の解答 a) b) c) のうち，正しいものを選べ。

1) ^{60}Co 点線源よりのγ線線量率を比重 2.35 のコンクリート遮蔽壁で 1/10,000 に減弱させるに要する厚さはおよそ何 cm か。

    a) 70 cm   b) 90 cm   c) 110 cm

またその場合のビルドアップ係数はおよそいくらか。

    a) 2   b) 20   c) 200

2) 4 MeV〜7 MeV の α粒子の空気中における最大飛程は，$R\,[\mathrm{cm}] = KE^{3/2}$ で表わされる。ただし E は α粒子のエネルギー[MeV]である。この場合，比例定数 K の値はいくらか。

    a) 0.318   b) 3.18   c) 31.8

3) 1 Ci の ^{198}Au 点線源から 1 m の距離における照射線量率はいくらか。ただし，^{198}Au の壊変図式は下図のとおりで，またγ光子による照射線量率は次式のとおりである。

$$D = 0.55 AE/d^2$$

ただし

D：照射線量率[R/h]

A：放射能[Ci]

E：γ線エネルギー[MeV]

d：点線源からの距離[m]

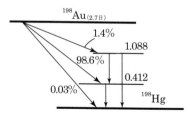

    a) 0.23 R/h   b) 0.51 R/h   c) 0.84 R/h

6．放射線被曝で誤っているのはどれか。

    a）ラドンガスの吸入による内部被曝は肺に生じる。

    b）放射性ヨードによる内部被曝は甲状腺に生じる。

    c）外部被曝線量は線源からの距離の2乗に反比例する。

    d）体内に取り込まれた放射性物質の有効半減期は物理的半減期より長い。

    e）β線による外部被曝の遮蔽は厚さ数mm程度のアルミニウム板で可能である。

7．内部被曝防護の5原則（3D2Cの法則）に含まれないのはどれか。

    a）希釈

    b）分散

    c）除去

    d）遮蔽

    e）集中化

6. 施設・設備・機器と安全取扱い

6.1 密封線源または放射線発生装置

6.1.1 施 設

　一般に，放射線発生装置または放射線照射装置は，使用室内に固定されており，法令〔則14の7，告5第10条，医則30の4〜30の6〕に規定された線量限度である 1 mSv/週以下の操作室から遠隔操作をすることで，操作者の安全を確保している。特に，大線源照射装置では，通常，二重，三重の安全装置と予備装置が組み込まれている。したがって，放射線施設内で移動して使用する小線源などの密封線源の取り扱いにはより慎重を期す必要がある。

　放射性核種を製造したり，放射化物が生じる場合を除き，放射線発生装置や密封された放射性核種を使用する場合には，通常は汚染の心配はないので，床，壁，机の表面に特別な仕上げを施すなどの汚染対策や，フードなどの汚染空気のための設備を設ける必要はない。これらを取扱う実験室などには線源の遠隔操作装置や安全装置などを備えた上で，外部被曝防護の 3 原則である「距離(distance)，遮蔽(shield)，時間(time)」の DST の法則[5.2]に対して十分に配慮することが重要である。

　放射性同位元素等規制法の施設基準では，400 GBq 以上の密封線源または放射線発生装置の使用室の人が通常出入りする出入口には自動表示装置〔則14の7-1(6)，告5第11条〕，および 100 TBq 以上の密封線源または放射線発生装置の使用室の人が通常出入りする出入口にはインターロック〔則14の7-1(7)，告5第12条〕の設置が義務づけられている。一方，医療法では，診療用高エネルギー放射線発生装置使用室，診療用粒子線照射装置使用室および診療用放射線照射装置使用室の人が通常出入りする出入口に自動表示装置を設けることになっている〔医則30の5，30の6〕。

　また，放射線発生装置や 10 TBq 以上の密封された放射性同位元素を使用する特定許可使用者[2.3.2]は，放射線施設を設置したときや使用施設，貯蔵施設，廃棄施設の増設，新たに放射線発生装置を使用する変更などをしたときは，その変更の内容について原子力規制委員会または原子力規制委員会の登録を受けた「登録検査機関」の「施設検査」を受けて合格しなければならない〔法12の8，令13，則14の13，告5第15条〕。加えて，密封された放射性同位元素又は放射線発生装置のみを使用する特定許可使用者は，設置時の施設検査に合格した日または前回の定期検査・定期確認を受けた日から 5 年以内に原子力規制委員会または登録検査機関の「定期検査」および原子力規制委員会の登録を受けた「登録定期確認機関」が実施する「定期確認」を受けなければならない〔法12の9，12の10，令13，14〕。

6.1.2 距離をとるための用具

（1）ピンセット類

　小線源など比較的弱い線源を扱う際には，長さ 10〜30 cm 程度の長めのピンセットを用いる。β 線を遮蔽するためプラスチック板のつばをつけたものもある。α 線源および軟 β 線源は，放射面の被覆が極度に薄いので破損に注意を要するが，γ 線放出を伴っていなければ直接手で扱ってもよい。

（2）トング（るつぼ挟み）

　ピンセット類より長いものとしては，先端部の密着性が高く保持性の良いトングを用いる（図 6.1）。長柄トングは，1.5 m くらいの長さのものがあり，ひきがねを引くことによって，先端のはさみの部分で線源をつかむ（図 6.2）。扱うものの種類により先端部が交換できるようになっているものもある。

図6.1　放射性核種取扱いに用いられる
　　　トング

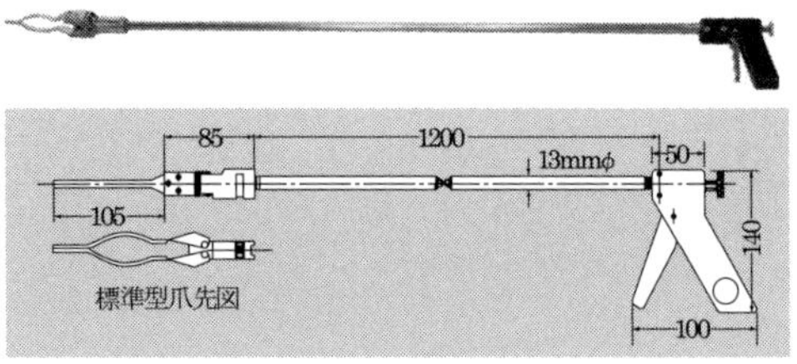

図6.2　長柄トング

（3）マニピュレータ

　一般に，数十 GBq 以上の線源に対してはトングでは不十分なため，マスタ・スレーブマニピュレータを用いる。マスタとスレーブの間には厚い遮蔽壁をおく。マニピュレータには機械式，電動式のものをはじめ，重量物を扱うパワーマニピュレータなどがある。

6.1.3 遮蔽のための用具

（1）プラスチック板・アクリル板

　普通 1 cm くらいの厚さで，β 線の遮蔽に使用する。透明であることから視認性が高く，線源の操作に便利である。同じく透明な素材でもガラスは割れやすいので使用しない方がよい。β 線のエネルギーが大きくなると制動 X 線にも考慮しなければならない。

（2）鉛ガラス

　用途に応じて大きさ，比重がいろいろなものが用いられる。透明であるので，トングやマニピュレータなどと組み合わせて用いることができる。

（3）鉛レンガ

　用途によっていろいろな形状のものが市販されているが，直方体の 3 辺が 5×10×20 cm

（1：2：4）のものは配置上の組み合わせが容易なため，汎用されている。

（4）コンクリートブロック

　普通コンクリート，重コンクリート，特に中性子用にホウ素を含有したものなどがある。普通，20〜30 kg で設置面の凹凸を組み合わせ，積み重ねて使用するようになっている。なお，（3）の鉛レンガも同様に相当の重量物であるため，実験台，フード，床などが，これらの重量に十分耐えられるかどうかをあらかじめ確認しておくとともに，地震の際の転倒防止にも留意しておく必要がある。

（5）水

　手軽に得られ，容器を選ぶことで様々な形状で利用できる遮蔽材であるが，ガラス容器は割れやすいので避けた方がよい。

（6）パラフィンブロック

　中性子線の遮蔽に使用されるブロックで，5×10×20 cm の大きさのものが普通である。パラフィンは可燃性であるので，火気には留意しなくてはならない。

6.1.4　作業時間の短縮

　原則として，放射線防護を達成するために作業時間を制限することは避けるべきである。週 40 時間の放射線作業に従事しても十分に安全な作業環境を整備することが重要である。作業時間の短縮を目的とする用具はないが，遮蔽板の向こう側を直接観察することによって作業を能率よくすることができる。β 線用のプラスチック板・アクリル板や γ 線用の鉛ガラスは透明な遮蔽材であることから，視認性が高い遮蔽板として多用されている。

6.1.5　密封線源と放射線発生装置の安全取扱い

　密封線源または放射線発生装置の使用に際して守るべき事項は，以下のように規定されている〔則 15〕。

1. 使用施設において使用すること。

2. 密封された放射性同位元素は，1）正常な使用状態においては，開封または破壊されるおそれがなく，2）密封された放射性同位元素が漏えい，浸透等により散逸して汚染するおそれのない状態で使用すること。

3. 放射線業務従事者については，実効線量限度および等価線量限度を超えて被曝することのないよう，1）遮蔽物を設ける，2）距離を設ける，3）被曝の時間を短くするのいずれかの措置を講ずること。

4. 使用施設または管理区域の目につきやすい場所に，放射線障害の防止に必要な注意事項を掲示すること。

5. 管理区域には，人がみだりに立ち入らないような措置を講ずること。また，放射線業務従事者以外の者が管理区域に立ち入るときには，放射線業務従事者の指示にしたがわせること。

6. 管理区域に施行規則別表に定める標識(付録 3)を付けること。

7. 使用の場所の変更を原子力規制委員会に届け出て，400 GBq 以上の線源を装備する放射性同位元素装備機器を使用する場合は，線源の脱落を防止する装置が備えられていること。

8. 使用の場所の変更を原子力規制委員会に届け出て，放射性同位元素または放射線発生装置を使用する場合は，放射性同位元素については第一種または第二種放射線取扱主任者，放射線発生装置については第一種放射線取扱主任者免状所持者の指示にしたがうこと。

その他の一般的注意事項として以下のようなものがある。

1. あらかじめ危険な区域内に人がいないことを確認しておくこと。

2. 「照射中」，「非照射中」の標示を人目につきやすい場所に掲げること。

3. 一人の操作責任者を定め，その指示のもとに一切の操作を行わせること。

4. 危険な区域に立ち入るときは，必ず操作責任者にその旨を伝え，サーベイメータなどの放射線測定器によって安全を確認すること。

5. 照射中および非照射中の線量率分布の測定結果を業務従事者に周知させておくこと。

6. 特に危険な場所には柵などを設けて業務従事者以外の人の立入りを厳禁すること。

7. 使用の開始および終了時には，必ず放射線測定器によって収納の不完全などによる放射線の漏えいのないことを確認すること。

8. 付近に多量の可燃物などを放置することなく，火災などの事故に際しても大事に至らないように措置しておくこと。

放射線発生装置や照射装置を使用する際には，随時点検を行って，積極的に事故発生の防止に努力すべきである。一般に，放射線発生装置や照射装置の使用時における事故発生率は少ないが，トラブルが発生した場合には使用している線量が大きいために，重大な放射線障害をもたらすので慎重な取扱いが望まれる。

密封線源を扱う場合には，あらかじめ，線源の種類，大きさ，構造などを説明書やカタログで調べておくとともに，いつでも被曝線量を確認できるように常にサーベイメータを携行することが必要である。密封線源の安全試験としては(1)設計製造試験，(2)線源の輸送試験および(3)入手時における試験がある。(1)，(2)に関する温度試験，圧力試験，衝撃試験などの各種の試験は製造業者が行う専門的な試験で，平常条件のみならず過酷な使用条件および事故条件も考慮しているので，一般には，かなりの期間試験をしないで線源を使用している。しかしながら，不測の要因によって生ずる線源の質の低下に伴う微量の漏えいや故障をチェックする必要がある。特に，密封小線源の中でも，Ra と Cs は内圧の増加により破損するおそれがあるので[5.3.2]，入手後長期間たった線源の取扱いには注意しなければならない。

β 線源や α 線源は，β 線や α 線の飛程が小さいため，きわめて薄い金属箔や雲母膜でおおっ

ており，α 線源の場合にはその厚さは 1 mg/cm^2 程度まで薄いものがある。したがって，これらの線源は，衝撃にはきわめて弱い。これらの線源の消毒，滅菌などの方法は，耐熱，耐薬品などの性質を十分に配慮した上で，注意深く取扱わなければならない。このような破損しやすい線源や Ra 線源などの漏えいテストとして日常的に行える簡便な方法として，線源を脱脂綿か活性炭素にくるんだ状態で遮蔽容器内に入れておき，一定期間後，その脱脂綿あるいは活性炭素をサーベイメータなどの放射能測定器で測定する点検法がある。

密封大線源ではカプセルのロウ付不良で放射性核種の漏出があったり，封入操作の不注意によって表面汚染のある場合があるので，スミア法[7.3.2]などの適当な方法で汚染検査をする必要が生じる。また，別の検査法として，線源カプセルを抜き出して問題となる場所の表面汚染を調べる方法があるが，大線源の場合には，特殊な取扱い設備のある施設でなければ安全を確保しながら検査することは困難である。

6.1.6　放射化物の安全取扱い

平成 22 年(2010 年)の放射性同位元素等規制法の改正により，新たに「放射線発生装置から発生した放射線により生じた放射線を放出する同位元素によって汚染された物」が「放射化物」として定義され，規制の対象に加えられた。放射化物であって，放射線発生装置を構成する機器又は遮蔽体として用いるものを保管する場合には，次に定める放射化物保管設備を設けなければならない〔則 14 の 7-1(7 の 2)〕。

1. 放射化物保管設備は，外部と区画された構造とする。
2. 放射化物保管設備の扉，ふた等外部に通ずる部分には，かぎその他の閉鎖のための設備又は器具を設ける。
3. 放射化物保管設備には，耐火性の構造で，かつ，貯蔵施設に備える容器の基準に適合する容器を備える。ただし，放射化物が大型機械等で容器に入れることが著しく困難な場合には，汚染防止の特別措置を講ずる。

実際には，放射線発生装置自体が放射化されているわけだが，装置の修理や解体に伴って，装置から取り外された部品や遮蔽体で，それ自体が移動できる状態になった放射化物の安全管理が重要な問題となってきた背景による。装置から取り外された放射化物は，修理などにより再度装着して再利用することが前提であれば，使用施設内に上記の基準を満たす放射化物保管設備を設置し，その中で保管する必要がある。一方，廃棄することが前提であれば，廃棄施設内の保管廃棄設備で保管廃棄しなければならない(図 6.3)。

放射化物のように放射性汚染物に含まれる放射性同位元素の放射能濃度が低い場合には，その濃度が告示第 5 号別表第 7 第 3 欄(付録 2)の基準を超えないことについて，原子力規制委員会または原子力規制委員会の登録を受けた「登録濃度確認機関」の確認(これを「濃度確認」という)を受けることができる[10.9]。濃度確認により法定の基準濃度を超えない物は，放射性汚染物として取り扱う必要がなくなる〔法 33 の 3，則 29 の 2，告 5 第 27 条〕。

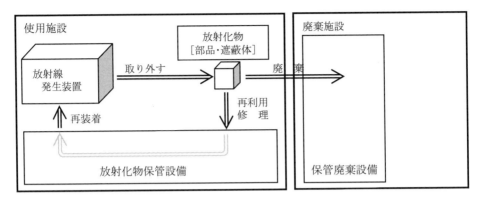

図6.3 放射線発生装置から取り外された放射化物の管理と障害防止法上の施設

6.1.7 野 外 使 用

　野外で密封線源を使用する場合も，基本的な安全取扱いに関する考え方は，これまで述べてきた施設内での使用の場合と同じである。

　野外使用の場合は，大量の遮蔽用具を持ち歩くことは困難であるが，線源からの距離を大きくとることによって安全を確保することができる。そして，1 名の操作責任者を定め，その指示のもとに一切の操作を行わせる。

　野外使用においては，特に，線源を取扱う者以外の一般人や付近の住民のために，周辺における放射線の安全確認を必ず実施しなければならない。野外使用に関しては，法律で定める使用施設に関する規制がないので，使用場所付近への立入などを制限する管理区域を設けて放射線の防護を確保しなければならない[7.2]。使用場所の選定にあたり，まず，一般人の通行が少なく，できるだけ居住地域からはなれた広い敷地を確保する。つぎに，計算および実測によって，一般人の立入を禁止する管理区域を設定する。この境界を明確にするため，柵および危険標識を設けるとともに，夜間にあっては標示灯なども設置し，作業中には見張りを立てて，一般人の接近に対し警告を与える必要がある。

6.2　非密封放射性同位元素

6.2.1 施　　　　　設

　非密封放射性同位元素を取扱う施設では，取扱う核種の危険度に応じて施設を設計すると安全管理上都合がよい。さらに，放射性核種そのものの危険度以上に，同一核種であってもその操作方法によって危険度が大きく左右されることは言うまでもない。また，放射性物質の揮発性，引火性なども考慮しなければならない。

　放射線施設内であっても，密封されていない放射性同位元素は「作業室」でしか使用してはならない〔則 1(2)〕。そのため，放射性同位元素等規制法の施設基準では，非密封の放射

性同位元素を使用する施設には，内部の壁，床で汚染のおそれのある部分は，突起物，くぼみ，仕上材の目地などのすきまの少ない構造で，平滑で，気体，液体が浸透しにくく，腐食しにくい材料で仕上げた作業室〔則 14 の 7-1(4)〕，および人が通常出入りする出入口付近などには汚染検査室〔則 14 の 7-1(5)，告 5 第 12 条〕の設置を義務づけている。一方，医療法では，診療用放射性同位元素使用室および陽電子断層撮影診療用放射性同位元素使用室が放射性医薬品などの非密封放射性同位元素の使用室として，上記作業室と同様の内部の壁，床などの構造設備基準が定められており，その出入口の付近には汚染検査室と同様に汚染検査に必要な放射線測定器，汚染除去に必要な機材および洗浄設備や更衣施設を設けることとしている[9.3.4(1)]〔医則 30 の 8，30 の 8 の 2〕。

さらに，下限数量の 10 万倍以上の非密封の放射性同位元素を使用する特定許可使用者[2.3.2]は，放射線施設を設置したときや使用施設，貯蔵施設，廃棄施設の増設などをしたときは，その変更の内容について原子力規制委員会または原子力規制委員会の登録を受けた「登録検査機関」の「施設検査」を受けて合格しなければならない〔法 12 の 8，令 13，則 14 の 13，告 5 第 15 条〕。加えて，上記の特定許可使用者は，設置時の施設検査に合格した日または前回の定期検査・定期確認を受けた日から 3 年以内ごとに原子力規制委員会または登録検査機関の「定期検査」および原子力規制委員会の登録を受けた「登録定期確認機関」が実施する「定期確認」を受けなければならない〔法 12 の 9，12 の 10，令 13，14〕。

放射性物質を使用する場合，あらかじめ，その核種の年摂取限度，特に集積しやすい臓器，放射線の種類やエネルギー，物理的性質，化学形，操作中の事故のおこりやすい部分などについて危険度の評価を行うことが必要である。このような使用前の危険評価に基づいて，適当な測定器や防護衣などを用意し，事故の対策などを行う。

6.2.2　施設・設備の汚染対策

施設や設備の汚染対策としては，まず放射性核種をこぼしたり，散逸させないことが第一であり，そうなったときの用心にビニールシートやステンレスのバットなどの上で放射性核種を取扱うとよい。施設や設備としては，床，壁，実験台などの表面の構造や材料を汚染に対する処置に都合のよいようにしなければならない〔則 14 の 7(4)〕。

（1）表面仕上げの構造

室内は常に清潔に保たれるような構造とし，塵埃の溜まるような突起物やくぼみを避け，仕上材の目地などの隙間を少なくする。目地がある場合には，ワックスなどを塗ってここに汚染物質が溜まらないようにする。床面に実験台が接する所などは，たとえば床仕上のロンリウムを巻き上げて丸味をもたせ，台の下への浸水を防ぐとともに塵埃が溜まらず掃除に都合よくする。室の隅なども丸味をもたせるとよい。

（2）表面仕上げ材料

表面仕上げ材料は室の使用目的にしたがって適当なものを選択する必要がある。おもに

つぎのような点に着眼して決定するのがよい。

1) 表面が平滑であること

　　表面が平滑で放射性核種がこぼれても吸着しにくい材料がよい。モルタル，木材など
は吸着性が大きくて不適当である。合成樹脂系のものがよい。コンクリート表面をポリ
ウレタン，エポキシまたはポリエステル仕上げすることがよく行われている。塗料の中
でもエマルジョン型の塗料は表面が多孔質で吸着性が強いので不適当である。焼付型塗
料はすぐれている。

2) 気体または液体が浸透しにくいこと

　　化学的に不活性であって放射性核種と反応しにくい材料がよい。種々の薬品を扱う場
合には耐薬品性がすぐれていなければならない。耐薬品性に劣ると最初は平滑な面も次
第に荒れてくる。合成樹脂系材料も有機溶剤を多く使用する場所には不適当である。

3) 目地を避けること

　　汚染のおそれの大きい室は，たとえばロンリウムのような目地のないシート式の床材
料がよい。目地のある場合は，ワックスなどを塗って汚染が浸み込まないようにする。

4) 取換えが容易であること

　　汚染した場合には一般に完全な除染は困難であり，除染作業をしてかえって汚染面を
拡大することがある。むしろ汚染した部分を取換える方が得策の場合がある。アスファ
ルト・モルタルはやわらかい欠点はあるが，除染しやすくまた部分的に取換えやすいの
でよく用いられる。

5) その他

　　その他に，熱に比較的強いこと，表面に傷がつきにくいこと，遮蔽材を持ち込む必要
がある場合には重量に耐えることなどがある。

(3) 排水設備

　　放射性廃液を流すシンクは各実験室に一つに限るのが望ましい。シンクの材料はステン
レスが良い。水道栓は汚染した手で触れることを避けるために足踏み式，ひじ押し式など
にするのが望ましい。放射性廃液の排水管としては，高価ではあるがステンレスのパイプ
が最良である。ゴム・ライニングの鉄管もよい。最近は塩化ビニールなどの合成樹脂パイ
プも多く用いられているが，機械的強度が弱いことと有機溶剤に溶けることに注意しなけ
ればならない。放射性廃液の排水管は直接地中埋没するのは好ましくない。配管トラフ内
に収めるなどして，ときおり洩れの検査ができるようにするのがよい。

　　放射性排水は，通常まず前置槽に導入され，そこからしかるべき貯留槽に移される。そ
の後，排水モニタなどで排水中の放射能濃度を監視しながら必要な希釈［10.3.1］を希釈槽
において行い，放流する(図 6.4)。当然のことながら，これらの排水設備は，排液が漏れ
にくい構造とし，排液が浸透しにくく腐食しにくい材料を用いなければならない〔則 14 の

11-1(5)〕。排水に係る放射性同位元素の濃度限度は，告示第5号第14条および別表第2(付録2)に示されている〔2.3.5〕。

(4) 実験室などの配置

　放射線施設内の室の配置は，放射能レベルの順に配列するのが合理的である。表面汚染の対策からのみならず，換気の空気の流れの点からもよい。すなわち，入口から汚染検査室，測定室，暗室など直接放射性核種を使用しない部屋(これを cold の部屋という)を配し，放射性核種を使用する部屋(これを hot の部屋という)をその奥に配置する。また使用する量(レベル)に応じて，レベルが高い実験室ほど奥になるように並べるとよい。1例を図6.4 に示す。放射性核種はガラス器具に強く吸着し，除去することは困難なことが多いので，hot の部屋にはガラス器具などを十分保有しておく必要がある。またこの部屋のガラス器具を cold の部屋へ移動させてはならない。数種の放射性核種を使用するときは，核種ごとに別のガラス器具，ポリエチレン器具，装置などを区分しておくのがよい。

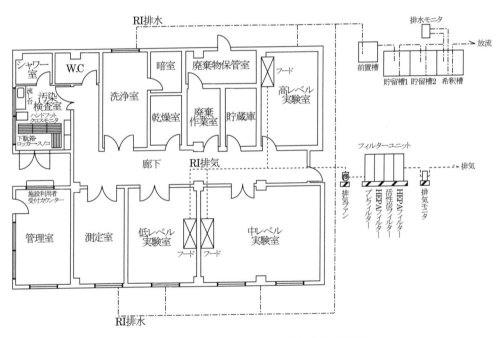

図6.4　非密封放射性同位元素の使用施設の配置例

(5) 汚染検査室〔則14の7-1(5)〕

　洗浄設備としては手洗いおよびシャワーがある。これらには給湯すべきで，手洗いは給水栓を足踏み式，ひじ押し式または膝押し式などにするのが望ましい。更衣設備は，汚染のおそれのある作業衣と通常服を同一のロッカーなどに入れないようにし，double system にするのがよい。ハンドフットクロスモニタ[7.3.2]や各種サーベイメータ[7.3.1]を置き，汚染検査を便利にする。個人被曝線量計[8.2.1]も，汚染検査室の一隅に保管し，出入りの際に着脱するのがよい。汚染検査室には汚染除去用の薬品類，道具類や救急医薬品なども常備すべきである。

(6) 洗浄室

　大量に放射性核種を用いる施設では，大きい器具などの汚染除去を専門にする洗浄室を設けておくと便利である。室全体を汚染に対して特に考慮した作りとし，ステンレス板で内張りした大きな流しや水槽を設置する。また，超音波洗浄器や作業着専用の洗濯機なども置くとよい。

(7) 薬品，器具の倉庫

　実際に直接必要でない器具，非放射性の薬品などはなるべく実験室内に入れない。このために実験室外に適当な棚や倉庫があると便利である。また，洗浄室の近辺に，半減期の短い核種で汚染された器具などの格納用倉庫があると便利である。

放射性同位元素等規制法では，以下のような施設基準の免除を規定している。

1. 主要構造部等を耐火構造または不燃材料で造る義務の免除：下限数量の 1000 倍以下の密封線源のみを使用する場合〔則 14 の 7-4，告 5 第 13 条〕

2. 汚染検査室の設置義務の免除：人体および着用物が汚染されるおそれがないよう密閉された装置内で非密封の放射性同位元素を使用する場合〔則 14 の 7-5〕

3. 排気設備の設置義務の免除：設置が著しく困難で，気体状の放射性同位元素の発生や空気の汚染のおそれがない場合〔則 14 の 11-1(4)〕

6.2.3　フードおよびグローブボックス

非密封の放射性物質を使用する化学実験などを実施するにあたり，放射能汚染を極限し，室内の空気の汚染を防ぐための設備としてフード(hood)とグローブボックス(glove box)がある。

(1) フード

　ドラフトともいう。オークリッジ型(図 6.5)とカリフォルニア型とがある。フードの排気ダクトによってフード内は室内より陰圧となり，汚染空気がフードから室内へ逆流しない。フードの排気ダクトは実験室の排気口として放射性物質使用施設の換気系統の一部に組み込まれていることが多い(図 6.4)。

(2) グローブボックス

　グローブボックスは高度の危険性がある放射性核種を使用したり，放射性の塵埃，蒸気が多量に発生したりする場合，その操作をグローブボックス内で行うために外気から遮断した箱形の装置である(図 6.6)。グローブボックスは普通，フィルター，排風機を付属しており，操作は前面開口部に取付けられたゴム手袋に外部より手を入れて行い，器物の出

図6.5　フード（オークリッジ型）

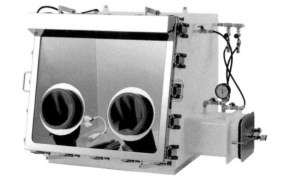

図6.6　グローブボックス

し入れをするためにエアロックがつけられている。特殊用途のものとしては，内部の空気を真空付近まで下げたり，ガスと置換させたりするものがある。

6.2.4　換気および空気調整

　非密封の放射性同位元素を取扱う管理区域の換気は，放射線業務従事者の保護と汚染空気放出による一般環境汚染の防止に配慮しなければならない。前者に対しては，管理区域内の人が常時立ち入る場所における空気中の放射性同位元素の濃度限度として，後者については，排気中の放射性同位元素の濃度限度として，それぞれ告示第 5 号第 7 条，第 14 条および別表第 2(付録 2)に定められている(表 2.6, 2.7)。なお，換気に関連の深い空気調整も考慮して合理的に設計されなければならない。

（1）業務従事者の保護

　　工場内，実験室内などの建物内部の空気を清浄に保ち，業務従事者の呼吸による放射性核種の摂取を防ぐためには以下のような点の考慮が必要である。

　1) 同一の換気系統内に各種レベルの区域があるときには，必ず低レベルの区域から高レベルの区域に空気が流れるように調節する。汚染区域と非汚染区域は換気系統を別にする。

　2) 建物内の空気中の核種の濃度が濃度限度を超えないように換気量を定めなければならない。非密封の放射性同位元素を使用する作業室における基準換気量はつぎの通りである。

　　　　　　低レベル区域　　　　10 回/h
　　　　　　中レベル区域　　　　15〜20 回/h
　　　　　　高レベル区域　　　　20 回/h 以上

　3) 室内には新鮮な空気を供給し，原則としては再循環はしない。空調の負荷が過大なときは，極低レベルの区域で再循環を行うこともある。

4) 換気には給気送風機と排気送風機の両者の使用を原則とするが，レベルの低い区域や照射室などで汚染のおそれが少ない区域では排気送風機のみの使用でよい。建物内の圧力が外気に対して僅かに陰圧になるのがよい。

5) 排気送風機はダクトのなるべく先端につけ，ダクトから汚染空気が室内に漏えいすることのないようにする。

6) 外気の取入口にもフィルターをつけて塵埃を吸込まないようにし，室内の汚れを防ぎ，また排気設備の空気浄化装置の負荷を小さくする。

7) 汚染空気は拡散を防ぎ局限する。すなわち，汚染空気を発生する作業は室内に汚染空気が逆流しないようにフード，グローブボックス内で行う。

8) フードやグローブボックスを通じて排気しているときには，これらの使用状況（開閉など）によって室内の換気量が変化しないように適当なバイパスをつける。

9) 室内に空気が滞溜する部分がなく，できるだけ一様な気流を得るような設計をする。

10) 停電などで換気系統が停止したときに，汚染空気の逆流を防ぐ必要があるため，非常用ダンパーの設置などの手段を講じておく。

(2) 居住区域への安全対策

　排気設備の排気口における排気中の放射性核種の濃度を法定の濃度限度以下にしなければならない[2.3.5]。このために考慮すべき要点には以下に述べるものがある。

1) 排気浄化装置で放射性のガス，塵埃，エアロゾルなどを除去し，排気口における濃度を濃度限度以下にしなければならない。ガス状のものはその化学的性質にしたがって適当な化学的方法によって除去される。塵埃状のものの量が多いときには，業務従事者が実験装置によって捕集すべきであり，建物全体の排気浄化装置に送ってはならない。

　排気浄化装置には多くの種類があり，場合によってそれぞれの特長を生かして組み合わせて使用される。理想的には，上流側からプレフィルター，HEPA（ヘパ）フィルター（high efficiency particulate air filter），活性炭フィルター（activated charcoal filter），HEPAフィルターの順に設置する（図6.4）。

　プレフィルターは粗塵（3〜30 μm）を捕集し，HEPAフィルターを保護するために設置するものであり，HEPAフィルターは0.3 μmの塵埃を99.97%捕集する。活性炭フィルターは放射性ヨウ素を捕集するためであり，下流側のHEPAフィルターは微粉状の活性炭を捕集する目的で設置する。放射性ヨウ素を使用しない施設ではプレフィルターとHEPAフィルターのみで塵埃状のものはほぼ完全に除去される。

2) 低レベルの実験室では，一般に空気中の放射性核種の濃度が限度をはるかに下回っていることが多い。このようなことが計算によって明瞭である場合には排気浄化装置を設ける必要はない。

3) 排気口はなるべく高い煙突にし，隣接した建物に排気を送ったり，排気を再び給気し

たりするような配置は避けなければならない。

（3）排気設備の汚染対策

　1）排気設備，特にダクトは気体が洩れにくい構造とする。

　2）排気設備，特にダクトの内面などは腐食しにくい材料を用い，突起物なども少なく滑らかな仕上がりとする。汚染しにくい耐食性塗装を施すなどする。

　3）汚染したときに容易に除染したり，取換えができるように配管する。

　4）排気浄化装置は排風送風機の上流につけて排風機の汚染を防止する。また，局所排気装置や局所排気浄化装置の利用によってダクトの汚染を防止する。

　5）排気浄化装置の汚染したフィルターなどの交換に便利な設計とする。

（4）空気調整

　汚染区域では新鮮空気を給気する上に換気回数も多いので，完全な空気の温湿度調整は高い経費を必要とする。しかし，フードやグローブボックスなど局所排気装置の性能の良いものを活用して室内の換気量を小さくし，温湿度の調整を実施して良い環境のもとに作業ができるようにしなければならない。これは事故発生防止，汚染防止，測定器などの活用および保守の面から必要である。

6.2.5　非密封放射性同位元素の安全取扱い

　非密封放射性同位元素の使用に際しては，6.1.5 で述べた密封線源使用時の遵守事項に加え，以下の事項を守るように放射性同位元素等規制法にも定められている〔則 15〕。

　1. 作業室において使用すること。

　2. 作業室内の放射線業務従事者等の呼吸する空気中の放射性同位元素の濃度が，空気の浄化，排気により，空気中濃度限度を超えないようにすること。

　3. 作業室内での飲食および喫煙を禁止すること。

　4. 作業室または汚染検査室内の人が触れる物の表面汚染については，表面密度限度を超えないようにすること。

　5. 作業室内で作業する場合には，作業衣，保護具等を着用すること。また，これらを着用して作業室からみだりに出ないこと。

　6. 作業室から退出するときは，放射性同位元素による汚染を検査し，除染を行うこと。

　7. 表面密度限度を超えている汚染物は，みだりに作業室から持ち出さないこと。

　8. 表面密度限度の 1/10〔告 5 第 16 条〕を超えている放射性汚染物は，みだりに管理区域から持ち出さないこと。

　放射性同位元素等規制法で作業室とは，非密封の放射性同位元素を使用し，または非密封の放射性汚染物の詰替えをする室〔則 1(2)〕であり，放射線施設内の実験室などがこれにあたる。上記の法定事項は，業務従事者の最低限のマナーとして遵守しなければならない。

6.2.6 化学，生物学実験における安全取扱い

（1）実験人員

　　実験はできる限り2人以上で組んでやるのが望ましい。2人の場合，1人が高レベルの操作を，もう1人が低レベルの操作を担当する。さらに人数がいる場合には，手袋を着用しないcold操作を専門に担当する人間を配置できればなお良い。

（2）汚染と非汚染の場所および器具の区別

　　汚染の可能性のある場所および器具と，汚染の可能性の少ないそれらの区別を厳重にして実験を進めることが汚染を防止するためのコツである。

　1）非密封放射性物質の取扱いをフード内に限定

　　すべての取扱い操作は，フード内においてのみ行う。小規模な道具立ての実験の場合には，フード内にさらに適切な大きさのバットを置きその中で行う。したがって，フード内部を汚染の可能性のある場所，扉のガラス面の外側を汚染がない場所であると常時みなす。このフードの内面および必要に応じて内壁面をポリエチレンろ紙でおおい，その上に，同様にポリエチレンろ紙を内面に敷いたバットを置く。通常，実験操作中に容器が破損し，放射性の溶液がこぼれた場合，必ずバット内にその汚染を閉じ込めることになり，その除染は，バット内のポリエチレンろ紙を取り去るだけでよい。

　　coldな実験を行う実験台面も，さらに必要に応じて壁面も，万一汚染したとき容易に除去でき，かつ廃棄できるポリエチレンろ紙でおおっておく。

　　粉塵状の放射性物質を取扱うときはグローブボックスの中で行うべきである。

　2）フード内へ持ち込んだ器具のチェック

　　フード内へ持ち込んだ器具を出すときは，必ずサーベイメータでチェックする。そこで，比較的小形な実験器具，たとえば，ピペット，ピペットホルダー，安全ピペッター，試験管立てなどは，hotおよびcold専用の2種類を用意し，前者のものはフード内部に置き，実験中フードから持ち出さないようにすると汚染の広がりを防止できる。

　　試薬瓶は，coldな物であるから，フード内へ直接に持ち込まないで，その必要があるときはペーパータオルで包んで持ち込む。このとき，介在に使用したペーパータオルは，汚染可燃物廃棄容器へ捨てる。あるいは，ゴム手袋を着用していないパートナーが必要量の試薬を適当な容器にとり，フード内へ搬入するやり方もある。

　3）フード内における廃棄の手順

　　フード内における操作中に生じる放射性廃棄物を一時的にフード内の一隅に置いておき，あとでまとめて汚染廃棄容器へ，可燃，難燃および不燃物別に捨てると便利である［10.8］。たとえば，可燃物としては，注射針を操作するときにでてくる汚染している綿片，汚染したpH試験紙，局所の除染に用いたペーパーなど，難燃物としては，プラスチックチューブ，ゴム手袋など，不燃物としては，クロマトグラフィに用いるキャピラ

リ，ガラスバイアル，注射針などがある（表 10.1）。

4）器具面への放射能標示

　放射性の溶液を入れるすべての容器には，必ず，使用する核種名，取扱い日時，放射能［Bq］などを標示する。たとえば，グループの一員が無色の放射性溶液の入っているビーカへ上記の標示を怠ったために，これを他の者が非放射性の水と思って，廃棄し，かつ洗浄して思わぬ大きな汚染を引き起こすことがある。また，同様に，hot 専用のピペットホルダー，バット，試験管立てなどにも放射性の標示をする。

（3）コールドランの実施

　非密封放射性物質を取扱う実験を実施する前，つまり本番を行う前に，放射性物質を使わずに本番と全く同一な実験を行うことをコールドランという。このコールドランによる結果から，試薬の使用量，各種の試薬を加える順番，化学的，生物学的な操作技術，反応時間，必要な器具，業務従事者に対する被曝線量の推定値などを知っておかなければならない。

（4）線源を閉じ込めること

　化学操作，生物実験などによって，プランチェットに測定用試料を作製した場合，プラスチック膜，その他のシーリングフィルムで固定し，内面に吸水紙を敷いたペトリ皿などに収めて持ち，測定室を往復する。また，測定用ポリエチレンチューブに試料を入れる場合は，試験管立てに収め，これを内面に吸水紙を敷いた小型バットに入れて測定室を往復する。

　放射性の溶液を蒸発する場合には，できるだけ密閉系で行う。開放系で行うときは，たとえば，セラミックリングのついた湯浴中で，できる限り低温で行うようにする。あるいは，凍結乾燥処理が可能であれば，最良の方法である。放射性試料の固型化は，できる限り湿式法で行う。

（5）内部被曝に対する防護

　非密封放射性物質が，体内へ摂取されるとすれば，経口，吸入，経皮膚の 3 つの経路によるので，それぞれについて対策および留意点を述べる。

1）経口摂取の防止

　経口摂取の原因となる飲食・喫煙・化粧は，放射線施設内では禁止されており，飲食物，喫煙具，化粧品を管理区域へは持ち込まない。

　また，実験操作中，器具に口をつけることは，放射性，非放射性を問わず一切行わない。非放射性あるいは低レベルの実験室においても，放射性溶液はもちろんのこと非放射性の溶液でも一定量必要とするときは，口を使わないで手操作による安全ピペッター（図 6.7），駒込ピペット，注射器，マイクロピペット（図 6.8）などを使用する。中，高レベルの実験室では，さらに精巧な遠隔操作用具を使用する。

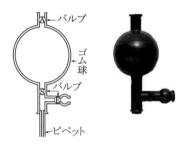

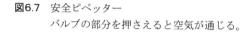

図6.7 安全ピペッター
バルブの部分を押さえると空気が通じる。

図6.8 マイクロピペット
チップ(先端の吸入部)は
使い捨てにできる。

口で使用する洗浄瓶は用いず,手で操作するポリエチレン製あるいはガラス製噴射瓶を使用する。口で吹くガラス細工も厳禁し,これらは準備室などの放射性物質のない場所で行うようにする。

2) 吸入摂取の防止

非密封放射性物質の化学的,生物学的処理をするときは,吸入摂取の防止のため必ずフード内で行う。

放射性のガスあるいは蒸気が発生する場合には,完全に気密な装置の中に放射性物質を閉じ込めて,大気圧よりわずかに低い圧力下で反応させ,反応後はすべての気体あるいは蒸気をトラップする。この装置は必ずフード内にセットする。粉塵状の放射性物質を取扱うときは,必ずグローブボックスの中で行うべきである。グローブボックスの中は外側の大気圧よりもわずかに陰圧にしておく。操作中は必要に応じて,防塵マスクを装着する。

3) 経皮膚(経傷口)摂取の防止

指先の爪の汚染は除去し難いので,あらかじめ爪は短くしておく。手に直接放射性物質が吸着すると除去し難く,また乾燥している手の皮膚の除染はいっそう困難となるので,適当なバリアクリームを塗ってからゴム手袋を着用する。手の洗浄のとき,各指の股部の十分な洗浄に留意する。なお,放射性物質を取扱う実験室では,手を洗浄する回数がかなり多いので,良質の石けんやハンドクリームを使用する。

非密封放射性物質を絶対に素手で取扱ってはならない。このために,ゴム手袋の安全な着脱の方法を十分に習得しておかねばならない。この方法の原則は,手袋の外面は汚染しているものと考えるので,内面と外面を接触させないこと,外面を皮膚で接触してはならないことである。ゴム手袋を着用した手で,洗浄瓶,ガス栓,水道栓,フードの扉の把手などに触れるときは,これらの器物への汚染を防ぎ,またゴム手袋の破損を防ぐために,ペーパータオルなどを介在するようにする。

4）汚染時の応急処置

放射性物質が血管に入る可能性のある皮膚の切傷や傷害，あるいは粘膜の汚染に対するつぎのような処置を迅速に講じなければならない。通常の規模の実験操作において最も可能性があるのは，放射性物質の付着した器具でゴム手袋を突き破り，手を傷つけることである。

1. 眼，鼻，口などが汚染されたときには，ただちに多量の温流水で洗い流す。

2. 傷口の汚染にあっては，ただちに多量の温流水で洗い流す。このとき出血が多くなければ傷口の周辺を圧迫して出血をうながし，除染をすみやかにする。必要であれば，ネイルブラシで傷口を掻くようにする。

3. 傷口に塵やグリースがついているときには，すみやかに液体洗剤をガーゼに十分しみ込ませて，傷口を静かにこすりながら温流水中で洗い流す。

4. 出血が多量のときは，まず，傷の部分から中枢側をゴム紐などで緊縛し，止血しながら傷口を洗う。この処置をしながら医師へ緊急連絡を行う。

このように，傷害が発生したときに，応急処置をそくざに援助でき，かつ，ただちに所定の係へ通報する者がいると大変都合がよい。この観点からも実験は最低でも2人で実施することを原則とすべきである。なお，このことは傷害に限らず，急病，火災，爆発などのような事故にもいえることである。手や腕の外傷に十分な処置がなされていても，傷のある手で直接に放射性物質を取扱わないことが望ましい。

6.2.7 動物実験における安全取扱い

動物実験においては，その使用する放射性核種の放射能レベルが，一般に，他の実験に比べて高く，かつ汚染動物は常に動く非密封線源と見なされるため，汚染の危険性はきわめて高い。現在，動物実験の安全取扱いに関する画一的な基準，方法はほとんどない。

（1）施設設備

汚染動物室は，実験動物の種類，使用核種の種類および投与レベルに応じて，飼育管理上，なるべく動物室の数を多く設け，動物飼育装置を設置するか，あるいは専用のフードなどを設けて他の動物と隔離することにより，放射性呼気，排泄物，動物の動きによる塵埃などに起因するクロスコンタミネーションを防止する。空調設備は，他の実験室関係とは別系統のオールフレッシュ系とし，終始作業していなければならない。室内の壁，床などの面はすべて平滑にし，タイルやビニール系塗料による被覆が必要である。なお，$^{14}CO_2$ や $^3H_2$ ガスの発生がある場合，露出しているコンクリートはこれらを吸着し，バックグラウンドレベルを上げてしまう。汚染動物室からの排水は，動物の脱毛，飼料の屑，糞，その他の固形物を捕捉できるように必ずトラップなどを設ける。^{14}C 標識化合物を投与した多数の実験動物を飼育管理する汚染動物室には，炭酸ガスを捕捉する装置を設ける必要がある。

(2) 放射性核種の動物への投与

　放射性核種を投与する前に，万全の準備をしておかなければならない。すなわち，使用する動物の準備，使用する核種の選択および投与量の決定，投与方法の選択，必要とする大小の器具類の準備，コールドランの実施などである。放射性核種の投与時は，特に動物があばれる可能性が大きいので，最も大きな汚染の可能性をはらんでいるときである。したがって，不意にあばれたり，または逃げだしたりすることに対処して，実験台上における必要な器物は最小限にし，かつ適当な距離をとって配置するようにする。動物への投与は静脈内または腹腔内へ注射針で投与することが多いので，その際，動物を固定するか，麻酔を行って，投与操作中におこる可能性のある汚染を予防する必要がある。注射針が実験者の手に刺さることがあるので注意を要する。

(3) 汚染動物の飼育管理

　汚染動物を飼育する場合には，すべて代謝ケージのような動物と排泄物が接触しない構造のケージで行う。そして，このケージは汚物が付着しにくく，かつ洗浄しやすいステンレススチールやプラスチックなどの材質および構造でなければならない。また，排泄物が飼育室内に飛散しない構造を必要とする。

　動物の排泄物，飼料，飲料水がケージの外に出ないようにし，また，動物の動きによる塵埃や脱毛の飛散のないようにする。室内の床に飛散したものは，たえず注意して専用の電気掃除器などを使用して清掃するか，あるいは流水で処理する。

　汚染動物飼育室での作業には，専用の実験衣と履物を使用する。

　汚染動物につく寄生虫なども汚染物であるので，特に蝿，蛾，蛹，蚊などには注意しなければならない。

(4) 汚染動物の解剖と死体の扱い

　まず解剖で特に留意すべきことは，動物にできるだけ苦痛を与えない方法で行うことである。小型動物の解剖台としては，内面にポリエチレンろ紙を敷いた合成樹脂などでできたバットの中を使い，ウサギよりも大型の動物の場合には，たとえばステンレススチール張りの解剖台を汚染用の流しの中において使用する。このようにすれば，いずれの場合も除染は容易である。実験を進めるにあたっては，動物愛護の立場から麻酔を行うなど，動物に与える苦痛をできるだけ少なくするとともに，汚染対策にも十分な考慮をはらわなければならない。汚染動物の廃棄処理については，10.6 を参照されたい。

6.3　貯 蔵・保 管

6.3.1　貯蔵・保管施設

　放射性同位元素の貯蔵・保管については，則14の9，17，医則30の9に規定されているように，非密封核種は必ず容器に入れた上で貯蔵箱や貯蔵室に入れることになる。

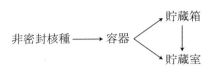

密封核種は必ずしも容器に入れる必要はない。

放射性物質を比較的少量取扱う施設では貯蔵箱のみで十分間に合うが，比較的多量に取扱う施設では貯蔵室が必要である。

貯蔵施設は放射性物質を使用する場所の近くに設けるのが原則であるが，そのためのクロスコンタミネーションを避けるように留意しなければならない。

6.3.2　容　　　　器

貯蔵容器については則 14 の 9(4)，医則 30 の 9(8)に具体的に規定されている。すなわち

1. 容器の外における空気を汚染するおそれのある放射性同位元素を入れる容器は，気密な構造とすること。
2. 液体状の放射性同位元素を入れる容器は，液体がこぼれにくい構造とし，かつ，液体が浸透しにくい材料を用いること。
3. 液体状または固体状の放射性同位元素を入れる容器で，きれつ，破損などの事故の生ずるおそれのあるものには，受皿，吸収材その他放射性同位元素による汚染の拡がりを防止するための施設または器具を設けること。

容器はその性質から，個装容器と遮蔽容器に分けることができる。

(1) 個装容器

個装容器としては以下のものをあげることができる。

1) ガラス容器

購入時の容器(バイアル，ねじキャップ管瓶，アンプルなど)の他，ガラス瓶，細口ガラス瓶などがある。

2) プラスチック容器

ガラス容器と同様に使用されている。耐薬品性にすぐれ，ガラスよりも機械的な衝撃に強く，また加工性にすぐれている長所がある。

3) 金属容器

密封線源に多く用いられている。他に気体状放射性核種の容器としてボンベがある。

(2) 遮蔽容器

個装容器のみでは放射線遮蔽が十分でない場合には，個装容器をつぎのような遮蔽容器に入れて安全をはかることができる。

1) 鉛容器

γ 線，X 線，または制動放射線の遮蔽を目的とした容器である(図 6.9)。いろいろな形式のものがある。

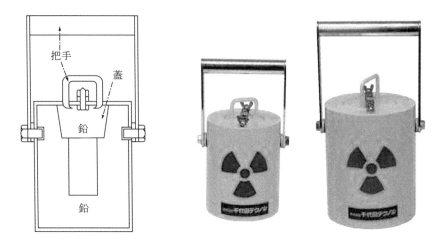

図6.9 鉛容器の一例

2) プラスチック容器

　　β線の遮蔽用に用いる。

3) パラフィン容器

　　中性子線源の遮蔽容器として使用される。カドミウムや鉛を組み合わせて用いることも
　ある。

　γ線ラジオグラフィ装置，γ線治療装置，厚さ計，レベル計などで線源が使用されないと
き，線源がその機器内の所定の位置に収納されて放射線遮蔽の基準を満たす場合には，装
置(機器)自体が遮蔽容器とみなされる。

6.3.3 貯 蔵 箱

　貯蔵箱は，放射性同位元素を入れた容器を格納する箱で，耐火性の構造でなければならな
い〔則 14 の 9(2)，医則 30 の 9(4)〕。鉄枠に鉛を充填した箱は放射線遮蔽にすぐれている。
内部の仕切りは核種，放射線の種類などで分類する(図 6.10)。

　標識化合物は有機化合物として本来不安定であるのみならず，自己放射線による分解がお
こる。そこで，標識化合物の貯蔵・保管にあたってはつぎの注意が必要である。

1. 冷暗所に保管する。ただし凍結不可となっている製品については 0℃以下にしない。

2. 他の強い放射線源(特にγ線，X 線)から離す。

3. 水溶液の場合，微生物による分解がおこることがある。数%のエチルアルコールを添
　 加すると防止できる。

　標識化合物の貯蔵には，管理区域内のどの室でも使用できる耐火性γ線用冷蔵庫(図 6.11)
を使用するか，または貯蔵室で一般の冷蔵庫をそのまま使用する。

図6.10　鉛貯蔵箱　　　　　　　　　　　図6.11　耐火性γ線用冷蔵庫

6.3.4　貯　　蔵　　室

　則14の9(2)，医則30の9(4)には，貯蔵室は耐火構造とし，開口部には建築基準法に規定する特定防火設備に該当する防火戸を設けるように定められている。そこで貯蔵室は鉄筋コンクリート造りとすることが施工上理想的であり，一方，放射線の遮蔽能力という点からも都合がよい。一般の鉄筋コンクリート建築に使用される壁の厚さは20 cm前後であって，この壁厚によって^{60}Co，^{198}Auによる照射線量率をそれぞれ約1/5，1/1000に下げることができる。使用する放射性核種の種類と放射能に応じて壁厚が決まるが，幾分厚めにしておくことが望ましい。貯蔵室の階上や階下が使用されている場合には床や天井の厚さについても十分検討しておかなければならない。

　貯蔵室はその中に貯蔵棚や貯蔵孔などを備えているのが一般的であるが，貯蔵容器をそのまま入れておくためのものもある。医則30の9(8)に，貯蔵施設には貯蔵時に1 mの距離における実効線量率が100 μSv/h以下に遮蔽できる貯蔵容器を備えることが規定されている。特に，人間が直接に出し入れの操作をするには危険なほどの大量の高エネルギーγ線放射性物質の貯蔵室には，マスタ・スレーブマニピュレータを備える必要も生じる。

演 習 問 題

1．放射線照射装置を事業所の外に移動させてラジオグラフィに使用する場合に，被曝線量を法定限度以下に抑える観点からどのような管理を行えばよいか。

2．密封されていない放射性同位元素を使用する施設に設けられるフードについて，施設上の要点を簡単に述べよ。

3．密封線源についても汚染検査をする必要がある。理由を述べ，その方法を簡単に説明せよ。

4．密封されていない放射性同位元素を取扱う施設の設計においては，そこで行われる作業による放射線障害の危険性を見積ることが重要である。この点について以下の問いに答えよ。
（1）この危険性は何によって決められるか。
（2）施設は，この危険性の順にしたがって配列することがよいとされているが，その理由を述べよ。

5．非密封放射性同位元素の安全取扱いについて誤っているのはどれか。
    a）管理区域内での飲食を禁止とする。
    b）排気フィルターを定期的に交換する。
    c）排気口は高い煙突や建物の高層部に設置する。
    d）フード内の気圧を室内よりわずかに陽圧となるように調節する。
    e）排気口から排出する空気中の放射能濃度をガスモニタで監視する。

6．非密封放射性同位元素使用施設の安全管理について正しいのはどれか。
    a）管理区域内は外気より陽圧に保つ。
    b）床材は液体が浸透しやすいものとする。
    c）グローブボックス内は室内空気より陽圧に保つ。
    d）すべての施設で排気設備を設けなければならない。
    e）汚染検査室は管理区域内の出入口付近に設置する。

7. 環境の管理

環境管理の主体業務は，作業環境および放射線施設周辺の放射線量の測定および汚染の状況の測定であり，これを系統的にかつ定期的に実施して安全を確認しなければならない。放射線量および汚染の状況を測定するには，対象となる放射線の種類と測定目的に応じたサーベイメータなどを適正に使用する必要がある。安全管理の立場からは，放射線量や汚染の状況を測定するだけでは意味がなく，その結果に基づいて必要な警告を発することに真の目的がある〔法20，則20〕。

図7.1に非密封放射性同位元素を使用する施設を中心とした放射線管理の内容を示す。

煙突より放出，ただし塵埃・ガスの濃度が濃度限度を超えるときは実験を停止する

放射性塵埃の濃度の測定，放射性ガスの濃度の測定

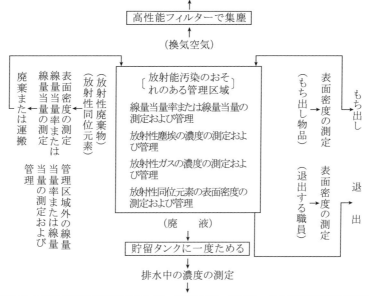

図7.1　放射線管理の内容

7.1 遮蔽の考え方

7.1.1 概　　　　　要

　作業環境において実際に遮蔽を考える場合，法定の遮蔽基準をどのように解釈し，どのように運用していくべきかについて解説する。

　放射線の遮蔽を行うに際しては，自然放射線を除いて，人間に対する被曝を経済的にかつ効果的に軽減することが重要である。したがって，線源の使用時間すなわち被曝が伴う時間を基準にして遮蔽を考えることが最も合理的である。法定の遮蔽基準である実効線量限度は表 2.7 に示した[2.3.5, 2.3.6]。

7.1.2 使　用　施　設

　使用施設内では放射線業務従事者が常時立入る場所，たとえば放射性同位元素を使用する作業室，照射室に隣接する制御室など常に作業している場所に対する遮蔽を考えればよい。放射性同位元素等規制法や医療法の遮蔽基準では，これらの場所に対する遮蔽物の遮蔽能力を週 1 mSv 以下とすることを規定している。この基準は，業務従事者の職業被曝を意味するので，労働時間として 1 日 8 時間×週 5 日勤務を想定して作業時間には週 40 時間を使用する。したがって，遮蔽の目安としては，1 mSv/週＝1 mSv/40 h＝25 μSv/h 以下を線量率の値として採用することが望ましい。

　常時立入る場所における空気中濃度限度については 2.3.5（表 2.6）で説明した。

　常時立入る場所において人が触れる物の表面の放射性同位元素の表面密度限度は告示第 5 号第 8 条,別表第 4（表 7.1,付録 2）に示されている。この数値は複合計算の対象にならない[2.3.5]。

表7.1 表面密度限度〔告5第8条，別表第4〕

区　　　　分	密　　度 [Bq/cm^2]
α線を放出する 放射性同位元素	4
α線を放出しない 放射性同位元素	40

7.1.3 管理区域の境界

　管理区域の境界は一般に事業所内であるから，労働時間の週 40 時間および 3 月＝13 週を使用し，1.3 mSv/3 月＝1.3 mSv/(13 週×40 h/週)＝2.5 μSv/h 以下が遮蔽の目安となる。

7.1.4 病院または診療所内の病室

　一方，病院または診療所の病室に入院している患者は 1 日の大部分を病室で過ごすことから，実効線量限度は管理区域の境界と同じ 1.3 mSv/3 月であるものの，1 日 24 時間，週 7 日間を使用して，1.3 mSv/3 月＝1.3 mSv/(13 週×7 日/週×24 h/日)＝0.6 μSv/h 以下を遮蔽の目安とする必要がある。

7.1.5 事業所の境界および事業所内の居住区域

　一般公衆および居住している職員は，1 日 24 時間そこに滞在する可能性があるので，250 μSv/3 月＝250 μSv/(13 週×7 日/週×24 h/日)＝0.11 μSv/h 以下を採用すべきである。

事業所の境界における排気中濃度および排水中濃度については 2.3.6（表 2.7）で説明した。

管理区域から持ち出す物に係る表面の放射性同位元素の密度は告示第 5 号第 8 条，別表第 4（表 7.1，付録 2）に規定する表面密度限度の 1/10 を超えてはならない。

以上述べた遮蔽基準が定められている場所における線量率の目安を示すと，表 7.2 および図 7.2 のようになる。

表7.2 法定遮蔽基準

場所の区分	実効線量限度	時間換算	遮蔽の目安
使用施設内の人が常時立入る場所	1 mSv／週	40 h／週	25 μSv／h
使用室（放射性同位元素装備診療機器使用室を除く），貯蔵・廃棄施設，放射線治療病室の画壁等の外側			
管理区域の境界	1.3 mSv／3 月	40 h／週 13 週／3 月	2.5 μSv／h
病院または診療所内の病室		24 h／日 7 日／週 13 週／3 月	0.6 μSv／h
事業所，病院，診療所内の人が居住する区域	250 μSv／3 月		0.11 μSv／h
事業所，病院，診療所の敷地の境界			

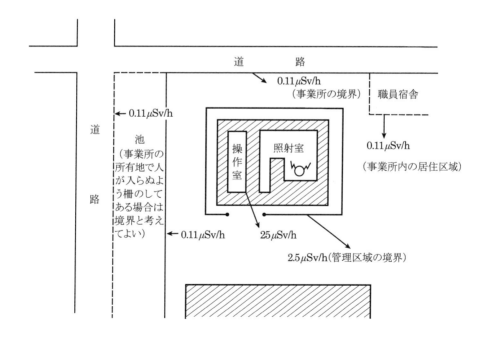

図7.2 遮蔽基準に基づく線量率の目安

7.2 管理区域の設定

放射線を取扱う場合は安全を確保するため，管理区域を設けて使用場所附近への立入りを制限することが必要である。放射線量や空気中濃度，汚染による表面密度が以下の値を超えるおそれのある場所を管理区域とし，放射線業務(診療)従事者以外が立ち入らないような措置を講じなければならない〔則 1(1)，告 5 第 4 条，医則 30 の 16, 30 の 26-3，電離則 3，人規 3-3〕。

1. 外部放射線に係る線量が，実効線量で 1.3 mSv/3 月
2. 放射性同位元素の空気中濃度が，3 月間の平均で，空気中濃度限度の 1/10

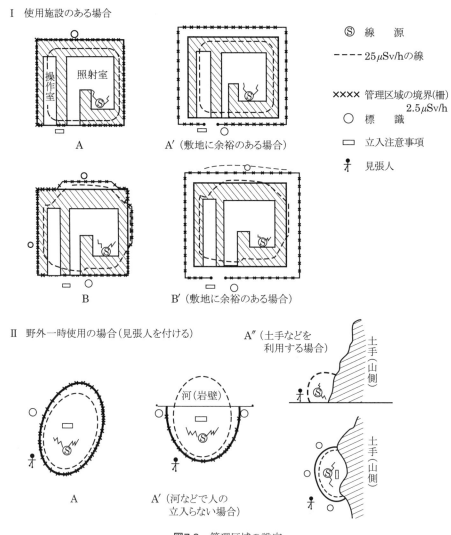

図7.3　管理区域の設定

3. 放射性同位元素による汚染については，表面密度限度の 1/10

測定の目安としては 2.5 μSv/h の値を採用し，それ以上の線量率の場所(範囲)は必ず管理区域としなければならない。当然のことであるが，管理区域内に 1.3 mSv/3 月以下の区域が含まれるのが通例である。管理区域の範囲が決まればその境界に，所定の標識(付録 3)とともに立入に関する注意事項を掲示する必要がある。

野外使用の場合には，法的には使用施設の規制がない。したがって，管理区域の設定で放射線の防護を保証しなければならず，野外使用の際の管理区域の設定およびこれの維持には特に注意を払わなければならない。野外使用に際しては，できる限り居住区域から離れ，人の接近が少なく，かつ広い面積が確保できる場所を選び，以下の順序で設定すべきである。

1. 計算により大体の範囲を一応立入禁止区域として確保する。
2. 放射性核種を使用状態とし，実測して立入禁止区域の範囲を修正し，その境界に柵などを立てて管理区域の範囲を明確にする。
3. 境界には所定の標識を立てること。なお作業中は見張りを立て，特に夜間使用するような場合は標示灯などの警告設備を設けなければならない。

管理区域の設け方の事例を図 7.3 に示す。

7.3 測 定 器

放射線の量および汚染の状況を測定するには，対象となる放射線の種類と強さ(線量当量，線量当量率，空気カーマ，粒子フルエンス率など)ならびに測定目的に応じた測定器を的確に使用する必要がある。安全管理の立場からは，サーベイメータなどの測定器で測定するだけでは意味はなく，その結果に基づいて必要な警告を発することに真の目的がある。環境の測定を系統的にかつ定期的に行うことによって放射線業務従事者や一般の人々の安全を確保することができる。

環境管理のための測定はすなわち，(1)放射線量(1 cm 線量当量(率)，(空気)吸収線量(率)，空気カーマ，中性子フルエンス)の測定，(2)表面汚染の測定，(3)空気中(排気中)放射性物質濃度の測定および，(4)排水中放射性物質濃度の測定である。

7.3.1 環境の放射線量の測定

環境の放射線量として線量当量率または線量当量を測定する測定器にサーベイメータ(survey meter)(図 7.4)およびエリアモニタ(area monitor)(図 7.7)がある。

一般的なサーベイメータの一覧を表 7.3 に示す。測定範囲は電離箱式で 300 mSv/h 程度まで，GM 式で 10 mSv/h 程度まで，シンチレーション式で 30 μSv/h 程度までである。検出部から得られる信号は電流のものと，電気パルスのものに大別され，これらに接続する電気回路も電流を測定する直流測定回路とパルスを計数するパルス計数回路に分けられる。

電離箱サーベイメータ　　　　GMサーベイメータ　　　シンチレーションサーベイメータ

図7.4　サーベイメータ

表7.3　サーベイメータ一覧

種　　類	検　出　部	対象となる放射線	目　　盛
電離箱サーベイメータ	電離箱	X線，γ線，β線	μSv/h, mSv/h μSv, mSv
GMサーベイメータ	GM管	β線，X線，γ線	s^{-1}, min^{-1} μSv/h, mSv/h
シンチレーション サーベイメータ	NaI(Tl)シンチレータ	γ線	μSv/h s^{-1}, min^{-1}
	ZnS, CsIシンチレータ	α線	s^{-1}, min^{-1}
比例計数管式 サーベイメータ	BF$_3$比例計数管	速中性子，熱中性子	μSv/h, mSv/h
	^{3}He比例計数管		
	Hurst型比例計数管		
半導体式サーベイメータ	PN接合型シリコン半導体	X線，γ線	mSv/h
	表面障壁型シリコン半導体	α線	min^{-1}

表7.4　経過時間と目盛の指示

経過時間	時定数	時定数の2倍	時定数の4倍
$\dfrac{指示目盛}{最終指示目盛}$ [%]	63％	86％	98％

　サーベイメータの取扱説明書には時定数(time constant, 抵抗 R と容量 C の積 RC)が明記されている。時定数が長いと指針はゆっくり動いて指示すべき最終目盛までの到達時間が長くかかる。理論上，t 秒経過したとき指示する目盛は最終指示目盛の$(1-e^{-(t/RC)})$倍となる。表 7.4 に示すように時定数だけ経過すると最終指示値の 63% しか示さない。指針がおちつい

て正確な目盛を指すためには時定数の4倍程度待つ必要がある。多くの測定点をつぎつぎと測定する場合にはあわてて測定せず，十分な経過時間後の指示値を採用しなければならない。一般に線量率の低いレンジ（range）は時定数が長い。

　X，γ線用サーベイメータには，つぎに述べる特性がある。

（1）エネルギー依存性

　　真の1cm線量当量率とサーベイメータの指示する1cm線量当量率との比を校正定数という。この校正定数は，X，γ線のエネルギーによって変化する。これをエネルギー依存性という（図7.5）。

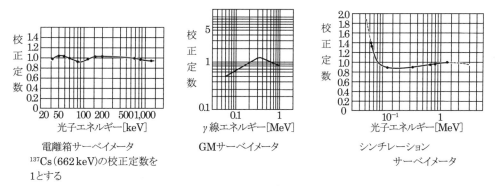

| 電離箱サーベイメータ
^{137}Cs（662keV）の校正定数を
1とする | GMサーベイメータ | シンチレーション
サーベイメータ |

図7.5　サーベイメータのγ線エネルギー特性

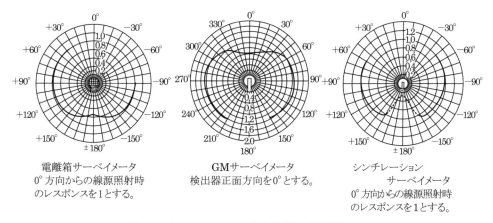

| 電離箱サーベイメータ
0°方向からの線源照射時
のレスポンスを1とする。 | GMサーベイメータ
検出器正面方向を0°とする。 | シンチレーション
サーベイメータ
0°方向からの線源照射時
のレスポンスを1とする。 |

図7.6　サーベイメータの方向依存性（線源^{137}Cs）

（2）方向依存性

　　検出部に放射線が入射するとき，放射線の入射方向によって指示する線量率が変化する。これを方向依存性という。図7.6にサーベイメータの方向依存性を示す。

（3）感度

　　感度は，良いものからシンチレーション式，GM式，電離箱式の順で，エネルギー依存

性の良いものほど感度は悪い。

　GM 式のサーベイメータは検出部の GM 管の分解時間(τ)が長いので，線量率が高い場合には指示値が低下する。真の計数率を n_0，測定した計数率を n とすれば

$$n_0 = \frac{n}{1-n\tau} \tag{7.1}$$

となる。

　一方，α 線は人体表皮約 7 mg/cm^2 でほとんど吸収されてしまうので，体外照射では問題とならない。β 線の場合には，7 mg/cm^2 程度の窓厚をもつ電離箱やプラスチックシンチレータを用いれば，その入射窓の位置での人体組織の吸収線量率を求めることができる。人体の平均の表皮層の厚さ 7 mg/cm^2 に相当する β 線のエネルギーは 65 keV である。したがって，65 keV 以下の β 線の被曝はほとんど問題はなく，200 keV までの β 線は，その平均エネルギーが約 65 keV 以下であるから，その β 線エネルギーのかなりの割合は表皮層で吸収される。

　最大エネルギー E[MeV] の β 線を窓の厚さ t[mg/cm^2]，面積 S[cm^2] の GM 管式サーベイメータで測定して計数率 n[cpm] を得たとき，そのサーベイメータの位置での人体の吸収線量率 D[μGy/h]は

$$D = \frac{3.2nE\mu e^{-(7-t)\mu}}{S} \tag{7.2}$$

で与えられる。ただし，μ は β 線の質量吸収係数であり，人体組織に対する質量吸収係数と窓材料に対する質量吸収係数はほぼ等しく，$22 \times 10^{-3}/E^{4/3}$[cm^2/mg]としてよい。

　中性子線サーベイメータは大別して熱中性子線用と速中性子線用とになる。

　熱中性子は ^{10}B$(n, \alpha)^7$Li の断面積が 3813 バーンと非常に大きい。BF$_3$ 計数管はこの反応で放出された α 粒子と比例計数領域で測定するものである。また速中性子に対しては，BF$_3$ 計数管をパラフィンなどの減速材でかこみ，速中性子を熱中性子化して測定できる。

　プラスチックシンチレータは，速中性子線に使えるが，γ 線が多く混在すると γ 線との区別がつきにくくなる場合もある。

　中性子フルエンス率[cm$^{-2}\cdot$s^{-1}]が測定されると時間で積分することにより中性子フル

図7.7　エリアモニタ

エンス[cm^{-2}]がわかる。中性子フルエンスから実効線量を計算することができる[8.2.2]。

　エリアモニタ(図 7.7)は施設内および周辺の壁や天井などに固定して設置される。検出部と指示部はケーブルにより遠く離れて接続され，管理室などの人が確認しやすい場所に置かれる指示部には赤ランプ，ブザーなどの警報装置が設けられ，空間線量率を連続的に記録できる。

7.3.2　表面汚染の測定

　床壁，手足，衣服，機器などの表面汚染の検査には，前述の各種サーベイメータがそのまま使用できるが，専用のモニタもある。

（1）床汚染など

図7.8 フロアモニタ
(ベルトールドジャパン(株)提供)

　床汚染の検出には専用のフロアモニタ(floor monitor, 図 7.8)が製作されている。横窓型 GM 管，大面積端窓型 GM 管あるいは比例計数管を用い，α 線，β 線，γ 線の測定ができる。下部のシャッターの開閉により，α 線，β 線をγ 線から区別することができる。車輪がついていて動かしやすくできているが，時定数を考慮してゆっくり動かさなければならない。

　他の表面汚染による β 線あるいは α 線を測定する有効な方法に，拭き取り式放射性表面汚染測定方法(smear testing method for radioactive surface contamination)があり，単にスミア法と略称されることが多い。

　拭き取りに使用するろ紙は直径約 2 cm で，汚染物質が付着しやすく，その保持性が高く，かつ，拭き取りに際して破損しにくい材質であることが望ましい。JIS P 3801[化学分析用ろ紙]の No. 4，No. 5 などは有効と考えられる。定常的に多数の試料を採取する場合には，図 7.9 に示すような専用のろ紙(ホルダー部を手に持ち，円形の拭き取り部を指で押しつけて拭き取る)を用いると便利である。

　拭き取り面積については，汚染密度を評価することを目的とする場合は，約 100 cm^2 を原則とするが，床などの汚染を検査することを目的として実施する場合には，比較的広い面積(通常約 200〜400 cm^2)を拭き取る方が効果的である。

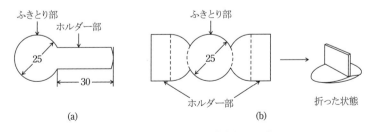

図7.9 スミア用ろ紙[単位：mm]

ぬぐいとった床はサーベイメータで汚染除去の程度を検査しておく。汚染を拭き取った
ろ紙はポリエチレン膜またはライファン膜で包みこみ測定器(計数効率 η)にかけて計数率
n[cpm]を求める。表面汚染密度 A は，拭き取り面積を S[cm^2]，拭き取り効率を K とす
れば

$$A = \frac{n}{\eta SK}\,[\mathrm{dpm/cm^2}] = \frac{n}{60\eta SK}\,[\mathrm{Bq/cm^2}] \qquad (7.3)$$

となる。

表面汚染の中でも拭き取りで容易に取れる汚染はルー
ズ汚染(遊離性汚染)といい，体内に摂取されるおそれがあ
る。スミア法によってルーズ汚染を区別して測定できる。

(2) ハンドフットクロスモニタ(hand-foot-cloth monitor)

手足，衣服の表面汚染の測定には，専用のモニタを使用
する方が，測定の容易さ，測定時間の短縮などの利点が多
い。

ハンドフットクロスモニタ(図 7.10)は両手，両足計測箇
所にそれぞれの検出部があり，手の挿入部にあるマイクロ
スイッチの操作により，これらが同時に独立して測定でき
る。一方，衣服用の検出器に対しては，指示メータの一部
が衣服の汚染度を示し，必要に応じて，表示，警報を出す
ようになっている。

β，γ 線の検出には端窓型 GM 管(窓厚 2〜3 mg/cm^2)が，
α 線用に対しては比例計数管が使用されている。

図7.10 ハンドフットクロス
モニタ

7.3.3 空気中(排気中)放射性物質濃度の測定

作業室などの空気の汚染は，空気中に浮遊する塵埃状放射性物質と空気に混和した放射性
気体とに分けることができる。

放射性塵埃は集塵法で集めて放射能を測定し，Bq/cm^3 に換算する。集塵法としては，グ
リセリンなどを塗布したガラス板に空気を吹きつけるインパクター法や，ろ紙を用いたろ紙
法，大じかけのものでは静電気を利用した電気集塵法などがある。

塵埃モニタ(dust monitor)は塵埃サンプラと放射能測定装置を組み合わせたもので，放射
性塵埃の濃度を連続的に記録するとともに，濃度が一定値以上のときは警報を発するように
した装置である。ろ紙固定式モニタ，ろ紙移動式モニタおよび電気集塵式モニタがある。

空気と混和するガス状核種は，電離箱の中にこの空気を封入または流通させ，電離電流を
測定する。また，試料空気をガス容器内に捕集し，その容器内にシンチレーション検出器，
GM 計数管，半導体検出器などを挿入して放射性ガスの濃度を測定する方法もある。

ガスモニタは放射性ガスを連続的に測定し，放射性ガスの濃度が一定値以上になったとき警報を発する装置で，一般には，塵埃モニタで放射性塵埃を除いた後に空気をガスモニタに導入して測定する。

7.3.4　排水中放射性物質濃度の測定

排水中の放射性物質濃度の測定には，サンプリング法および排水モニタによる方法がある。

排水モニタは排水管または排水タンクの中に検出器を設置して，排水中の放射性物質の濃度が一定値以上になったときに警報を発する装置である。液浸型シンチレーション検出器を直接水中に設ける型式，液浸型 GM 管を用いた型式，イオン交換樹脂で放射性イオンを集めてシンチレーション検出器で計測する型式などがある。

空気中放射性物質および水中放射性物質は内部被曝の重要な原因となるが，一般には，これらの測定は場所の線量当量率または線量当量の測定に比してずっと困難であり，測定精度は悪い。告示第 5 号第 14 条，別表第 2 および第 3(付録 2)に規定する空気中濃度，排水中濃度を排水モニタによって直接に測定することは困難または不可能なことが多い。測定試料を採取して放射能を計測するサンプリング法の方が，手間はかかるが精度のよい結果を得ることができる。排水モニタを設置してあってもサンプリング法を併用励行することが必要である。則 20 に，測定が著しく困難な場合には，計算による算出も認められているが，安易に計算法による見積りをしてはならない。

7.4　測 定 実 施 要 領

(1) バックグラウンドの測定

環境測定の際の基礎データとなるバックグラウンドの測定は，遮蔽効果の確認，管理区域の設定あるいは事故の早期発見のための比較資料を得るために必要である。

(2) 作業中の測定

作業に際しては常にサーベイメータを携行し，作業開始前に作業環境をサーベイして異常の有無を確認したうえで作業を開始し，作業中も適宜放射線業務従事者の位置で測定し，安全を確認すべきである。なお，作業中の環境測定は個人被曝管理の補助的な意味をもつことになるので，できるだけ正確な被曝時間と線量当量率を記録すべきである。

(3) 定期的測定

貯蔵庫，使用施設，管理区域の境界などの線量当量率，放射性核種格納容器からの漏えい線量当量率あるいは必要に応じて表面汚染の有無などを定期的に測定することは，事故発生の予防上重要なことである。

(4) 放射性同位元素等規制法に基づく測定要領

放射性同位元素等規制法で規定している測定要領は表 7.5 のとおりである。なお，測定

表7.5 放射線の量および汚染の測定要領〔法20-1, 則20-1〕

測定項目	測定場所	測定時期	測定方法
放射線の量	使用施設 廃棄物詰替施設 貯蔵施設 廃棄物貯蔵施設 廃棄施設 管理区域の境界 事業所内の人が居住する区域 事業所の境界	① 作業開始前 ② 作業開始後 (a) ≧1回/月 　　ただし, (b)～(d)の場合を除く (b) 密封放射性同位元素または放射線発生装置を固定して使用する場合で, 取扱い方法および遮蔽物の位置が一定している場合 　　≧1回/6月 (c) 下限数量の1000倍以下の密封放射性同位元素のみを使用する場合 　　≧1回/6月	① 放射線量は$\dot{H}_{1\,\mathrm{cm}}$または$H_{1\,\mathrm{cm}}$について測定する。ただし, $\dot{H}_{70\,\mu\mathrm{m}}$または$H_{70\,\mu\mathrm{m}}$が$\dot{H}_{1\,\mathrm{cm}}$または$H_{1\,\mathrm{cm}}$の10倍を超えるおそれのある場所では, $\dot{H}_{70\,\mu\mathrm{m}}$または$H_{70\,\mu\mathrm{m}}$を測定する。 ② 放射線測定器を用いて行うこと。ただし, 著しく困難な場合は計算により算出してもよい。 ③ 測定は最も適した箇所において行う。
放射性同位元素等による 汚染の状況	作業室 廃棄作業室 汚染検査室 管理区域の境界		
	排気設備の排気口 排水設備の排水口 排気監視設備のある場所 排水監視設備のある場所	(d) 排気または排水の都度（連続して排気・排水する場合は連続して）	

の結果は測定のつど記録し, 年度ごとにまとめて5年間保存することとされている〔法20-3, 則20-4〕。

7.5　汚　染　除　去

　放射性物質を取扱う実験において, 使用する実験器具類の汚染はもちろんのこと, 実験台, フード内, 床面上の汚染なども絶対に避けることはできない。実験の途中において汚染をおこしたとき, おこしたかもしれないと思ったとき, そして実験を終了したときは, ただちに汚染の検査をしなければならない。汚染が内部被曝の原因となる可能性は, きわめて大きい。さらに, 汚染は実験の精度にも影響することを忘れてはならない。

　汚染を除去することを除染という。除染効果は, 多くの要因がからみ合っているので, 画一的な除染法は存在しない。しかし, 除染効果に影響するおもな要因は, 汚染物の材質とその表面の状態である。

　一方, 除染以前, あるいは実験開始前における対策として, 除染効果へ大いに寄与する汚染防御に対し, 絶えず努力をしなければならない。具体的には, たとえば, 前もって実験台面などに塗装しておけば, それをはがすことにより容易に除染できる。また, 床面にワックス処理をしておけば, 石けんで洗浄することによって, ワックスは乳化され除染できる。

7.5.1　除染実施時の注意事項

(1) 汚染物の材質，表面状態，形状

　一般に，実験室内の表面は平滑であることが原則であるので，除染をかなり容易に済ますことができる。

　汚染物の材質が異なれば，それらの除染効果は当然異なってくる。しかし，同質のものといえども，その表面状態の違いによって除染効果は異なる。たとえば，過去に除染したことのある面は，次第に荒れてくる。

　汚染物自体の形状によって，その除染の手段が変わってくる。たとえば，複雑な構造をもつ装置が汚染したとき，その装置を分解し，ある部品について除染が全く不可能であれば，その部品を交換する事態も生ずる。

(2) 汚染核種とその形態

　汚染核種の種類によって，使用する除染剤の種類が限られてくる。たとえば，^{14}C や ^{131}I は，酸性の除染液ではガス化する可能性があるので，その使用を避けなければならない。また，汚染が可溶性か不溶性かによって，除染の方法は異なってくる。

(3) 即刻あるいは早期除染

　汚染が生じたらできる限り早目に除染するのが原則であり，汚染直後であるならば，一般に，水による洗浄で容易に除染できる場合が多い。汚染してからの時間が経過するにしたがって，除染はしだいに困難となってくる。これは，汚染が器具表面の微細な割れ目や傷口に入りこんだり，あるいは表面の材質と化学反応をしたりするためである。このような汚染物へは，活性度の大きい除染剤を使用することになる。一般に，水溶液で汚染された物は，乾燥状態で放置しないで，水中につけて一時保管しておけば，除染を容易に行うことができる。

(4) 汚染の局所限定

　多量の除染剤を使用したり，また汚染の箇所を確実に把握しないで不必要な部分までも除染処理を行ったりすると汚染の面積が広がり過ぎてしまう。たとえば，皮膚面や床面を汚染したとき，まず，ろ紙あるいは布片で拭き取ってから除染剤を用いるようにする。汚染が空気中に舞い上がらないように，なるべく湿式除染にこころがける。

　使用した除染剤や資材は，放射性廃棄物であるので，これらを散逸させないように留意し，所定の容器へ廃棄する。

(5) 表面汚染の限度

　実験器具類，計測器などは作業室または汚染検査室内の人が触れる物の表面の放射性同位元素は，表面密度限度(表 7.2)を超えないように規定されている。この限度を超えたものは除染または廃棄しなければならない。また，この表面密度限度の 1/10 を超えている汚染物は，みだりに管理区域から持ち出さないように規定されている。

7.5.2 除染法の実際

以下に述べるもののうち，身体が汚染した場合には，必要であればただちに医師の援助を受ける。

（1）皮　膚

常に爪は短か目に切っておき，ひだ，毛髪，爪の間，指の股部，手の外縁などの部位は除染しにくいので，ネイルブラシあるいはハンドブラシ（プラスチック製でなく動物毛製）を使って，特に注意して洗う。顔の除染にあっては，眼と唇に汚染水が入りこまないように注意する。

1）軽度の汚染の場合には，アルカリ石けんを使わないで，粉末状中性洗剤（ソープレスソープやアルキルベンゼンスルホン酸ナトリウム）をかけて，ぬるま湯でぬらし，ネイルブラシなどで軽くこすりながら流水中で洗い流す。

やや汚染度の高い場合には，酸化チタンペースト（アナタース型の酸化チタン 100 g を 0.1 mol/l の HCl 60 ml でペースト化）を十分に塗り付け，2〜3 分間放置し，湿布でこすりとり，十分に水洗いする。

2）かなりの汚染である場合，粉末状中性洗剤：キレート形成剤（1：2）の混合物をかけて，ぬるま湯でしめしてネイルブラシなどでこすりながら水洗する。キレート形成剤としては，Na-EDTA，クエン酸，クエン酸ナトリウム，酒石酸ナトリウム，リン酸ナトリウムがよい。

さらに汚染度の高い場合，$KMnO_4$ の飽和溶液と 0.1 mol/l H_2SO_4 溶液の等量混合液をかけて，ネイルブラシなどで軽くこすりながら水洗し，これを 3 回くり返し，ついで 10%$NaHSO_3$ で色を除く。両液の混合および $NaHSO_3$ の溶解は使用直前にする。

有機溶媒は，皮膚から浸透することがあるので除染剤として使用しない。

除染後，皮膚が荒れているときには，ハンドクリームなどを十分にすりこんでおく。

（2）粘膜または傷口［6.2.6］

1）眼，鼻，唇などが汚染されたときは，直ちに多量の温流水で洗い流す。

2）傷口の汚染にあっては，直ちに（15 秒以内），多量の温流水で洗い流す。このとき，出血が多くなければ傷口の周辺を圧迫し出血をうながし，除染をすみやかにする。必要であるなら，柔かいネイルブラシで傷口を掻くようにする。傷口に塵やグリースなどが着いているときは，すみやかに液体洗剤（非イオン活性剤 0.5%溶液）を十分にガーゼにしみこませて，傷口を静かにこすりながら温流水で洗い流す。

傷口が非常に危険な核種で汚染したときは，15 秒以内に静脈を止め，多量の温流水で十分に洗って三角布で傷口をしばる。

（3）嚥下あるいは吸入した場合

飲み込んだときは，指をのどまで入れ，胃中のものを吐き出し，食塩水や水を飲む。強

く吸い込んでしまったときは，何度もせき上げて水でうがいをする操作をくり返す。

（4）繊維類，器具，床などの除染

除染の方法は，原則として，その場合に応じて適切な方法を選び実施しなければならない。各種の汚染物に対応する基本的な除染法を表7.6にまとめた。

表7.6　器物および床などの除染方法

材　質	除染剤および用法
繊　維　類	放射性溶液による汚染 　　中性洗剤（1%）＋キレート形成剤（0.1 mol/l）を液温30〜40℃で，15分間を2回くり返す。毎回新しい液を用いる。ぬるま湯で10分間を2〜3回すすぐ。 　　キレート形成剤：EDTA（pH10），ヘキサメタリン酸ナトリウム（pH3），クエン酸（絹，ナイロン類に適）。 　　pHの調整剤：塩酸，シュウ酸，炭酸ナトリウム（木綿，レーヨンに適）。 　放射性不溶性物（固体粉体）による汚染 　　1% 中性洗剤を液温 40℃で，約20分間攪拌，その間泡沫を洗濯機上よりあふれ出さす。
金　　　　　　属 アルミニウム	1）水または稀中性洗剤で洗う。乾燥させずに2)に移る。 2）10％クエン酸で表面をぬらし，ブラシでこすり水洗。 3）10％硝酸でぬぐう（侵食）。 4）5％NaOH＋1％酒石酸ナトリウム＋1.5％H$_2$O$_2$で処理し，十分に水洗する。
黄銅，銅	1）アセトンまたはアルコールを布につけてぬぐう。 2）紙やすりで軽くこする。ぬらすことができれば，5％クエン酸アンモニウムでブラッシング後水洗する。黄銅みがきを用いてもよい。 3）2)をくり返す。 4）2.5％クエン酸ナトリウム＋0.2％中性洗剤で処理（pH7）し，十分水洗する。
鉄	1）水または稀中性洗剤で洗う。 2）10％クエン酸＋5％中性洗剤でこすった後水洗する。 3）6 mol/l 硝酸で，除染できない所を部分的にこすり，ただちに水洗する。
ステンレススチール	1）水または稀中性洗剤で洗う。 2）30％硝酸でこすり，水洗する。 3）10％シュウ酸に約15分ぬらし，水洗する。 4）6〜12 mol/l HClですばやく処理，十分に水洗。
鉛	1）水または中性洗剤で洗う。 2）1 mol/l 硝酸中で20分洗う。 3）1 mol/l クエン酸中で20分間煮る。

表7.6　器物および床などの除染方法

材　質	除 染 剤 お よ び 用 法
ガ ラ ス	大きなもの 1)　水または稀中性洗剤で洗う。 2)　4％Na-EDTAまたは0.1 mol/l ヘキサメタリン酸ソーダでブラッシングする。 3)　2％フッ化水素アンモニウムでこすり，または浸漬する。 小さなもの 1)　水または稀中性洗剤で洗う。 2)　濃硝酸または発煙硝酸ガス中に数日浸す。 3)　2％フッ化水素アンモニウムに30分浸漬して水洗する。 4)　クロム酸混液処理。
磁　器	1)　水または稀中性洗剤で洗う。 2)　炭酸アンモニウムの飽和溶液中で20分煮て，水洗する。 3)　5％フッ化水素アンモニウムに30分浸漬し水洗する。
ペイント 塗装面	1)　水または稀中性洗剤で洗う。 2)　Na-EDTA＋2％中性洗剤をふりかけ，水でぬらしてこすり水洗する。 3)　5％クエン酸アンモニウムに漬けブラシでこする。 4)　除染後の汚染が少ないとき，ペイントの上塗り，汚染が大であるとき，ペイントをはぎとる。
プラスチック	アクリル樹脂 　　ガラスに用いたのと方法は同じ，ただし，濃硫酸は表面をひどく傷つける。 アクリル樹脂以外の樹脂 　　ガラスおよびステンレススチールに対する方法。
ゴ　ム	1)　水または稀中性洗剤で洗う。 2)　5％Na-EDTA＋1％中性洗剤でこすり水洗。 3)　1％クエン酸ソーダ＋5％水酸化ソーダでこすり水洗。
リノリウム その他の床材	1)　ペイントに対する方法。 2)　有機溶媒の使用はよくないが，やむを得ないとき，CCl_4，灯油などを布につけてぬぐう。
タ イ ル	1)　あらかじめ，その面をペイント塗装しておく。 2)　酸化チタン＋Na-EDTA のペーストでこすりぬぐい去る。 3)　液体除染剤はのぞましくないが，やむを得ないとき，0.3％クエン酸アンモニウム，4％Na-EDTA，10％Na_3PO_4などを用いる。 4)　できればタイルをはがし取り替える。
コンクリート， レンガ	1)　酸化チタン＋Na-EDTA を散布，水でぬらした布でぬぐいとる。 2)　30％HClでぬらし，こすり水洗(換気を良くする)。 3)　タガネではがすか，ペイントで塗りこめる。
木　材	表面から1 cm程度けずりとる。

しかし，それほど繊細な処理を必要としない材質の物品の場合，一般には，つぎのような簡易な処理によって，相当の除染効果を得ることができる。

  1）水または中性洗剤で洗浄する。

  2）キレート剤単独，またはキレート剤と中性洗剤の混液を使用し洗浄する。

  3）無機酸(塩酸，硫酸，硝酸，リン酸など)で洗浄する。

これらの方法に加え，さらに，超音波除染法，電解法，サンドブラスト法などの物理的な除染法を併用すると，除染効果は大きくなる。

7.6　運　　　搬

放射性物質の運搬については事業所内での運搬と事業所外での運搬に大別できる。

7.6.1　事業所内での運搬

事業所内での運搬については法 17，則 18 および昭和 56 年(1981 年)科学技術庁告示第 10 号に規定されている。

（1）放射性同位元素等を運搬する場合は，これを容器に封入すること。

（2）（1)の容器は，つぎの基準に適合するものであること。

  1）外接する直方体の各辺が 10 cm 以上であること。

  2）容易に，かつ，安全に取扱うことができること。

  3）運搬中に予想される温度および内圧の変化，振動等により，き裂・破損等の生ずるおそれがないこと。

（3）放射性同位元素等を封入した容器（「運搬物」）およびこれを積載した車両等の表面で $H_{1\,cm}$ について 2 mSv/h，表面から 1 m 離れた位置で $H_{1\,cm}$ について 100 μSv/h を超えず，運搬物の表面の放射性同位元素の密度が表面密度限度の 1/10 を超えないこと。

（4）運搬物の車両等への積付けは，運搬中に運搬物の安全性が損われないように行うこと。

（5）運搬物は，同一の車両等に危険物と混載しないこと。

（6）運搬物の運搬経路においては，標識の設置，見張人の配置等により，運搬に従事しない者および運搬に使用されない車両の立入りを制限すること。

（7）車両により運搬する場合は，徐行させること。

（8）放射性同位元素等の取扱いに関し相当の知識および経験を有する者を同行させ，放射線障害の防止に必要な監督を行わせること。

（9）運搬物およびこれらを運搬する車両等に所定の標識を取り付けること。

（10）管理区域内の運搬については，（1)～(3)および(6)～(9)の規定は適用しない。

（11）使用施設，廃棄物詰替施設，貯蔵施設，廃棄物貯蔵施設または廃棄施設内で運搬する場合など運搬する時間がきわめて短く，放射線障害のおそれのない場合には，（1)～(9)の規定は適用しない。

(12) 事業所外運搬の技術上の基準[7.6.2]にしたがって放射線障害の防止のために必要な措置を講じた場合には，運搬物を事業所等の区域内において運搬することができる。

7.6.2 事業所外での運搬

事業所外での運搬については法18，則18の2〜18の17および平成2年(1990年)科学技術庁告示第7号に規定されている。なお，自動車，鉄道などによる輸送は放射性同位元素等車両運搬規則，航空機による輸送は航空法施行規則，船舶による輸送は危険物船舶輸送および貯蔵規則などの運輸省令，国土交通省令によって細かく規制されているので，それぞれの場合に応じて法令に適合した梱包，標識，届出などを行わなければならない。

則18の2〜18の17および運輸省令では，放射性物質の危険度に応じて，危険度の少ない方から順にL型輸送物，A型輸送物，BM型輸送物およびBU型輸送物の4種に分類している。

このうち，危険度が最も少ないL型輸送物については，運搬物の表面における $H_{1\,cm}$ が $5\,\mu Sv/h$ を超えず，放射性同位元素の表面密度が表面密度限度の $1/10$ を超えてはならない。L型以外の輸送物は共通して，容器に外接する直方体の各辺が $10\,cm$ 以上でなければならず，加えて運搬物の表面の $H_{1\,cm}$ が $2\,mSv/h$，表面から $1\,m$ 離れた位置で $H_{1\,cm}$ が $100\,\mu Sv/h$ を超えず，運搬物の表面の放射性同位元素の密度が表面密度限度の $1/10$ を超えないようにする他，所定の耐久試験に合格しなければならない。

放射能濃度が低く危険性が少ないものとして原子力規制委員会が定めた低比放射性同位元素(low specific activity，略称 LSA) および表面が汚染されたものであって危険性が少ないものとして原子力規制委員会が定めた表面汚染物(surface contaminated object，略称 SCO)に関しては，原子力規制委員会の定める LSA および SCO の区分に応じて，IP-1 型輸送物，IP-2 型輸送物および IP-3 型輸送物として運搬できると定められている。IP は産業容器(industrial package，略称 IP)を表わしており，おもに放射性物質の輸送用容器や低レベルの放射性廃棄物がこれらに該当する。

事業所外においては，いかに危険性が少ない放射性物質であっても，電車，バス，タクシーなどの公共の交通機関で運搬することは禁止されている。一般には，これらの運搬に詳しい専門の運送業者に委託することが望ましい。

7.7 実効線量の計算および環境モニタリング

7.7.1 遮蔽計算などにおける実効線量の計算

表 7.1 に示した使用施設で人が常時立ち入る場所(実効線量限度 1 mSv/週)，事業所の境界および事業所内の人が居住する区域(同 $250\,\mu Sv/3$ 月)および病院または診療所の病室(同 1.3 mSv/3 月)での実効線量の計算は，つぎのように行う。

放射線が X 線または γ 線の場合は，自由空気中の空気カーマから光子のエネルギーごとの換算係数〔告5別表第5(表 7.7)〕を用いて以下の式から実効線量を求める〔告5第26条〕。

$$E = fx \times D \qquad\qquad (7.4)$$

E：実効線量〔Sv〕

fx：換算係数(別表第 5 第 1 欄に掲げる放射線のエネルギーに応じて，同表第 2 欄に掲げる値)

D：自由空気中の空気カーマ〔Gy〕

表7.7 自由空気中の空気カーマが 1 Gy である場合の実効線量
〔告 5 別表第 5〕

第 一 欄	第 二 欄
エックス線またはガンマ線のエネルギー〔MeV〕	実効線量〔Sv〕
0.010	0.00653
0.015	0.0402
0.020	0.122
0.030	0.416
0.040	0.788
0.050	1.106
0.060	1.308
0.070	1.407
0.080	1.433
0.100	1.394
0.150	1.256
0.200	1.173
0.300	1.093
0.400	1.056
0.500	1.036
0.600	1.024
0.800	1.010
1.000	1.003
2.000	0.992
4.000	0.993
6.000	0.993
8.000	0.991
10.000	0.990

備考　該当値がないときは，補間法によって計算する。

また，放射線が中性子線である場合は，自由空気中の中性子フルエンスから中性子のエネルギーごとの換算係数〔告5別表第6(表7.8)〕を用いて以下の式から実効線量を求める〔告5第26条〕。

$$E = fn \times \phi \tag{7.5}$$

E：実効線量[Sv]

fn：換算係数(別表第6第1欄に掲げる放射線のエネルギーに応じて，同表第2欄に
　　　掲げる値)

ϕ：自由空気中の中性子フルエンス[個/cm^2]

表7.8　自由空気中の中性子フルエンスが1 cm^2当たり10^{12}個である場合の実効線量〔告5別表第6〕

第 一 欄	第 二 欄	第 一 欄	第 二 欄
中性子のエネルギー [MeV]	実効線量 [Sv]	中性子のエネルギー [MeV]	実効線量 [Sv]
1.0×10^{-9}	5.24	1.0×10^{-1}	59.8
1.0×10^{-8}	6.55	1.5×10^{-1}	80.2
2.5×10^{-8}	7.60	2.0×10^{-1}	99.0
1.0×10^{-7}	9.95	3.0×10^{-1}	133
2.0×10^{-7}	11.2	5.0×10^{-1}	188
5.0×10^{-7}	12.8	7.0×10^{-1}	231
1.0×10^{-6}	13.8	9.0×10^{-1}	267
2.0×10^{-6}	14.5	1.0×10^{0}	282
5.0×10^{-6}	15.0	1.2×10^{0}	310
1.0×10^{-5}	15.1	2.0×10^{0}	383
2.0×10^{-5}	15.1	3.0×10^{0}	432
5.0×10^{-5}	14.8	4.0×10^{0}	458
1.0×10^{-4}	14.6	5.0×10^{0}	474
2.0×10^{-4}	14.4	6.0×10^{0}	483
5.0×10^{-4}	14.2	7.0×10^{0}	490
1.0×10^{-3}	14.2	8.0×10^{0}	494
2.0×10^{-3}	14.4	9.0×10^{0}	497
5.0×10^{-3}	15.7	1.0×10^{1}	499
1.0×10^{-2}	18.3	1.2×10^{1}	499
2.0×10^{-2}	23.8	1.4×10^{1}	496
3.0×10^{-2}	29.0	1.5×10^{1}	494
5.0×10^{-2}	38.5	1.6×10^{1}	491
7.0×10^{-2}	47.2	1.8×10^{1}	486
		2.0×10^{1}	480

備考　該当値がないときは，補間法によって計算する

放射線の種類が 2 種類以上の場合は，放射線の種類ごとに計算した実効線量の和をもって，実効線量とする〔告 5 第 26 条第 2 項〕。

7.7.2 周辺線量当量・方向性線量当量の測定

実効線量および等価線量は防護量であり，これらの量は直接には測定できないことから，外部被曝線量の測定には実用量が用いられる[1.5.9]。環境モニタリングにおいて用いる実用量には，周辺線量当量 $H^*(d)$ (d＝10 mm (1 cm)，3 mm，0.07 mm (70 μm))，方向性線量当量 $H'(d, \alpha)$ (d＝10 mm (1 cm)，3 mm，0.07 mm (70 μm)，α は入射角度) がある。

放射性同位元素等規制法では 1 cm 線量当量 ($H_{1\,\text{cm}}$) と 70 μm 線量当量 ($H_{70\,\mu\text{m}}$) の測定が義務づけられている。放射線が X 線や γ 線など光子である場合には，測定された空気カーマ値に対し，表 7.9 の光子エネルギーごとに第 2 欄の換算係数を乗じて $H_{1\text{cm}}$ として周辺線量当量 $H^*(10)$ を求められ，また第 3 欄の換算係数を乗じることで $H_{70\,\mu\text{m}}$ として方向性線量当量 $H'(0.07)$ を求めることができる。

表7.9 光子の自由空気中空気カーマから周辺線量当量 $H^*(10)$，
方向性線量当量$H'(0.07)$への換算係数(ICRP 74,1995)

光子 エネルギー [MeV]	光子の自由空気中空気カーマから周辺 線量当量$H^*(10)$および方向性線量当 量$H'(0.07)$への換算係数	
	周辺線量当量 $H^*(10)$ [Sv/Gy]	方向性線量当量 $H'(0.07)$ [Sv/Gy]
0.005		
0.010	0.008	0.95
0.0125		
0.015	0.26	0.99
0.0175		
0.020	0.61	1.05
0.025		
0.030	1.10	1.22
0.040	1.47	1.41
0.050	1.67	1.53
0.060	1.74	1.59
0.080	1.72	1.61
0.100	1.65	1.55
0.125		
0.150	1.49	1.42
0.200	1.40	1.34
0.300	1.31	1.31
0.400	1.26	1.26
0.500	1.23	1.23
0.600	1.21	1.21
0.800	1.19	1.19
1.000	1.17	1.17
1.5	1.15	1.15
2.0	1.14	1.14
3.0	1.13	1.13
4.0	1.12	1.12
5.0	1.11	1.11
6.0	1.11	1.11
8.0	1.11	1.11
10	1.10	1.10

中性子線に関しては $H_{1\,\mathrm{cm}}$ の測定が規定されており，測定された中性子フルエンスに対して表 7.10 のエネルギーごとに第 2 欄の換算係数 $H^*(10)/\varPhi$ を乗じて周辺線量当量 $H^*(10)$ を求めることができる。

表7.10 ICRU球に入射する単一エネルギー中性子に対する単位中性子フルエンスあたりの周辺線量当量 $H^*(10)$ への換算係数（ICRP 74, 1995）

中性子エネルギー [MeV]	周辺線量当量 $H^*(10)$ $H^*(10)/\varPhi$ [pSv・cm^2]	中性子エネルギー [MeV]	周辺線量当量 $H^*(10)$ $H^*(10)/\varPhi$ [pSv・cm^2]
1.00×10^{-9}	6.60	1.00×10^{0}	416
1.00×10^{-8}	9.00	1.20×10^{0}	425
2.53×10^{-8}	10.6	2.00×10^{0}	420
1.00×10^{-7}	12.9	3.00×10^{0}	412
2.00×10^{-7}	13.5	4.00×10^{0}	408
5.00×10^{-7}	13.6	5.00×10^{0}	405
1.00×10^{-6}	13.3	6.00×10^{0}	400
2.00×10^{-6}	12.9	7.00×10^{0}	405
5.00×10^{-6}	12.0	8.00×10^{0}	409
1.00×10^{-5}	11.3	9.00×10^{0}	420
2.00×10^{-5}	10.6	1.00×10^{1}	440
5.00×10^{-5}	9.90	1.20×10^{1}	480
1.00×10^{-4}	9.40	1.40×10^{1}	520
2.00×10^{-4}	8.90	1.50×10^{1}	540
5.00×10^{-4}	8.30	1.60×10^{1}	555
1.00×10^{-3}	7.90	1.80×10^{1}	570
2.00×10^{-3}	7.70	2.00×10^{1}	600
5.00×10^{-3}	8.00	3.00×10^{1}	515
1.00×10^{-2}	10.5	5.00×10^{1}	400
2.00×10^{-2}	16.6	7.50×10^{1}	330
3.00×10^{-2}	23.7	1.00×10^{2}	285
5.00×10^{-2}	41.1	1.25×10^{2}	260
7.00×10^{-2}	60.0	1.50×10^{2}	245
1.00×10^{-1}	88.0	1.75×10^{2}	250
1.50×10^{-1}	132	2.01×10^{2}	260
2.00×10^{-1}	170		
3.00×10^{-1}	233		
5.00×10^{-1}	322		
7.00×10^{-1}	375		
9.00×10^{-1}	400		

電子線については各エネルギーの電子の垂直入射に対する電子フルエンスあたりの $H_{70\mu m}$ を表7.11の第2欄の換算係数から，3 mm 線量当量（H_{3mm}）を第3欄の換算係数から，H_{1cm} を第4欄の換算係数からそれぞれ求めることができる。ただし，放射性同位元素等規制法では環境モニタリングには H_{3mm} の測定は義務づけられていない。

表7.11　単一エネルギー電子の垂直入射に対する電子フルエンスから方向性
線量当量$H'(d, 0^\circ)$への換算係数(ICRP 74, 1995)

電子 エネルギー [MeV]	$H'(0.07, 0^\circ)/\Phi$ [nSv·cm²]	$H'(3, 0^\circ)/\Phi$ [nSv·cm²]	$H'(10, 0^\circ)/\Phi$ [nSv·cm²]
0.07	0.221	—	—
0.08	1.056	—	—
0.09	1.527	—	—
0.10	1.661	—	—
0.1125	1.627	—	—
0.125	1.513	—	—
0.15	1.229	—	—
0.20	0.834	—	—
0.30	0.542	—	—
0.40	0.455	—	—
0.50	0.403	—	—
0.60	0.366	—	—
0.70	0.344	0.000	—
0.80	0.329	0.045	—
1.00	0.312	0.301	—
1.25	0.296	0.486	—
1.50	0.287	0.524	—
1.75	0.282	0.512	0.000
2.00	0.279	0.481	0.005
2.50	0.278	0.417	0.156
3.00	0.276	0.373	0.336
3.50	0.274	0.351	0.421
4.00	0.272	0.334	0.447
5.00	0.271	0.317	0.430
6.00	0.271	0.309	0.389
7.00	0.271	0.306	0.360
8.00	0.271	0.305	0.341
10.00	0.275	0.303	0.330

（注）個人線量当量$H_p(d, 0^\circ)$に対しても同じ値が適用可能

β 線については，β 線の自由空間中での空気吸収線量 $D[\mathrm{Gy}]$ から $H_{70\mu\mathrm{m}}[\mathrm{Sv}]$ への換算に英国放射線単位・測定委員会の換算係数 $f_{70\mu\mathrm{m}}$（表 7.12）を利用することができる。

$$H_{70\,\mu\mathrm{m}} = f_{70\,\mu\mathrm{m}} \times D \tag{7.6}$$

表7.12　自由空間中の β 線空気吸収線量 D から $70\,\mu$m 線量当量 $H_{70\mu\mathrm{m}}$ への換算係数

β線最大エネルギー [MeV]	換算係数$f_{70\mu\mathrm{m}}$ [Sv/Gy]
0.1	0.10
0.15 (^{147}Pm)	0.22
0.2	0.40
0.3	0.72
0.4	1.00
0.5	1.16
0.57 (^{204}Tl)	1.22
0.6	1.23
0.7	1.24
0.8	1.25
0.9	1.25
1.0	1.25
1.5	1.25
2.0 (^{90}Sr+^{90}Y)	1.25

Rad.Prot.Dosim., 14:337-343 (1986)

演 習 問 題

1．管理区域に実効線量で 1.3 mSv/3 月以下の区域が広く含まれることは，安全管理の面からはむしろ好ましい。しかし，むやみに広くとった場合の不都合な点は何か。

2．線量率および粒子フルエンス率の測定を人の胸および腹の高さを基準とする理由を述べよ。

3．1 cm 線量当量率が直読できる GM サーベイメータを用いて管理区域内のある地点 A と，常時立入場所内のある地点 B の空間線量率を測定した結果，つぎの値を得た。

　　　　A 地点　　　8 μSv/h　　　　　　　B 地点　　　30 μSv/h

管理上さしつかえないか。

4．計数効率 10%の GM サーベイメータを用いて管理区域内の実験机上の表面汚染を測定してつぎの値を得た。

　　　　A 点　　^{90}Sr　　24 cpm/cm^2　　　　　B 点　　^{137}Cs　　36 cpm/cm^2

この実験机は管理区域から持ち出せるか。

5．管理区域内の ^{45}Ca 廃液から 100 cm^3 を採取し，乾燥して試料とした。計数効率 10%の GM カウンターで測定した結果，240 cpm の値を得た。この廃液は放流できるか。

6．つぎの(1)の文章中の（　　　）の部分に入る適当な語句，数式または数値を番号とともに記し，(2)の設問に答えよ。

　(1) α 線を放出しない放射性同位元素の表面密度限度は，平成 12 年(2000 年)科学技術庁告示第 5 号によると（1　　　　）Bq/cm^2 である。^{131}I を例として数式（2　　　　）により計算すると 1 Bq は（3　　　　）g となる。もし，表面密度限度程度の汚染があった場合に 1 m^2 の面積の汚染を（4　　　　）法で調べてみても，^{131}I の質量はきわめてわずかである。

　　　ただし，^{131}I の半減期は 8.0 日，1 日は 8.64×10^4 秒，アボガドロ数は 6.0×10^{23} mol^{-1} とする。

　(2) 放射性物質の汚染を除去するには，単なる清浄作業と異なって，特有な注意が必要である。除染作業をするにあたっての主要な注意事項を 5 つあげよ。

7．50.0 MBq の ^{60}Co 標準線源から空気中で 200 cm のところに，γ 線用サーベイメータを置いたとき，その指示値が 1 cm 線量当量で 3.94 μSv・h^{-1} であった。この校正定数を求めよ。ただし，^{60}Co の 1 cm 線量当量率定数は 0.347 μSv・m^2・MBq^{-1}・h^{-1} とする。

8．1850 MBq の ^{60}Co を厚さ 3.6 cm の鉛容器に入れ，各辺 30 cm の段ボール箱の中央に納めた。この荷物は車輌輸送に適しているか。ただし，^{60}Co γ 線に対する鉛の半価層は 1.2 cm，^{60}Co γ 線の 1 cm 線量当量率定数は 0.347 μSv・m^2・MBq^{-1}・h^{-1} である。

9．下記の放射性物質を環境中に放出したとしたら，その元素はどのような経路を経て人類に障害を与える可能性があると考えられるか。簡単に説明せよ。

　(1) ^{90}SrCl$_2$ を含む水溶液を下水に流した。

　(2) ^{131}I を含む気体を空気中に放出した。

10．^{32}P を GM サーベイメータで測定したら 500 cpm あった。この場合の β 線の人体に対する吸収線量率を求めよ。ただし，

　　GM 管の窓面積　　7.065 cm^2

　　最大エネルギー　　1.71 MeV　　　　　吸収係数　　0.0095 cm^2/mg

　　窓　厚　　　　　　3.0 mg/cm^2

とする。

11. 貯留されている放射性廃液を調べたところ，以下の放射性同位元素があることがわかった。これを
そのまま下水に排水できるか。

検出された放射性核種	その濃度 [Bq/cm³]	告示第5号別表第2第6欄の濃度限度 [Bq/cm³]
^{32}P	1.5×10^{-1}	3×10^{-1}
^{45}Ca	1×10^{-1}	1×10^{0}
^{203}Hg（無機化合物）	1×10^{0}	2×10^{0}

12. γ 線の照射線量率を測定するには電離箱，GM 計数管，シンチレーションカウンタのうちどれを使
用するのが原理的に最も適当であるか。

13. ^{60}Co 密封線源 2.22 GBq を線源から 2 m の距離で常時取扱うには線源を少なくとも何 cm の鉛で遮蔽
する必要があるか。作業時間 40 h/週，^{60}Co の 1 cm 線量当量率定数は 0.347 μSv・m²・MBq^{-1}・h^{-1}，鉛
の半価層を 1.2 cm とする。

14. ドラフト内で半減期 2 時間の放射性物質の化学的処理を行うとき，その物質 37 GBq から 1 m 離れた
ところで 4 mSv/h，10 cm 厚さのコンクリート壁を途中に置くとき 1 mSv/h の線量率を示した。ドラ
フトに近い隣室の壁はドラフトから 3 m の距離にあり，この隣室との壁は 5 cm 厚さのコンクリート
壁になっている。最初に 37 GBq のこの物質の化学処理に 4 時間を要し，週 1 回この処理を行うとき，
隣室の壁面での 1 週間あたりの照射線量の概算値を出せ。また，この隣室に対し，いかなる考慮をは
らわなければならないか。

15. 事業所内で管理区域の外側にすぐ接して職員宿舎を建ててよいか。

16. 医療法施行規則で定める場所と実効線量限度の組合せで正しいのはどれか。
a）一般病室 ————————————250 μSv/3 月
b）病院の居住区域 ——————————1 mSv/年
c）管理区域の境界 ——————————1 mSv/3 月
d）病院の敷地の境界 —————————250 μSv/3 月
e）放射線治療病室の隔壁の外側 ————1.3 mSv/週

17. 放射性同位元素による表面汚染について正しいのはどれか。
a）α 線を放出する核種の表面密度限度は 40 Bq/cm² である。
b）α 線を放出しない核種の表面密度限度は 4 Bq/cm² である。
c）スミア法はルーズ汚染（遊離性汚染）の測定に適する。
d）スミア法のふき取り面積は 10 cm² である。
e）表面の材質は浸透性の方が非浸透性よりふき取り効率が高い。

18. 放射性同位元素による汚染の除去について誤っているのはどれか。
a）汚染箇所を明示する。
b）科学的に活性な除染剤を優先する。
c）皮膚の除染剤として中性洗剤を用いる。
d）傷口が汚染された場合には出血をうながす。
e）汚染レベルの低い方から高い方に向かって除染する。

8. 個人の管理

8.1　概　　　要

　放射線作業に対しては，個人の被曝線量を個人線量計を用いて物理的に測定してモニタリングする物理的被曝管理と，各種の臨床検査を含む健康診断の実施により個人の健康状態をチェックしその保持を図る医学的健康管理を組み合わせた個人の管理を組織的に実施する必要がある。血液検査を中心とした医学的健康管理は，低線量の影響や線量限度程度の影響を調べるためには，あまり有力な手段とはいい難く，個人線量計による適切な被曝線量の物理的被曝管理に対して2次的な意味しか持ち得ない。しかし，この両者を併行して実施することで，互いにその足らないところを補うものである。物理的なモニタリングすなわち個人被曝管理は過度の被曝を防止するためには重要な役割をはたし，一方，医学的なモニタリングすなわち健康診断は，放射線業務従事者の健康の保持のために重要な役割を果たす。

8.2　物理的被曝管理

　物理的被曝管理とは放射線管理の目的で放射線を測定し，その結果に基づいて警報することをいう。警報とは対策，処理に直結するものである。個人モニタリングの目的で用いられる測定機器を個人被曝線量計という。これに対して，単に放射線量を検査する行為をサーベイといい，この目的で用いられる測定機器をサーベイメータという。

　個人モニタリングのために個人被曝線量を測定するが，単に測定するだけでは意味がない。個人モニタリングの目的としては，

1. 個人被曝線量および被曝した作業環境の評価
2. 過剰被曝をした業務従事者の医療処置をとるための資料
3. 過剰被曝があった場合，放射線管理の方法を改めるための指標
4. 法的規制に基づいた記録の作成と保存

などがあげられる。

　被曝の結果，同じ吸収線量であっても，被曝部位，被曝時間が異なると異なった生物学的現象が生じてくる。さらに，被曝した放射線の性質，組織の放射線感受性，内部汚染の場合は核種の化学形と組織指向性，化学的毒性などが重要な要素となってくる。一方，被曝線量はSv単位で表示されるので，その測定に際しては，一般には吸収線量をGy単位で求め，Sv単位に換算して評価する。

8.2.1　外部被曝線量の測定

体外照射による個人被曝線量の測定に用いられる線量計は以下のものである。

(1) ガラス線量計

(2) 光刺激ルミネセンス(OSL)線量計

(3) フィルムバッジ

(4) 半導体電子ポケット線量計

(5) 直読式ポケット線量計

(6) 熱ルミネセンス線量計　など

代表的な個人被曝線量計の特性を表 8.1 にまとめた。

表8.1　個人被曝線量計

	測定原理	エネルギー依存性	方向依存性	フェーディング	随時読み取り	測定下限[μSv]
ガラス線量計	光蛍光作用	大	小	小	不可	10
OSL線量計	光刺激蛍光作用	中	小	小	不可	10
フィルムバッジ	写真作用	大	大	中	不可	100
電子ポケット線量計	固体の電離作用	中	小	中	可	0.01
直読式ポケット線量計	気体の電離作用	小	中	大	可	10
熱ルミネセンス線量計	熱蛍光作用	大	中	中	不可	1

線量計によっては，多少異なる場合もある

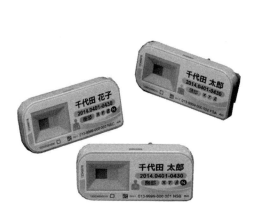

図8.1　ガラス線量計

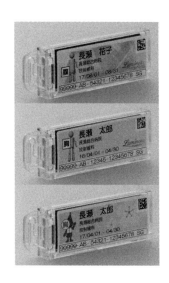

図8.2　OSL 線量計

(1) ガラス線量計(fluoro-glass dosimeter, 図 8.1)

　本来は，放射線照射によるガラスの着色を利用した線量計に用いられた名称であるが，現在では専ら蛍光ガラス線量計のことを単にガラス線量計と呼ぶ。放射線に照射された銀活性リン酸ガラスは窒素ガスまたは紫外線パルスレーザーの照射によって，蛍光を出す。この蛍光量が照射した放射線量に比例することを用いた線量計である。時間の経過とともに積算値が失われるフェーディングは小さい。測定値は 0.1 mSv 単位で報告されるが，要望すれば 0.01 mSv まで測定可能である((株)千代田テクノル)。

(2) 光刺激ルミネセンス(OSL)線量計(図 8.2)

　わが国で広く個人線量計として使用されているのは酸化アルミニウム($Al_2O_3:C$)を検出素子に用いた光刺激ルミネセンス(optically stimulated luminescence, 略称 OSL)線量計である。放射線照射を受けた検出素子を特定の波長の可視光を照射して刺激すると，刺激中および刺激後にその結晶が受けた放射線量に比例する量の蛍光が放出されるという原理を利用したものである。フェーディングはほとんどない。報告は 0.1 mSv 単位であるが，必要があれば 0.01 mSv 単位まで測定可能である(長瀬ランダウア(株))。

(3) フィルムバッジ(film badge)

　フィルムを胸その他の部位につけて，現像後の黒化濃度からその人の受けた照射線量を評価するもので，照射線量とフィルムの黒化濃度が比例関係を示すことを利用している。これに使用されるフィルムをバッジフィルム(badge film)といい，遮光包装されたバッジフィルムを入れるケースをフィルムバッジケース(film badge case)という。

　1 回に使用するフィルムはわずかで安価であるため，戦後の個人線量形の大部分がフィルムバッジであった。フィルムの保存により記録が半永久的であることがフィルムバッジの大きな長所であるが，高温高湿条件によりフェーディングが大きくなること，多量の現像廃液が発生することなどの問題から，本邦では 2000 年を境としてガラス線量計と OSL 線量計へと移行した。

(4) 半導体電子ポケット線量計(図 8.3)

　最近，種々のタイプの半導体電子ポケット線量計が開発され，多く使用されるようになった。これらは直読式の線量計であり，作業中あるいは作業終了後に被曝線量を読み取ることができる。測定データは読取器を介して直接放射線管理システムへ時系列データとして取り込むことのできるものもある。

(5) 直読式ポケット線量計

　気体の電離作用を利用したポケット線量計には直読式ポケット線量計(direct reading pocket dosimeter, 略称 PD 形)とポケット電離箱(pocket chamber, 略称 PC 形)の 2 つの型があるが，後者はほとんど使用されなくなった。

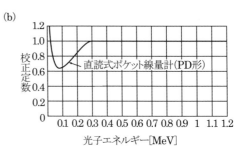

(a)

絶縁物　可動線維　レンズ　ガラス目盛　クリップ　レンズ

空気

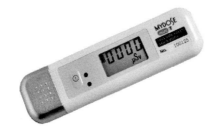

(b)

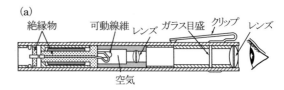

直読式ポケット線量計（PD形）

光子エネルギー[MeV]

図8.3　半導体電子ポケット線量計　　**図8.4**　直読式ポケット線量計の構造(a)と線質特性(b)

　　直読式ポケット線量計（図 8.4(a)）は使用直前に電極に電荷を与えておく。電離箱部の空気が X, γ 線によって電離され，その結果失われた電極の電荷から照射線量を測定するものである。充電にはチャージャ（荷電器）が必要であるが，線量計に内蔵している電位計と光学系によって，失われた電荷に相当する線量を随時直接に読み取ることができる。

　　測定器（特に電離箱部の壁と電極）が完全に空気と等価な物質でかつ電子平衡が成立するエネルギー範囲であれば，電荷の損失量に比例して照射線量が得られる。しかし，このような理想的な物質はないので，正しい値を得るために測定値に校正定数を乗じて補正しなければならない。入射光子のエネルギーが極度に低いときに校正定数が大きくなるのは，壁材の吸収が原因である。0.1 MeV 付近においては電極その他原子番号の高い物質による光電効果の影響が強く現れるので校正定数が小さくなる（図 8.4(b)）。最大目盛が 3 mSv 程度のものが普通であるが，大線量用（50 mSv，1 Sv，10 Sv など）のものもある。

　　熱中性子用にはホウ素を電離箱部の内面に塗付したもので，^{10}B の (n, α) 反応で作られる α 線の電離作用を利用している。感度はエネルギーの平方根にほぼ逆比例し，熱中性子に対しては $0 \sim 10^8/\mathrm{cm}^2$（$0 \sim 1.6$ mSv）が測定できる。

　　ガラス線量計または OSL 線量計とポケット線量計はきわめて対照的相補的であるから常時ガラス線量計または OSL 線量計と半導体電子ポケット線量計または直読式ポケット線量計を着用することが望ましい。しかし，いずれか一方のみの着用ということになれば，一般には放射線業務従事者の集積線量をより確実に把握し得るうえに，記録の保存性に優れているガラス線量計または OSL 線量計を常用することになる。

（6）熱ルミネセンス線量計（thermoluminescence dosimeter，略称 TLD）

　　LiF，CaF_2，$CaSO_4$ などの物質に電離放射線を照射すると，充満帯にある電子のあるも

のは励起されて伝導電子となる。これらの電子
の一部は伝導帯よりわずかに低いエネルギーの
捕獲中心に捕獲され，準安定状態を保つ。しか
し，これらの電子は不安定で，熱的に励起され
ると蛍光中心の正孔と再結合して光を放出する。
これが熱ルミネセンス(熱発光)で(図 8.5)，この
ときの発光量が照射線量に比例する。

人体組織と等価な蛍光体としてLiF, $Li_2B_4O_7$
などがある。100 Svまでの広い線量範囲の測定
ができ，また繰り返し使用ができるなどの特長を
持っている。

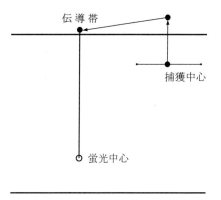

図8.5 熱ルミネセンス

(7) アラームメータ (alarm meter)

ある程度の被曝の危険性がある作業をする場合に，あらかじめ測定器を一定線量に設定
しておき，被曝の結果，設定線量値に到達すればアラームを発する機構になっている。線
量率でアラームする形式のものもある。携帯に適するよう，電池電源で小型に作られてい
て，電離箱式，GM 式および半導体素子を検出器に用いた半導体式がある。

8.2.2　外部被曝による個人線量当量の測定

(1) 実用量

線量限度は実効線量および等価線量で規定されているが，これらの防護量は直接には測
定できないため，外部被曝線量の評価には実用量を測定する[1.5.9]。個人モニタリングに
用いられる実用量には個人線量当量 $H_p(d)$ $(d=10 \text{ mm} (1 \text{ cm}), 3 \text{ mm}, 0.07 \text{ mm} (70 \mu\text{m}))$
がある。

放射性同位元素等規制法では1 cm線量当量 $(H_{1\text{cm}})$ と70μm線量当量 $(H_{70\mu\text{m}})$ の測定が義
務づけられている。また，令和2年(2020年)1月の放射性同位元素等規制法の改正に伴い，
眼の水晶体の等価線量を算定するために3mm線量当量 $(H_{3\text{mm}})$ を測定することができるよ
うになった。

放射線が X 線や γ 線など光子である場合には，測定された空気カーマ値に対し，表 8.2
の光子エネルギーごとに第2欄の換算係数を乗じて $H_{1\text{cm}}$ として個人線量当量 $H_p(10)$ を求
め，また第3欄の換算係数を乗じて $H_{70\mu\text{m}}$ として個人線量当量 $H_p(0.07)$ を求める。

表8.2 光子の自由空気中空気カーマから 個人線量当量$H_p(10)$，
$H_p(0.07)$への換算係数（ICRP 74,1995）

光子エネルギー[MeV]	光子の自由空気中空気カーマから個人線量当量$H_p(10)$および$H_p(0.07)$への換算係数	
	個人線量当量$H_p(10)$[Sv/Gy]	個人線量当量$H_p(0.07)$[Sv/Gy]
0.005		0.750
0.010	0.009	0.947
0.0125	0.098	
0.015	0.264	0.981
0.0175	0.445	
0.020	0.611	1.045
0.025	0.883	
0.030	1.112	1.230
0.040	1.490	1.444
0.050	1.766	1.632
0.060	1.892	1.716
0.080	1.903	1.732
0.100	1.811	1.669
0.125	1.696	
0.150	1.607	1.518
0.200	1.492	1.432
0.300	1.369	1.336
0.400	1.300	1.280
0.500	1.256	1.244
0.600	1.226	1.220
0.800	1.190	1.189
1.000	1.167	1.173
1.5	1.139	
2.0		
3.0	1.117	
4.0		
5.0		
6.0	1.109	
8.0		
10	1.111	

中性子線に関しては $H_{1\,\mathrm{cm}}$ の測定が規定されており，測定された中性子フルエンスに対して表 8.3 のエネルギーごとに第 2 欄の換算係数 $H_{\mathrm{p}}(10)/\Phi$ を乗じて個人線量当量 $H_{\mathrm{p}}(10)$ を求めることができる。$H_{70\mu\mathrm{m}}$ については放射性同位元素等規制法に規定されていない。

表8.3　ICRUスラブに入射する単一エネルギー中性子に対する単位中性子フルエンス
あたりの個人線量当量$H_{\mathrm{p}}(10)$への換算係数（ICRP 74,1995）

中性子エネルギー [MeV]	個人線量当量 $H_{\mathrm{p}}(10)$ $H_{\mathrm{p}}(10)/\Phi$ [pSv·cm²]	中性子エネルギー [MeV]	個人線量当量 $H_{\mathrm{p}}(10)$ $H_{\mathrm{p}}(10)/\Phi$ [pSv·cm²]
1.00×10^{-9}	8.19	1.00×10^{0}	422
1.00×10^{-8}	9.97	1.20×10^{0}	433
2.53×10^{-8}	11.4	2.00×10^{0}	442
1.00×10^{-7}	12.6	3.00×10^{0}	431
2.00×10^{-7}	13.5	4.00×10^{0}	422
5.00×10^{-7}	14.2	5.00×10^{0}	420
1.00×10^{-6}	14.4	6.00×10^{0}	423
2.00×10^{-6}	14.3	7.00×10^{0}	432
5.00×10^{-6}	13.8	8.00×10^{0}	445
1.00×10^{-5}	13.2	9.00×10^{0}	461
2.00×10^{-5}	12.4	1.00×10^{1}	480
5.00×10^{-5}	11.2	1.20×10^{1}	517
1.00×10^{-4}	10.3	1.40×10^{1}	550
2.00×10^{-4}	9.84	1.50×10^{1}	564
5.00×10^{-4}	9.34	1.60×10^{1}	576
1.00×10^{-3}	8.78	1.80×10^{1}	595
2.00×10^{-3}	8.72	2.00×10^{1}	600
5.00×10^{-3}	9.36	3.00×10^{1}	
1.00×10^{-2}	11.2	5.00×10^{1}	
2.00×10^{-2}	17.1	7.50×10^{1}	
3.00×10^{-2}	24.9	1.00×10^{2}	
5.00×10^{-2}	39.0	1.25×10^{2}	
7.00×10^{-2}	59.0	1.50×10^{2}	
1.00×10^{-1}	90.6	1.75×10^{2}	
1.50×10^{-1}	139	2.01×10^{2}	
2.00×10^{-1}	180		
3.00×10^{-1}	246		
5.00×10^{-1}	335		
7.00×10^{-1}	386		
9.00×10^{-1}	414		

電子線については電子フルエンスから表 7.11 の各エネルギーごとに各欄の換算係数を乗じて $H_{70\mu m}(H_p(0.07))$, $H_{3mm}(H_p(3))$ および $H_{1cm}(H_p(10))$ の各個人線量当量を求めることができる。

β 線についても，β 線の自由空間中での空気吸収線量 D [Gy] から表 7.12 に示す英国放射線単位・測定委員会の換算係数 $f_{70\mu m}$ を用いて $H_{70\mu m}$ [Sv] へ換算することができる。

(2) 不均等被曝による実効線量の算定

「外部被曝および内部被曝の評価法に係る技術的指針」（平成 11 年（1999 年）4 月放射線審議会）によれば，不均等被曝の場合の外部被曝による実効線量は次式により算出される。

$$H_{EE}=0.08H_{a\,1cm}+0.44H_{b\,1cm}+0.45H_{c\,1cm}+0.03H_{m\,1cm} \tag{8.1}$$

H_{EE} ：外部被曝による実効線量

$H_{a\,1cm}$ ：頭頸部における 1 cm 線量当量

$H_{b\,1cm}$ ：胸部および上腕部における 1 cm 線量当量

$H_{c\,1cm}$ ：腹部および大腿部における 1 cm 線量当量

$H_{m\,1cm}$ ：頭頸部，胸部・上腕部および腹部・大腿部のうち外部被曝による線量当量が最大となるおそれのある部分における 1 cm 線量当量

ただし，$H_{a\,1cm}$，$H_{b\,1cm}$，$H_{c\,1cm}$ で測定していないものの値は $H_{m\,1cm}$ に等しいとするが，その値が $H_{b\,1cm}$（妊娠可能な女子では $H_{c\,1cm}$）の値以下であることが明らかな場合には，$H_{b\,1cm}$ または $H_{c\,1cm}$ に等しいとする。したがって，たとえば鉛エプロンを着用し，頭頸部と胸部（鉛エプロンの内側）とにつけた 2 つの個人線量計から評価する場合に (8.2) 式を適用すると次式となる。

$$H_{EE}=(0.08+0.03)H_{a\,1cm}+(0.44+0.45)H_{b\,1cm} \tag{8.2}$$

8.2.3 内部被曝線量の測定

(1) 体外計測法

体内に摂取した核種から放出する γ 線，X 線または β 線（制動 X 線を利用）を全身カウンタ（ホールボディカウンタあるいはヒューマンカウンタとも呼ばれる）を用いることにより，体外から直接測定して摂取量および集積している場所を推定することが可能である。全身カウンタは，大型の NaI(Tl) または大型のプラスチック検出器を用いたシンチレーションカウンタであって，バックグラウンドを下げるため，厚さ 20 cm ぐらいの鉄の遮蔽箱の中に被検者を入れて測定する。

大型の NaI(Tl) シンチレーション検出器またはプラスチックシンチレーション検出器を用いたシャドーシールドタイプのホールボディカウンタが普及しつつある（図 8.6）。検出限界は胸部では ^{60}Co で 50〜60 Bq，全身では ^{137}Cs で 160〜170 Bq である。

図8.6 シャドーシールドタイプホールボディカウンタ

　放射性ヨウ素による体内汚染の際の甲状腺の外部測定などは，指向性のシンチレーション検出器と波高分析器で測定可能である。体外計測法により求めた放射性物質の体内残留量と，体内における放射能の残留割合を示す残留曲線を用いて放射性物質の摂取量を算出し，これに実効線量係数を乗じて実効線量を求める。

(2) バイオアッセイ法

　バイオアッセイ法は，生体試料を直接放射能測定器で定量測定する方法であり，容易に得られる測定試料として通常尿糞が用いられるが，その他に痰，鼻汁，血液，呼気なども測定対象になり得る。この方法は α 線や β 線のように飛程の短い放射線しか放出しない核種の体内摂取量推定に使用される。1日あたりの排泄量と排泄率曲線を用いて摂取量を求め，これに実効線量係数を乗じて実効線量を求める。

(3) 空気中放射性物質濃度からの算定法

　空気モニタなどにより測定した放射性物質の空気中濃度から，次式により放射性同位元素の摂取量を求めることができる。

$$I \ = \ C \times B \times t \times F / P \tag{8.3}$$

　I：放射性同位元素の摂取量［Bq］

　C：空気中放射性物質の平均濃度［Bq/cm^3］

　B：業務従事者が単位時間あたりに呼吸する空気量［$1.2 \times 10^6 \ cm^3/h$］

　t：作業時間［h］

　F：業務従事者が呼吸している場所の空気中放射性物質濃度と測定値として使用した
　　　平均濃度（C）との比（実測値が不明な場合は 10 とする）

　P：防護マスクの防護係数（$P=$防護具を使用しない時の濃度／防護具使用時の濃度）

この方法は，体外計測法，バイオアッセイ法に比較して簡便ではあるが精度は悪い。特に，空気中放射性物質の濃度は場所や時間で変化するため，一般にモニタリングで得られた測定値は業務従事者が呼吸している空気中濃度と異なっていることから，その適用にあたってはパラメータを十分検討する必要がある。

なお，空気中放射性物質濃度の測定方法については，作業環境測定法に基づき作業環境測定基準が定められている。それぞれの内部被曝測定法の特徴を表 8.4 にまとめた。

表8.4 内部被曝モニタリングにおける各測定方法の特徴

測定方法 比較項目	(1)体外計測法	(2)バイオアッセイ法	(3)空気中放射性物質濃度からの算定法
測定対象核種	γ 線放出核種 （代表例^{60}Co, ^{137}Cs, ^{131}I, ^{54}Mn など）	α, β, γ 線放出核種 （代表例^{238}U, ^{235}U, ^{239}Pu, ^{90}Sr, ^{3}H など）	放射能測定器が適切に準備されていれば，測定対象核種は限定されない
測定装置など	全身カウンタ （肺モニタを含む）	分析設備および器具 放射能測定装置	空気サンプリング装置 放射能測定装置 ダストモニタ
測 定・評 価	放射性物質の体内量を直接測定することが可能である	^{3}H等の場合を除き，一般的には化学分析操作に時間を要する	空気中放射性物質濃度の測定評価は比較的容易であるが，それから個人の摂取量を推定することについては不確定要素が多い
被検者の協力	短時間測定なので被検者の協力を得やすいが被検者を拘束する	排泄物試料の採取に際しては被検者の協力が必要	（不要）
性　　能	検出性能を高めるため，高感度の検出器の採用と充分な遮蔽を必要とする	微量の放射性物質の検出が可能	濃度は比較的精度良く測定可能だが，摂取量の精度は低い
線量評価上の特徴	放射性物質の体内分布や時間的な変化の追跡調査も可能である	体内摂取された放射性物質により体内汚染があったことの確実な情報を提供する	測定された空気中放射性物質濃度と個人の摂取した濃度間の倍数を一義的に決定しにくい
測定評価に要する人手	中	中	小
評 価 精 度	高	中	低

8.2.4　内部被曝による実効線量の算定

内部被曝による実効線量は，吸入摂取または経口摂取した放射性同位元素について，付録

2に例示した告示第5号別表第2第1欄に掲げる放射性同位元素の種類ごとに実効線量係数を求め，次の式により算出することとなっている〔則20，告5第19条〕。

$$E_i = e \times I \tag{8.4}$$

E_i：内部被曝による実効線量［mSv］

e　：別表第2第1欄に掲げる放射性同位元素の種類に応じて，吸入摂取した場合は同表第2欄，経口摂取した場合には第3欄に掲げる実効線量係数［mSv/Bq］

I　：吸入摂取または経口摂取した放射性同位元素の摂取量［Bq］

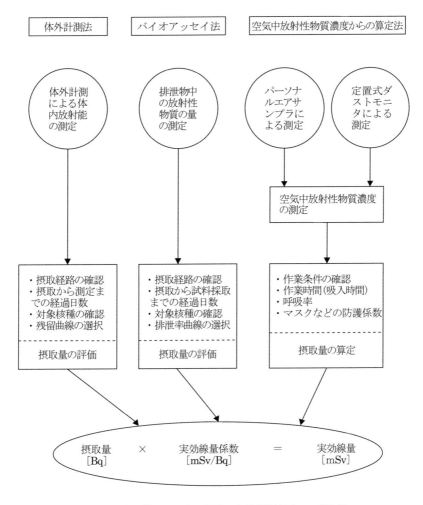

図8.7　内部被曝に関する測定から線量評価までの流れ※

※　原子力安全技術センター：被ばく線量の測定・評価マニュアル2000

2種類以上の放射性同位元素を吸入摂取または経口摂取したときは，それぞれの種類につき算出した実効線量の和を内部被曝による実効線量とする。

測定評価の流れを図8.7に示す。

8.2.5 測定・評価の取扱い

放射性同位元素等規制法で規定している測定要領は表8.5のとおりである〔法20-2, 則20〕。

測定は，法令上は原則的に，4月1日を始期としている。外部被曝による線量測定は管理区域内で継続して行われるが，測定結果については3月間および1年間，ならびに妊娠中の女子にあっては1月間について集計することになっている。

表8.5 放射線業務従事者の実効線量および等価線量の算定方法〔則20〕

	測定期間	被曝状況	評 価 項 目		評 価 方 法 〔告5第20条〕
外部被曝	管理区域に立ち入っている間継続して	体幹部均等被曝	実効線量		胸部（女子は腹部）の H_{1cm}
			等価線量	皮膚	体幹部の $H_{70\mu m}$
				眼の水晶体	体幹部の H_{1cm}, H_{3mm} または $H_{70\mu m}$ のうち適切なもの
				妊娠中の女子の腹部表面	腹部の H_{1cm}
		体幹部不均等被曝	実効線量		$H = 0.08\,H_{a1cm}$[頭頚部]$+0.44\,H_{b1cm}$[胸部・上腕部]$+0.45\,H_{c1cm}$[腹部・大腿部]$+0.03\,H_{m1cm}$[線量が最大となる部位]
			等価線量	皮膚	体幹部の $H_{70\mu m}$ のうち最大値
				眼の水晶体	頭頚部の H_{1cm}, H_{3mm} または $H_{70\mu m}$ のうち適切なもの
				妊娠中の女子の腹部表面	胸部の H_{1cm}
		末端部被曝	等価線量	末端部の皮膚	線量が最大となるおそれのある末端部の $H_{70\mu m}$
	測定頻度	被曝状況	摂取量の計算		算 定 方 法 〔告5第19条〕
内部被曝	3月(妊娠中の女子は1月)を超えない期間ごとに1回	放射性同位元素を吸入摂取した場合	吸入摂取した同位元素の量 I[Bq] を計算		実効線量 $E_i =$ 実効線量係数×摂取量 I　実効線量係数：〔告5別表第2第2欄〕
		放射性同位元素を経口摂取した場合	経口摂取した同位元素の量 I[Bq] を計算		実効線量 $E_i =$ 実効線量係数×摂取量 I　実効線量係数：〔告5別表第2第3欄〕
内外被曝			外部被曝による実効線量と内部被曝による実効線量の和〔告5第20条〕		

体幹部：頭部および頚部，胸部および上腕部，腹部および大腿部の総称
末端部：体幹部以外部位の総称

8.3　医学的健康管理

　放射線業務従事者の個人の管理として，物理的被曝管理とともに重要な医学的健康管理は，健康診断により個人の健康状態を定期的に確認することが基本となる。しかしながら，健康診断はあくまでも，放射線障害早期発見および管理対象である人間の医学的身体状態の把握のための措置であって，モニタリングの方法ではない。健康診断によって身体に変化が認められるような線量は，個人モニタリングで通常問題にしている線量の 10 倍以上である。被曝線量が線量限度を超えないように物理的な線量測定によってモニタリングをしっかり行うべきであるが，不慮の事故や知らぬうちに照射される可能性もあるため，障害有無の最終的判定手段である健康診断は必要である。

8.3.1　放射線の人体への影響

　放射線による人体への影響は，身体的影響と遺伝的影響に分類される。身体的影響は，さらに確率的影響と確定的影響に区分される[1.4]。検査で確認できる人体影響は，放射線感受性の高い組織に対する確定的影響である。

　放射線障害の症状は，被曝のしかたと線量によって種々の経過をたどって現われる。ヒトの半致死線量(約 4 Gy)〜致死線量(約 7 Gy)程度の全身被曝後の急性放射線症の症状経過を表 8.6 にまとめた。被曝後数時間以内に放射線宿酔と呼ばれる悪心，嘔吐，全身倦怠などの自覚症状が現れるが，その後の経過は様々であり，重篤な場合は下痢，出血，発熱などを経て数週間以内に死に至ることもある。一方，1 Gy 以下の被曝では，通常自覚症状もなく，初期症状があっても回復する。

表8.6　大量全身被曝線量とおもな症状

経　　過	致　死　量(約 7 Gy)	半 致 死 量(約 4 Gy)	致死量以下(約 1 Gy)
	1〜2 h 後より嘔気，嘔吐	1〜2 h 後より嘔気，嘔吐	
1　週	無症状		無症状
	下痢，嘔吐，化膿	無症状	
2　週	発熱，無力症，死(100 %)		
3　週 〜 5　週		脱毛開始 食欲不振，不快感 発熱，口腔咽頭の炎症 紫斑，下痢，出血 無力症 死(50 %)*	脱毛 食欲不振 全身倦怠 下痢 脱力 回復

＊残り 50 %のうち，いくらかは死亡，他は次第に回復するが，白内障などの晩発性障害発症の可能性がある。

放射線障害は，その症状と経過は多様であり，つぎのような特徴が指摘されている。

1. 症状の非特異性：放射線障害の症状は他の原因によってもおこり得ること
2. 病型の多様性：放射線障害はほとんどすべての組織・臓器に発生し得る上に，その現われ方と経過が多様であること
3. 潜伏期の存在：潜伏期が長い晩発性の放射線障害は，何十年も後に発症し得ること
4. 遺伝的障害の存在：放射線障害はその個体に限らず，子孫にも影響を与え得ること

これらの要因によって，特定の身体的症状が，放射線被曝により誘起されたものかは簡単には特定できないことから，個人被曝の結果とあわせて評価することが必須である。

表 8.7 には 1 回の全身均等被曝した場合のおもな放射線障害と血液の変化を示した。この表からもわかるように，0.25 Gy 以下の急性全身均等被曝では，初期の一過性血球数変化以外は現れず，末梢血液中の血球数が最も低線量から変化するため，健康診断の項目の中で血液検査が最も重要視される。被曝の初期に最も低線量域から変動するのは白血球数で，一定線量以上なら白血球数が必ず減少してくるのでその増減に注意する。またリンパ球，好中球，好酸球の百分率の変化も問題になる。赤血球や血色素量の減少はやや遅れて現われ，その回復も遅い。したがって，慢性障害や強度の急性障害の場合には，赤血球数の減少の方が顕著である。骨髄などの造血組織は放射線感受性がきわめて高く，造血機能の低下により血球の供給が停止しても，血球細胞は固有の寿命を有しているため，被曝直後の急激な変化は認められない。末梢血液中でも，被曝による影響が現れやすいのは寿命が数日と短い白血球であり，0.25 Gy 程度から減少が確認される。その中でも特にリンパ球は，0.5 Gy 以上の全身被曝で細胞死をおこして減少する(高感受性間期死)ため，被曝の指標として重要である。

表8.7　全身均等被曝による放射線障害と血液の変化

被曝線量 [Gy]	放 射 線 障 害		基 準 量
	お も な 障 害	血 液 の 変 化	
～0.25	ほとんど臨床症状なし	初期白血球増加	
～0.50	リンパ球減少	リンパ球減少，好中球増加	
～1.00	吐き気，悪心，嘔吐，全身倦怠，骨髄造血機能低下	白血球減少	危険限界　約1 Gy
～1.50	放射線宿酔 50%		
～2.00	長期白血球減少 死亡(数週間で5%)	白血球・血小板減少	
～4.00	脱毛出現，皮膚紅斑 死亡(60日間に50%)	白血球・血小板・赤血球減少，出血性素因	半致死量($LD_{50/60}$) 約4 Gy
～7.00	死亡(100%)	白血球の急激な減少，赤血球・血色素減少，血小板減少し出血，化膿	全致死量(LD_{100}) 約7 Gy

表8.8　皮膚の症状に対するしきい値と発症までの時間（ICRP 85, 2000）

症　状	しきい値[Gy]	発症までの時間
初期一過性紅斑	2	2〜24時間
紅斑	6	〜1.5週
一過性脱毛	3	〜3週
永久脱毛	7	〜3週
潰瘍	24	>6週
虚血性皮膚壊死	18	>10週
遅発性皮膚壊死	>12	>52週

表8.9　人体組織の確定的影響とγ線急性吸収線量のしきい値（ICRP 103, 2007）

組　織	影　響	しきい値[Gy]	潜伏期
精　巣	一時的不妊	約0.1	3〜6週
	永久不妊	約6	3週間
卵　巣	永久不妊	約3	1週以内
骨　髄	造血機能低下	約0.5	3〜7日
皮　膚	発疹	<3〜6	1〜4週
	火傷	5〜10	2〜3週
	一時的脱毛	約4	2〜3週
眼	白内障	約1.5(0.5)*	数年

症状のしきい値（1%の人々に影響を生じる線量）
*ICRP Publ.118（2012）でしきい値が見直された

　皮膚の急性障害は，被曝後数日〜1週間で現れる。表在性で視認しやすいが，一過性の脱毛が3 Gy，紅斑は6 Gy，水泡形成・永久脱毛では7 Gy，潰瘍や壊死では10 Gy以上とヒトの半致死線量かそれを超える被曝が必要であり（表8.8），通常，局所被曝でしかあり得ない。

　眼の白内障は，0.5 Gy程度の急性被曝により発症する（表8.9）ため，症状として確認できる最もしきい線量が低い放射線障害である。ただ，白内障の潜伏期は一般に数年と長く晩発性であるため，老年期に発症した白内障は，加齢による自然発症のものとの区別が困難である。

8.3.2　健　康　診　断

　放射線業務に従事する労働者に対する健康診断は，放射性同位元素等規制法の他に労働関係法令である労働安全衛生法に基づく電離放射線障害防止規則（電離則）および国家公務員法に基づく人事院規則でその実施が義務付けられている。医療法には，健康診断の規定はない。表8.10に各法令で規定されている健康診断の内容を比較してまとめたが，健康診断の規定は各法令間で多少異なるものもあり，注意を要する。

(1)　健康診断の対象者

　放射性同位元素等規制法では，放射線業務従事者で管理区域に立ち入る者（一時的に立

表8.10 放射線関係法令における健康診断実施要領

	放射性同位元素等規制法〔法23, 即22〕	電離放射線障害防止規則〔電離則56, 44〕	職員の放射線障害の防止〔人規26, 22〕
対象者	放射線業務従事者(一時的に管理区域に立ち入る者を除く)	放射線業務従事者(国家公務員・船員を除く労働者)	放射線業務に従事する職員(国家公務員)
実施時期	1. 初めて管理区域に立ち入る前 2. 管理区域に立ち入った後の**1年を超えない期間ごと**	1. 雇入れまたは配置替えの際 2. その後の**6月以内ごと**	1. 採用または新たに放射線業務に従事させる場合 2. その業務に従事した後**6月を超えない期間ごと**
問 診	1. 放射線の被曝歴の有無 2. 作業の場所・内容・期間・線量・放射線障害の有無・被曝の状況	1. 被曝歴の有無(作業の場所・内容・期間・放射線障害の有無・自覚症状の有無)の調査および評価	1. 被曝経歴の評価
検 査または検 診	1. 末梢血液中の血色素量またはヘマトクリット値・赤血球数・白血球数・白血球百分率 2. 皮膚 3. 眼 4. その他原子力規制委員会が定める部位および項目(現時点では定められていない) 初めて管理区域に立ち入る前;3は医師が必要と認める場合に限る 定期健康診断;1-3は医師が必要と認める場合に限る〔法23. 則22〕	1. 白血球数・白血球百分率 2. 赤血球数・血色素量またはヘマトクリット値 3. 白内障に関する眼 4. 皮膚 雇入れまたは配置替えの際;使用する線源の種類等に応じて3を省略できる 定期健康診断;医師が必要でないと認めるときは1-4の全部または一部を省略できる 定期健康診断;前年の実効線量が5mSv/年を超えず当該年も超えるおそれのない者で医師が必要と認めるときは1-4を行うことを要しない〔電離則56〕	1. 末梢血液中の白血球数・白血球百分率 2. 末梢血液中の赤血球数・血色素量またはヘマトクリット値 3. 白内障に関する眼 4. 皮膚 採用または新たに放射線業務に従事させる場合;使用する線源の種類等に応じて3を省略できる 定期健康診断;前年の実効線量が5mSv/年を超えず当該年も超えるおそれのない者で医師が必要と認めるときは1-4の全部または一部を行う 定期健康診断;上記以外の者で医師が必要でないと認めるとき1-4の全部または一部を省略できる〔人規26〕
緊急時等	1. 誤って吸入摂取または経口摂取したとき 2. 表面密度限度を超えて皮膚汚染し、容易に除去できないとき 3. 皮膚の創傷面が汚染したり、そのおそれがあるとき 4. 実効線量限度または等価線量限度を超えて被曝したり、そのおそれがあるとき 遅滞なく健康診断を行う〔法23. 則22〕	1. 事故が発生したときその区域内にいた者 2. 限度を超えて実効線量または等価線量を受けた者 3. 誤って吸入摂取または経口摂取した者 4. 汚染を表面汚染に関する限度(別表)の1/10以下にできない者 5. 傷創部が汚染された者 速やかに医師の診療または処置を受けさせる〔電離則44〕	1. 実効線量限度または等価線量限度を超えて被曝した職員 2. 緊急時に当該区域に居合わせた職員 3. 誤って吸入摂取または経口摂取した職員 4. 容易に除去できない程度に皮膚が汚染された職員 5. 皮膚の創傷部が汚染された職員 速やかに医師の診療または処置を受けさせる〔人規22〕

ち入る者を除く)を対象としている。しかし，医療法には健康診断が義務付けられていないため，1MeV 未満のエネルギーの電子線・X 線や放射性医薬品のみを取扱う放射線診療従事者等には適用されない。一方，労働者の観点からは，国家公務員であれば人事院規則，船員であれば船員電離則，国家公務員と船員以外の労働者は電離則のいずれかの法令で規制される。同一の事項に対し，複数の法令を遵守する必要がある場合には，当然のことながら厳しい方の定めに従わなければならない。

(2) 健康診断の実施時期

放射線業務従事者に対する健康診断の実施時期は，以下のように分類される。

1. 初めて管理区域に立ち入る前あるいは雇入れまたは配置替えの際など(以下「就業前」)
2. 管理区域に立ち入った後の一定期間ごと(以下「定期健康診断」)
3. 事故などにより被曝したかそのおそれがある時(以下「緊急時」)

(3) 就業前の健康診断

放射線業務に従事する前に健康診断を実施する目的は，就業予定者の家庭歴，既往症，職歴，被曝歴および健康状態を調査し，本人が就業を予定されている放射線作業に適する健康状態にあるかを判定する資料を得ることである。就業前の健康診断の記録がないと，障害の有無さえも判定ができない場合がある。たとえば，白血球の数などは，感染などで一時的に増加したり，元来少ない人も存在することから，測定値そのものよりも就業前の検査値との比較がより大切な目安となる。

(4) 定期健康診断

定期健康診断については，表 8.10 に示すように放射性同位元素等規制法では 1 年を超えない期間ごとに 1 回となっている〔法 23，則 22〕が，電離則・人事院規則では 6 月ごとであり〔電離則 56，人規 26〕，すべての放射線業務従事者は労働者としていずれかの労働関係法令で規制されるため，実際上は 6 月ごとに実施する必要がある。

ほとんどの放射線業務従事者の受ける被曝線量はわずかであるが，低線量の慢性被曝の身体的影響に関する科学的および医学的知見は不十分であるため，長期間にわたる定期的診断の資料からその変化を判断することが重要である。このため健康診断は定期的に受診しなければならない。

(5) 健康診断の項目

問診による被曝歴の調査は，早期障害にはもちろんのこと，晩発性障害の判定に重要である。各法令とも，定期健康診断の検査または検診の実施項目は，1)血液検査，2)皮膚の検査，3)眼の検査と同様であり，これらの組織は放射線感受性が高く，放射線被曝後の比較的早期から変化が確認される点で，健康診断の対象として重要である。

健康診断の項目のうち問診は，いずれの法令でも省略できず，すべての対象者に対して

実施する必要がある。一方，検査または検診の項目はどの法令でも同様であるが，定期健康診断の項目に関しては医師の判断によって省略することができる。ただし，放射性同位元素等規制法では通常省略する項目を医師が必要と認める場合に実施するが，電離則では反対に通常行う検査の中で医師が必要でないと判断した項目を省略できるなど，仔細で異なっている。検査または検診の詳細については，表 8.10 を参照されたい。

(6) 健康診断の結果の評価

健康診断の結果は，放射性同位元素等規制法では健康診断のつど，対象者に配布することになっており，電離則では健康診断個人票と呼ばれる所定様式に記載し，報告書を所轄の労働基準監督署に提出することになっているなど法令によって対応は異なるが，いずれにしろその記録は，永久に保存(電離則では 30 年間保存)することとなっている。これは，潜伏期が長い晩発性の放射線障害を想定した措置である。

健康診断の結果，放射線障害が認められた者または過剰被曝のため障害のおそれのある者は，施行規則第 23 条の規定にしたがって措置されなければならない。措置の決定は経験の深い医師の意見にしたがうべきである。

(7) 緊急時の健康診断

定期的な健康診断とは別に

1. 誤って吸入摂取または経口摂取したとき

2. 表面密度限度を超えて皮膚汚染し，容易に除去できないとき

3. 皮膚の創傷面が汚染したり，そのおそれがあるとき

4. 実効線量限度または等価線量限度を超えて被曝したり，そのおそれがあるとき

には，遅滞なく健康診断を行わなければならない〔法 23，則 22〕。

事故の際の被害者および緊急作業に従事した者に対する健康診断や保健指導などは専門医の協力のもとで行うことが望ましい。このため，平常より緊急時に協力を依頼できる専門医と連絡を保ち，放射線業務従事者および作業内容などに関する情報を提供しておき，緊急事態に備えておくべきである。

一方，電離則および人事院規則は，福島第一原子力発電所事故後の法改正により，放射線業務従事者が退避する必要がある事故〔電離則 42，人規 20〕が発生した場合に，放射線障害を防止するための緊急を要する緊急作業に従事する放射線業務従事者に対して，当該業務に従事した後には 1 月以内ごとに 1 回定期におよび当該業務に従事しないこととなった際に，緊急作業に係る健康診断の実施を新たに義務づけた〔電離則 56 の 2，人規 26 の 2〕。

(8) 離職後の健康診断

放射線の晩発性障害は，被曝後数十年の潜伏期間の後に現れるものもある。したがって，放射線業務従事者でなくなった後も定期的に診断を受けることが望ましい。

8.4 放射線障害の防止に関する教育訓練

個人の被曝管理は，これまでに述べたように，被曝線量を個人線量計により測定する物理的被曝管理と，健康診断により個人の健康状態を確認する医学的健康管理がその両輪をなしている。これらとは別に，放射性同位元素等規制法では，放射線業務従事者に放射線障害の防止に必要な安全取扱いに関する知識や情報を定期的に与え，安全取扱いに関する意識をリフレッシュすることを目的に教育および訓練を義務付けている。この放射線業務従事者などに対する法定の教育および訓練を単に「教育訓練」と呼ぶことが多い。放射性同位元素等規制法では，別に同法に固有の教育訓練として特定放射性同位元素の防護に関する教育訓練もある[4.4.5(4)]。ここで解説する放射線障害の防止に関する「教育訓練」(以下単に「教育訓練」という)は，電離則では「特別の教育」といい，人事院規則では「教育の実施」として定められているが，医療法には教育訓練の規定そのものがない。表8.11に各法令で規定されている教育訓練の内容を比較して示す。

(1) 教育訓練の対象者

　放射性同位元素等規制法では，「放射線業務従事者」および「管理区域に立ち入らない取扱等業務従事者」を対象としている。一方，電離則および人事院規則では，それぞれ放射線を使用する業務につく労働者あるいは国家公務員に対する実施を規定している。

(2) 教育訓練の実施時期

　放射線業務従事者に対する教育訓練の実施時期は，労働関係法令も含め，すべての法令で放射線業務に従事する前に行うこととされているが，放射性同位元素等規制法では，さ

表8.11　放射線関係法令における教育訓練実施要領

	放射性同位元素等規制法 〔法22，則21の2〕	電離放射線障害防止規則 〔電離則52の5〕	職員の放射線障害の防止 〔人規25〕
実施時期	1. 初めて管理区域に立ち入る前または取扱等業務を開始する前 2. 管理区域に立ち入ったまたは取扱等業務を開始した後の前回実施日の翌年度の開始日から1年以内	1. X線装置またはγ線照射装置を用いて行う透過写真の撮影業務などに労働者を就かせるとき	1. 職員を放射線業務に従事させる前
項　目	1. 放射線の人体に与える影響 2. 放射性同位元素・放射線発生装置の安全取扱い 3. 放射性同位元素等規制法および放射線障害予防規程 〔表8.12参照〕	1. 電離放射線の生体に与える影響 2. 透過写真撮影作業の方法 3. X線装置またはγ線照射装置の構造および取扱い方法 4. 労働安全衛生法等の関係法令	1. 放射線の人体に与える影響 2. 放射線の危害防止 3. 装置等の扱い 4. 人事院規則等の関係法令

らにその後も前回実施日の翌年度の開始日から1年以内(1年度ごと)に実施することを義務付けている。

(3) 教育訓練の項目

　　教育訓練の項目は，法令により内容も異なっており，特に電離則では，業務の内容にしたがって細かく規定されている(表8.11では透過写真撮影業務に係る教育を例示した)。しかし，いずれの教育訓練においても，放射線の人体に与える影響や安全取扱いのマナーを再度周知させるとともに，関係法令，特に法改正の情報を伝達する必要がある。放射性同位元素等規制法および電離則では表8.12，表8.13に示すように，項目・内容と時間数が定められている。特に放射性同位元素等規制法では，放射線障害の防止を目的として，放射線施設ごとに作成し原子力規制委員会に届け出ることを義務付けている「放射線障害予防規程」の内容を教育訓練で事業所ごとに徹底する必要がある。

表8.12　放射性同位元素等規制法の放射線障害防止に関する教育訓練の内容と時間数

放射線障害防止に関する 教育訓練の内容	放射線業務従事者または取扱等業務に 従事する者で管理区域に立ち入らない者
放射線の人体に与える影響	30分以上
放射性同位元素等・放射線発生装置の安全取扱い	1時間以上
放射線障害の防止に関する法令および 放射線障害予防規程	30分以上

教育及び訓練の時間数を定める告示(平成3年(1991年)11月15日科学技術庁告示第10号)

表8.13　電離則における特別の教育の科目・範囲と時間数

科　目	範　囲	時　間
電離放射線の生体に 与える影響	電離放射線の種類および性質 電離放射線が生体の細胞，組織，器官および全身に与える影響	30分
透過写真撮影作業の 方法	作業の手順，電離放射線の測定，被曝防止の方法，事故時の措置	1時間30分
X線装置またはγ線 照射装置の構造およ び取扱い方法	X線装置またはγ線照射装置の種類，原理，構造，操作および点検，X線管・線源などの構造および機能など	1時間30分
労働安全衛生法等の 関係法令	労働安全衛生法，同施行令，労働安全衛生規則および電離則中の関係条項	1時間

透過写真撮影業務特別教育規程(昭和50年(1975年)6月26日労働省告示第50号)

演 習 問 題

1．環境が完全に管理されていれば個人の管理は不要と思われるが，なぜ個人被曝管理を実施しなければならないか。

2．密封された γ 線源による被曝のおそれのある事業所において，個人の被曝を記録し，保存するために便利な記録様式について案を示せ。

3．個人および実験室のモニタリングにおいて何を測定しなければならないかを列挙し，かつそれぞれの測定に用いられる測定器の名称を 2 つずつしるせ。

4．ある事業所でつぎの機器を使用している場合，放射線取扱主任者として，業務従事者のどのような身体的障害を考慮すればよいか。また放射線障害の予防のためにはどのような措置をとるべきか。
   1. ^{60}Co ラジオグラフィ装置（200 GBq 程度の線源を装備する）
   2. ^{90}Sr 厚さ計

5．1) ^{90}Sr によって身体の表面が汚染されたときに，どのような危険があるか。
   2) ^{131}I を誤って飲み込んだ場合に
      1. それを検出するにはどうすればよいか。
      2. どの臓器にどのくらいの量が沈着しているかを知るにはどうすればよいか。

6．体重 50 kg の人が全身被曝で半致死量を受けたとき吸収したエネルギーをカロリー単位で求めよ。

7．作業中に ^{137}Cs を吸入摂取した人がいる。この作業環境の空気中放射性物質濃度を定置型モニタで測定した。その値と摂取した時間から，この人の摂取量(I)を推定せよ。

   ただし，吸入した ^{137}Cs はすべて体内にとどまるものとし，空気中放射能平均濃度(C)は定置型モニタの指示で ^{137}Cs 1000 Bq/m^3，摂取時間(t)は 90 分，また，摂取者の呼吸量(B)を毎分 0.02 m^3，放射性物質摂取者の呼吸域での空気中放射性物質濃度と定置型モニタが指示している濃度との比(F)は 10 とし，この作業に使用した防護マスクは全面マスクで防護係数(P)は 50 とする。

8．ガラス線量計の特性で正しいのはどれか。
   a）繰り返し測定が可能である。
   b）検出下限値は 1 mSv である。
   c）長期間の積算線量測定には適さない。
   d）ガラス素子は Ga イオンを含有する。
   e）ガラスを赤外線で刺激することによって蛍光を発する。

9．不均等被曝を算出する以下の式について，正しいのはどれか。
   $$H_{EE}=0.08H_{a\ 1cm}+0.44H_{b\ 1cm}+0.45H_{c\ 1cm}+0.03H_{m\ 1cm}$$
   a）H_{EE} は等価線量である。
   b）$H_{a\ 1cm}$ は線量計を胸部に装着した 1 cm 線量当量である。
   c）$H_{b\ 1cm}$ は線量計を頭頸部に装着した 1 cm 線量当量である。
   d）$H_{c\ 1cm}$ は線量計を腹部に装着した 1 cm 線量当量である。
   e）$H_{m\ 1cm}$ は線量計を手指に装着した 1 cm 線量当量である。

10. 電離放射線障害防止規則に規定されている健康診断について誤っているのはどれか。

    a) 記録は 30 年間保存する。

    b) 眼の検査を含む。

    c) 検査項目は省略できない。

    d) 6 月ごとに実施する。

    e) 健康診断個人票を作成する。

11. 放射性同位元素等規制法における放射線業務従事者の健康診断について正しいのはどれか。2 つ選べ。

    a) 記録は最長で 3 年間保存する。

    b) 実効線量限度を超えて被曝したおそれがある時に行う。

    c) 管理区域に立ち入った後は 6 月を超えない期間ごとに行う。

    d) 一時的に管理区域に立ち入る場合でも初めての場合には事前に行う。

    e) 放射性同位元素により皮膚の創傷面が汚染されたおそれがある時に行う。

9. 医療施設の放射線管理

9.1 医療被曝の防護

　医療被曝は前もって計画される被曝であり，それに対する放射線防護も前もって計画できることから，ICRP 2007 年勧告（Publ.103）における被曝状況の 3 つの分類のうちの計画被曝状況に分類される。しかし，他の計画被曝状況とは異なる考え方やアプローチが必要とされる。

9.1.1　患者の医療被曝の特徴

　現在の医療において放射線を用いた診療行為はもはや不可欠であり，医療における放射線被曝は増加傾向にある。患者の医療被曝が他の被曝と大きく異なる点は，その被曝によって患者に便益がもたらされるという点である。つまり，被曝を伴う検査や治療を受けることによって，病気の診断ができる，もしくは病気が治癒するという便益がもたらされる。患者個人に線量限度を設けることは，放射線診療の中止・制限や放射線量の過度な低減につながり，結果的に診断の質の低下や，本来治癒するはずの病気が治癒しないという状況が生じる可能性があることから，放射線防護体系の 3 つの原則のうちの「個人の線量限度」については患者の医療被曝には適用されない。したがって，他の原則である「正当化」と「防護の最適化」により重点が置かれる。「正当化」および「防護の最適化」については，第 2 章でも述べたように法令化は困難であることから，本章では新しい基本勧告である ICRP 2007 年勧告に基づく考え方を述べる。

9.1.2　医療被曝における放射線利用の正当化

　放射線被曝を伴う状況においては，まず「正当化」の判断を行わなければならないが，医療被曝における正当化については，ICRP 2007 年勧告では 3 つのレベルに区分されている。

（1）第 1 のレベル：医学における放射線利用に関する正当化

　このレベルについては，既に医療施設において放射線診療が広く行われており，患者に被曝の害よりも多くの便益を与えることが自明とされ，すでに正当化されていると判断されており，議論の対象にはなっていない。

（2）第 2 のレベル：定義された放射線医学的手法に関する正当化

　特定の目的を持つ特定の手法が定められ，それに対する正当化が判断される。たとえば，ある症状を示す患者に胸部撮影を適用してもよいかというような一般原則を定める。このレベルの正当化については，国や専門家によって行われるものであり，その一般原則を具現化したものとしてリフェラルガイドライン（referral guidelines）などがある。

(3) 第3のレベル：個々の患者への放射線利用に関する正当化

正当化の判断は，医学的知見を基に医師により行われ，その際には提案された手法と代替手法の詳細，患者個々の特徴，予想される被曝線量，検査履歴などの利用可能なあらゆる情報を考慮すべきであるとしている。複雑な診断や画像支援治療（interventional radiology, 略称 IVR）のような高線量の検査・手技に関しては，個々の患者への正当化が特に重要である。

9.1.3 患者の防護の最適化

ICRP 2007 年勧告では，特に「防護の最適化」が重視されており，被曝を"合理的に達成可能な限り低くする－as low as reasonably achievable"というアララ（ALARA）の精神規定を最適化の原則としている。患者の医療被曝における防護の最適化は，診断や治療などにおける目的を達成するために必要な線量の管理を行う。たとえば放射線診断であれば，患者の被曝線量と診療画像の画質はトレードオフの関係のあることから，線量と画質のバランスをとるという意味である。

従来のスクリーン／フィルムシステムを用いた単純X線撮影の場合，線量が多すぎるとフィルムが黒化してしまい診断不能に陥っていたが，現在のディジタルシステムやX線CTでは，線量が多いほど信号雑音比の向上につながる傾向があることから，画質を重視しすぎると患者の被曝線量が多くなってしまう。また，線量を増加させたからといって，必ずしも画質が良くなるわけではない。一方，被曝低減を意識しすぎて線量を下げすぎてしまうと，露出不足や信号雑音比の低下につながってしまい，診断不能に陥ってしまう。そのことからも，目的に応じた線量と画質のバランスをとるというのは，医療現場における患者防護の最適化において極めて重要である。

9.1.4 診断参考レベル

個々の患者における患者防護の最適化に関しては，それぞれの医療施設で取り組むべき課題であるが，放射線診断における防護の最適化のための手段として，診断参考レベル（diagnostic reference level，略称 DRL）を使用することが ICRP によって推奨されている。DRL の概念が提唱されたのは ICRP Publ.73 であるが，現在では多くの国際機関が，医療被曝に対する最適化のツールとして DRL の導入を推奨している。DRL は放射線治療には適用されず，線量限度や線量拘束値とは異なるものである。

DRL は，各医療機関から集められた標準体型の患者もしくは標準ファントムに対する代表的な線量に基づき，その線量分布の 75 パーセンタイル値として設定されることが多いが，75 パーセンタイル値が適切であるという明確な根拠はなく，最適化が進んでいる検査においてはこの限りではない。一般に，DRL は国の保健・放射線防護当局と共同して，職業的な医学団体によって設定されるもので，これを national DRL というが，ある地域にいくつかの national DRL が存在するとき，その分布の中央値（50 パーセンタイル値）を regional DRL

として設定したり，特定の医療施設または複数の医療施設で得られた DRL を local DRL として設定する場合もある。ICRP Publ.105 では，DRL には容易に測定される線量を適用することとされており，通常は空気中の吸収線量，あるいは単純な標準ファントムや代表的な患者の表面の組織等価物質における吸収線量などが用いられる。また，ICRP Publ.135 では DRL の具体的な設定方法が説明されている。

　防護の最適化の推進のためにも，各医療施設においては自施設の標準的な線量と DRL を比較する必要があり，DRL を超えている場合には，線量が十分に最適化されているかを検討すべきである。一方で，あくまでも DRL は参考レベルにすぎず，線量限度ではないということ，そして優れた診療と劣った診療の境界ではないということには注意しなければならない。

　本邦においては，医療被ばく研究情報ネットワーク(Japan Network for Research and Information on Medical Exposures，略称 J-RIME)において，参加団体が実施した線量の実態調査の結果に基づいてさまざまな専門家による議論が行われ，国際機関の専門家の助言も得て，平成 27 年(2015 年)6 月に DRL が策定された(通称 DRLs 2015)。

　DRLs 2015 において設定された X 線 CT 検査，単純 X 線撮影，口内法 X 線撮影，核医学検査の DRL をそれぞれ表 9.1〜9.5 に示す。なお，乳房 X 線撮影の DRL は平均乳腺線量で 2.4 mGy，IVR の DRL は患者照射基準点(IVR 基準点)の透視線量率で 20 mGy/min と設定されている。一方で，DRL は今後定期的に行われる線量調査に基づき再設定されることとなっており，令和 2 年(2020 年)に再設定された DRL が公開される予定である。

表9.1　成人CTのDRL(DRLs 2015)

	CTDI$_{vol}$[mGy]	DLP[mGy・cm]
頭部単純ルーチン	85	1350
胸部 1 相	15	550
胸部〜骨盤 1 相	18	1300
上腹部〜骨盤 1 相	20	1000
肝臓ダイナミック	15	1800
冠動脈	90	1400

注1) 標準体格は体重50〜60kg、但し冠動脈のみ体重50〜70kg
注2) 肝臓ダイナミックは、胸部や骨盤を含まない

表9.2　小児CTのDRL（DRLs 2015）

	1歳未満		1〜5歳		6〜10歳	
	$CTDI_{vol}$	DLP	$CTDI_{vol}$	DLP	$CTDI_{vol}$	DLP
頭部	38	500	47	660	60	850
胸部	11（5.5）	210（105）	14（7）	300（150）	15（7.5）	410（205）
腹部	11（5.5）	220（110）	16（8）	400（200）	17（8.5）	530（265）

注1）16 cmファントムによる値を示し，括弧内に32 cmファントムによる値を併記した。
注2）$CTDI_{vol}$の単位はmGy，DLPの単位はmGy・cmである。

表9.3　単純X線撮影のDRL（DRLs 2015）

撮影部位	入射表面線量[mGy]	撮影部位	入射表面線量[mGy]
頭部正面	3.0	骨盤	3.0
頭部側面	2.0	大腿部	2.0
頚椎	0.9	足関節	0.2
胸椎正面	3.0	前腕部	0.2
胸椎側面	6.0	グースマン法	6.0
胸部正面	0.3	マルチウス法	7.0
腹部	3.0	乳児胸部	0.2
腰椎正面	4.0	幼児胸部	0.2
腰椎側面	11.0	乳児股関節	0.2

表9.4　口内法X線撮影のDRL（DRLs 2015）

撮影部位	PED[mGy][a]	
	成人[b]	小児[c]
上　顎		
前歯部	1.3	0.9
犬歯部	1.6	1.0
小臼歯部	1.7	1.1
大臼歯部	2.3	1.3
下　顎		
前歯部	1.1	0.7
犬歯部	1.1	0.9
小臼歯部	1.2	0.9
大臼歯部	1.8	1.1

[a] PED（患者入射線量）は患者の背面散乱を含まないコーン先端自由空中空気カーマ
[b] 標準的な体格の成人患者
[c] 10歳小児患者

表9.5 核医学検査のDRL（DRLs 2015）

検　査	放射性薬剤	DRL[MBq][a]
骨	^{99m}Tc-MDP	950
	^{99m}Tc-HMDP	950
骨髄	^{111}InCl	120
脳血流	^{99m}Tc-HM-PAO（安静あるいは負荷1回のみ）	800
	^{99m}Tc-HM-PAO（安静＋負荷）	1200
	^{99m}Tc-ECD（安静あるいは負荷1回のみ）	800
	^{99m}Tc-ECD（安静＋負荷）	1100
	^{123}I-IMP（安静あるいは負荷1回のみ）	200
	^{123}I-IMP（安静＋負荷）	300
脳疾患	イオマゼニル（^{123}I）	200
ドパミントランスポータ	イオフルパン（^{123}I）	190
脳槽・脊髄腔	^{111}In-DTPA	70
甲状腺摂取率	Na^{123}I	10
甲状腺	^{99m}Tc-pertechnetate	300
副甲状腺	^{201}TlCl	120
	^{99m}Tc-pertechnetate	300
	^{99m}Tc-MIBI	800
肺換気	^{81m}Kr-ガス	200
	^{133}Xe-ガス	480
肺血流	^{99m}Tc-MAA	260
RIベノグラフィ	^{99m}Tc-MAA	500
肝・脾	^{99m}Tc-phytate	200
肝機能	^{99m}Tc-GSA	260
肝胆道	^{99m}Tc-PMT	260
肝・脾	^{99m}Tc-Snコロイド	180
心筋血流	^{201}TlCl	180
	^{99m}Tc-tetrofosmin（安静あるいは負荷1回のみ）	900
	^{99m}Tc-tetrofosmin（安静＋負荷）	1200
	^{99m}Tc-MIBI（安静あるいは負荷1回のみ）	900
	^{99m}Tc-MIBI（安静＋負荷）	1200
心筋脂肪酸代謝	^{123}I-BMIPP	130
心交感神経機能	^{123}I-MIBG	130

表9.5　核医学検査のDRL（DRLs 2015）（つづき）

検査	放射性薬剤	DRL［MBq］[a]
心プール	^{99m}Tc-HSA	1000
	^{99m}Tc-HSA-D	1000
心筋梗塞	^{99m}Tc-PYP	800
唾液腺	^{99m}Tc-pertechnetate	370
メッケル憩室	^{99m}Tc-pertechnetate	500
消化管出血	^{99m}Tc-HSA-D	1040
腎動態	^{99m}Tc-DMSA	210
	^{99m}Tc-MAG3	400
	^{99m}Tc-DTPA	400
副腎髄質	^{131}I-アドステロール	44
副腎髄質	^{131}I-MIBG	45
	^{123}I-MIBG	130
腫瘍	^{201}TlCl	180
腫瘍・炎症	^{67}Ga-citrate	200
リンパ管	^{99m}Tc-HSA-D（保険適応外）	950
センチネルリンパ節	^{99m}Tc-Snコロイド	120
	^{99m}Tc-phytate	120
RIアンギオグラフィ	^{99m}Tc-HSA-D	1000
腫瘍検査	院内製造された^{18}F-FDG	240
	デリバリーされた^{18}F-FDG	240
脳検査	院内製造された^{18}F-FDG	240
	デリバリーされた^{18}F-FDG	240
^{15}O標識ガス検査	C^{15}O$_2$ガス：2D/3D	8000/2900
	^{15}O$_2$ガス：2D/3D	6000/7000
	C^{15}Oガス：2D/3D	3000/7500
心臓検査	院内製造された^{18}F-FDG	240
	デリバリーされた^{18}F-FDG	240
	^{13}NH$_3$	720

[a] 成人の投与量（MBq）

9.1.5 患者の医療被曝の低減対策

平成 24 年(2012 年)12 月にドイツのボンで，IAEA と世界保健機関(World Health Organization，略称 WHO)の共同声明として，Bonn Call-for-Action が発表された。その中では，「正当化」および「防護の最適化」の原則の実行や，専門家への教育・訓練の強化，医療放射線防護に関する戦略的研究課題の促進，医療被曝と医療における職業被曝に関する有益な包括的情報の利用可能性の向上，放射線による便益・リスクに関する対話の促進などが述べられており，「3 つの A」，すなわち Awareness(放射線リスクの正しい認識)，Appropriateness(検査の適切性の保証)，Audit(点検・評価)を導入することの必要性についても言及されている。このように，国内外における医療被曝防護への関心が高まってきている。

医療被曝の低減対策として，「正当化」の観点からは，不必要な検査・治療は行わないというのが最も有効な対策である。その意味でも，医療被曝における第 2 および第 3 のレベルの正当化は重要である[9.1.2]。現在，本邦ではそれらの正当化の判断の支援のために，日本医学放射線学会が編集した「画像診断ガイドライン」などの各種ガイドラインが出版されていることから，今後はいかにこれらのガイドラインの必要性を現場の医師に認知してもらい，医療現場に広く普及させていくかが課題である。また，胎児期や小児期では細胞分裂が活発に行われ，放射線感受性も高いと考えられることから，妊娠中の女性，胎児，小児に対する正当化の判断に関しては，より慎重に行われるべきである。

一方，「防護の最適化」の観点からは，DRL の活用が有効であり，実際に医療被曝防護の規制に取り入れて，線量低減に取り組んでいる国も多い。放射線利用に関わる全ての診療従事者が DRL について正しく理解し，適切な画質基準や撮影条件の設定に役立てていく必要がある。その他，技術的な被曝低減対策としては，単純 X 線撮影では金属フィルターの使用や照射野の適切な設定，X 線 CT 検査では自動露出機構の使用，透視撮影・血管撮影・IVR では金属フィルターの使用やパルス透視の使用，核医学検査では放射性医薬品の投与量の最適化などが挙げられる。特に，透視撮影・血管撮影・IVR では，患者の総被曝線量を左右する因子として「放射線技術的要素」よりも「臨床的要素」の方が大きい傾向にある。つまり，医師のスキル，疾患の特徴，検査や治療の目的，撮影や透視の繰り返し回数によって，患者の総被曝線量は大きく左右されるということを認識しておく必要がある。

また，医療施設では低線量で撮影可能な機器や技術も広く普及してきていることから，これらの導入の可否を判断した上で，導入できると判断されたものについては積極的に導入し，使用していくことが望ましい。

9.1.6 患者以外の医療被曝

医療被曝はおもに患者が診療に伴って受ける被曝のことを指すが，実際には患者の介助者や介護者が受ける被曝，生物医学研究プログラムの志願者が受ける被曝も含まれる。これら

の医療被曝に関しては，被曝した本人に直接の便益はないため，線量拘束値が適用される（表9.6）が，これらの線量拘束値は国内関係法令には取り入れられていない。線量拘束値の詳細については，2.2.3を参照されたい。

表9.6 患者以外の医療被曝に対する線量拘束値

被曝のカテゴリー	線量拘束値（実効線量）
生物医学研究プログラムの志願者 社会への便益が以下の場合；	
少ない	＜ 0.1 mSv
中　間	0.1 ～ 1 mSv
それほど大きくない	1 ～ 10 mSv
大きい	＞ 10 mSv
介助者と介護者	1事例あたり 5 mSv

9.1.7 診療用放射線に係る安全管理体制

X線装置などを備えている病院または診療所（以下，病院など）の管理者は，放射線を用いた医療の提供に際して以下の体制を確保することが定められ，令和2年（2020年）4月より適用されることとなった〔医則1の11-2（3の2）〕（図9.1）。

（1）診療用放射線に係る安全管理のための責任者の配置

病院などの管理者は，診療用放射線の安全管理のための責任者（以下，医療放射線安全管理責任者）を配置する必要がある。医療放射線安全管理責任者は診療用放射線の安全管理に関する十分な知識を有する常勤職員であって，原則として医師および歯科医師のいずれかの資格を有する必要がある。ただし，病院などにおける常勤の医師または歯科医師が放射線診療における正当化を，常勤の診療放射線技師が放射線診療における最適化を担保

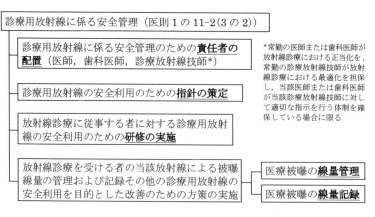

図9.1 診療用放射線に係る安全管理体制に関する規定

し，当該医師または歯科医師が当該診療放射線技師に対して適切な指示を行う体制を確保している場合においては，診療放射線技師を責任者としても差し支えないとされている。

(2) 診療用放射線の安全利用のための指針の策定

　　医療放射線安全管理責任者は，以下の①～⑤の事項を文書化した指針を策定する必要がある。

　① 診療用放射線の安全利用に関する基本的考え方

　② 放射線診療に従事する者に対する診療用放射線の安全利用のための研修(下記(3))に関する基本的方針

　③ 診療用放射線の安全利用を目的とした被曝線量の管理(下記(4))，被曝線量の記録(下記(5))，およびその他の改善のための方策(下記(6))に関する基本方針

　④ 放射線の過剰被曝その他の放射線診療に関する事例発生時の対応に関する基本方針

　⑤ 医療従事者と放射線診療を受ける者との間の情報共有に関する基本方針

(3) 放射線診療に従事する者に対する診療用放射線の安全利用のための研修の実施

　　医療放射線安全管理責任者は，医師，歯科医師，診療放射線技師などの放射線診療の正当化または患者の医療被曝の防護の最適化に付随する業務に従事する者に対し，以下の事項を含む研修を行う必要がある。なお，研修の頻度は1年度あたり1回以上とし，研修の実施内容(開催日時または受講日時，出席者，研修項目など)を記録する必要がある。

　① 患者の医療被曝の基本的な考え方に関する事項

　② 放射線診療の正当化に関する事項

　③ 患者の医療被曝の防護の最適化に関する事項

　④ 放射線の過剰被曝およびその他の放射線診療に関する事例発生時の対応などに関する事項(上記(2)の④に関する内容を含む)

　⑤ 放射線診療を受ける者への情報提供に関する事項(上記(2)の⑤に関する内容を含む)

(4) 放射線診療を受ける者の被曝線量の管理

　　管理の対象とされている医療機器などを用いた診療にあたっては，被曝線量を適正に管理することが求められている。循環器用X線透視診断装置，X線CT組合せ型循環器X線診断装置，全身用X線CT装置，PET‐CT装置，SPECT‐CT装置，陽電子断層撮影診療用放射性同位元素，診療用放射性同位元素を用いた診療がこれに該当する。

　　なお，放射線診療を受ける者の医療被曝の線量管理とは，関係学会の策定したガイドラインなどを参考に，被曝線量の評価および最適化を行うことを意味しており，線量管理の方法は必要に応じて見直すことが求められている。

(5) 放射線診療を受ける者の被曝線量の記録

　　記録の対象とされている医療機器などを用いた診療にあたっては，当該診療を受ける者の医療被曝による線量を記録することが求められている。対象となる医療機器などは(4)

と同様である。

　医療被曝の線量記録は，関係学会の策定したガイドラインなどを参考に，診療を受ける者の被曝線量を適正に検証できる様式を用いて行うことが求められている。診療録や照射録，X線写真，もしくは診療用放射性同位元素および陽電子断層撮影診療用放射性同位元素の使用の帳簿などにおいて，当該放射線診療を受けた者が特定できる形で被曝線量を記録している場合は，それらを線量記録とすることができる。

(6) その他の診療用放射線の安全利用を目的とした改善のための方策

　(4)および(5)で管理および記録の対象とされていない医療機器などを用いた診療においても，被曝線量を管理および記録することが望ましい。また，医療放射線安全管理責任者は，診療用放射線に関する情報を広く収集するとともに，得られた情報のうち必要なものは，放射線診療に従事する者に周知徹底を図り，必要に応じて病院などの管理者への報告などを行うことが求められている。

9.2　職 業 被 曝 の 防 護

9.2.1　放射線診療従事者の職業被曝

　医師や診療放射線技師などの放射線診療従事者が業務に伴って受ける被曝は職業被曝に分類され，線量限度が定められていることから，定められた線量限度を遵守する必要がある。したがって，第8章で述べたように物理的被曝管理と医学的健康管理からなる個人管理が組織的に実施される必要がある。特に，検査室内で鉛エプロンを着用した状態で日常的に業務を行っている診療従事者に対しては，頭頚部と胸部(または腹部)に着用した2つの個人線量計から実効線量や等価線量を評価しなければならない。放射線診療従事者の職業被曝はおもに外部被曝によるものであるが，非密封放射性同位元素を使用する場合には，吸入による内部被曝にも注意する必要がある。

9.2.2　職業被曝の低減対策

　それぞれの分野における職業被曝の低減対策として以下のようなものが挙げられる。

(1) 単純X線撮影

　通常は検査室外からX線を照射するため，放射線診療従事者の被曝はほぼ皆無であるが，小児や年配者を撮影する際には，検査室内でX線を照射する場合もある。そのような場合には，鉛エプロンの着用に加えて，照射野内に手を入れないことや，家族などの介助者の援助を受ける，可能な限り離れるなどの対策が有効である。

(2) X線CT撮影

　単純X線撮影とほぼ同様であるが，X線CT撮影時の室内の空間線量分布は独特であることから，その分布をよく理解しておき，可能な限り低線量な場所にいることが被曝低減のために有効である。検査室内に鉛衝立を設置することも有効である。X線CT撮影は1

回あたりの撮影線量が単純 X 線撮影などと比べると多いことから，注意が必要である。

（3）透視撮影・血管撮影・IVR

　　透視を伴う検査・手技では，照射中常に患者から発生する散乱線などによる被曝が懸念されることから，検査室内で業務を行う際には，鉛エプロンの着用はもちろんのこと，それに加えて放射線防護用のメガネ，甲状腺防護用のネックガードなどを適宜着用することが有効である。天吊り型防護板の使用も，術者の被曝低減に効果を発揮する。

　　患者の総被曝線量を左右する因子が「放射線技術的要素」よりも「臨床的要素」の方が大きいという点については先に述べたとおりであるが，患者の総被曝線量を下げることが，結果的に診療従事者の被曝低減対策にもつながるということを認識しておくべきである。

（4）核医学検査

　　放射性医薬品の管理および取扱いの機会が多く，放射性医薬品を投与された患者に接する機会も多いことから，診療従事者の被曝は多くなる傾向にある。放射性医薬品から放出される放射線のエネルギーが高いことから，鉛エプロンの有効性は少なく，5.2 で述べた「距離，遮蔽，時間」の 3 原則が重要となる。放射性医薬品などの吸入による内部被曝にも十分に注意が必要である。放射性医薬品の安全取扱いについては，9.3.4 で詳しく説明する。

　　また，核医学検査に従事する医師などの手指の被曝はかなり高くなる可能性があるため，これらの線量を過小評価することがないよう，必要に応じて適切な末端部被曝管理が行われなければならない。

（5）放射線治療

　　高エネルギーの放射線を使用することから，中性子による被曝を考慮しなければならず，中性子用個人線量計の着用や，照射室出入口付近の線量測定が必要である。また，放射線発生装置の使用に伴って，その構成部品に有意の放射能が認められるに至る場合がある（放射化）。そのような放射化物に対しては，定期的に放射化の状況を把握するとともに，残留放射能による放射線診療従事者の被曝低減に十分配慮する必要がある［9.3.2］。

9.3　医療施設における安全取扱い

9.3.1　診療用放射線発生装置の安全取扱い

　日常の保守点検が極めて重要であり，診療中に故障することを可能な限り避けられるように，日頃から定期点検や製造業者との連携を密に行っておくことや，緊急時の組織体制を整えておくことが必要である。また，装置が故障した場合には，患者への慎重な対応を行い，患者を不安にさせないように配慮するとともに，速やかに修理を依頼し，影響を最小限にとどめるように努力すべきである。安全取扱いのためには，日頃から装置の使用方法を十分に習得しておくことが重要であるのは言うまでもない。

9.3.2 放射化物の安全取扱い

　近年，放射線治療の件数は増加傾向にあり，放射線発生装置の性能の向上に伴い，よりエネルギーの高い放射線が使用されるようになってきた。その結果，放射線発生装置を構成する部品などが放射化されるという問題が顕在化している。平成24年(2012年)に出された「放射性同位元素等による放射線障害の防止に関する法律の一部を改正する法律並びに関係政令，省令及び告示の施行について」(文部科学省放射線規制室事務連絡)では，放射線発生装置から発生する放射化物について，規制対象となる範囲が示された(表 9.7)。これによって，放射線治療施設では，放射能測定を行わずに放射化物か否かの判断を行うことが可能になった。核子当たりの最大加速エネルギーが 2.5 MeV 未満のイオン加速器(ただし，重水素とトリチウムの核反応などを用いて中性子を発生させる目的で使用される加速器を除く)および最大加速エネルギーが 6 MeV 以下の電子加速器(医療用直線加速装置のうち，X 線の最大エネルギーが 6 MeV 以下のものを含む)については，放射化物の管理は不要である。また，医療用直線加速装置のうち，6 MeV を超えるものについては，表 9.7 に示す部品などを除き，放射化物としての管理は不要である。自己遮蔽を備えた医療用サイクロトロンについては，自己遮蔽の外側にあるものについては放射化物としての管理は不要である。それ以外の放射線発生装置およびその周辺設備などについては，原則として放射化物とするが，信頼できる実測

表9.7　医療用直線加速装置における放射化物として扱う特定の部品など(文科省事務連絡，2012)

一般的構造名	バリアン社	エレクタ社	シーメンス社	三菱電機社	
ターゲット	ターゲット	ターゲット(フライトチューブと一体のもの)	ターゲット	ターゲット(一次散乱体と一体のもの)	
ターゲット極近傍部品	1次コリメータ・バキュームチェンバー・入射コリメータ(一体のもので，ベンディングマグネット内のシールドを含む。)	フライトチューブに固定されるシールド，ターゲット極近傍のシールド，1次コリメータ	ターゲットホルダー・散乱箔(一体)，エンベロープ，10MeV1次コリメータ(横のシールドを含む)，偏向電磁石内の炭素鋼，偏向電磁石内三日月型シールド	ビームダクト，偏向電磁石内シールド(コイル・ヨーク間，コイル内，電磁石間鉄)	
フィルタ部	散乱箔，カルーセル中央部，フラットニングフィルタ	1次・2次フィルタ，フィルタベース	フラットニングフィルタ	フラットニングフィルタ	
2次コリメータ	上段：アッパーJAW　下段：ローワーJAW	MLC	上段：アッパーJAW　下段：ローワーJAW あるいはMLC	上段：アッパーJAW　下段：ローワーJAWあるいはMLC	上段：アッパーJAW　下段：ローワーJAW
3次コリメータ	MLC	ダイアフラムⅠ/Ⅱ			MLC
ヘッド部シールド	シールド	シールド	シールド	シールド	

注1) 本評価は，運転条件として10万Gy/年，照射停止後3日経過時点に換算したものである。
注2) MLC はマルチリーフコリメータの略称。

データ，計算結果などにより，放射化物として取り扱う必要が無いことが確認できたものについては，放射化物としないことができる。

　なお，放射線発生装置から取り外されずに使用されている状況ではまだ放射化物としての管理は必要ではないが，装置から取り外された時点から放射化物として管理が必要となる。放射化物の特徴をよく理解した上で，安全管理に努めることが必要である。

9.3.3　医療用小線源の安全取扱い

　放射線源を放射線診療従事者が直接処理しなければならない密封小線源治療では，診療従事者は被曝を受けやすい。この場合被曝を最小限にとどめるためには，装置ならびにそれを取扱う診療従事者自身の被曝に対する認識が重要になる。一方，従来小線源を利用していた上顎癌の術後照射はX線（wedge filter 使用）へ，皮膚癌は電子線照射へと，可能な限り外部照射へ移行した。

（1）外部被曝に対する防護

　　一般に遮蔽材には鉛が利用され，遮蔽容器を利用して作業をすれば無意味な被曝を受けなくてすむ。被曝時間を少なくするためには短時間で正確に取扱えるような技術の習得が必要である。

　　腔内照射が効果的に行われるためには，計画された線源の配置で，確実に挿入され固定されるために十分時間をかける必要がある。一方で，放射線診療従事者の被曝を低減するためには，手早い操作が必要である。これは古典的小線源治療の長年の悩みであったが，1963年，アフターローディング法（後充填法：afterloading system）が開発され，密封小線源治療は画期的に進歩した。これは線源の入っていない支持器（模擬線源：dummy source）を確実に病巣に挿入固定した後で，誘導管を通して本物の線源と手早く交換するという方法で上記の相反した要求がみごとに達成された。直接線源を挿入した従来の古典的方法と比較して，アフターローディング法は放射線診療従事者の被曝線量を 1/10 以下に減少させることができた。

　　アフターローディング法はその後，^{192}Ir，^{137}Cs，^{60}Co に使用され，かなり大きい線源強度（37 GBq〜370 GBq）を遠隔操作で使用する遠隔操作式アフターローディング法（remote afterloading system，略称 RALS）による高線量率腔内照射へと発展した。これによって，術者の被曝はほとんどなくなり，患者に対する1回の照射時間は 1〜10 分程度，放射線治療病室の必要がないなど多くの利点が生じた。

（2）管理

　　1）貯蔵容器

　　　　線源を格納する貯蔵容器は横穴式と回転式があるが，全線源を格納した状態で 1 m の距離における実効線量率が 100 μSv/h に遮蔽できるものを備える必要がある〔医則 30 の 9〕。

2) 放射線治療病室

　医療用線源により治療を受けている患者を収容する放射線治療病室は，その外側の実効線量が 1 mSv/週以下になるよう防護壁を設ける必要がある〔医則 30 の 12〕。さらに，移動鉛製防護壁や防護ベッドを利用するのも効果的である。治療中の患者はこの病室以外に入院させてはならない〔医則 30 の 15〕。またこの病室は管理区域内であるため，診療従事者以外の立入は禁止され，家族の面会も許されない。治療中の患者による空間線量率を図 9.2 に示す。患者の管理にあたっては，線量率分布をもとにして，どの位置では何分くらいまでの滞在が許容されるかを把握して業務に従事することが重要である。

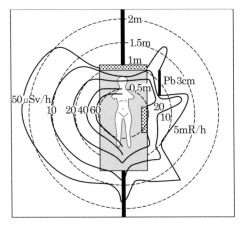

図9.2　子宮頸癌腔内照射時の線量分布
Ra 10 mg（1 mmPt）×5

3) 治療患者の看護

　古典的小線源治療は 1〜10 日に及ぶこともあり，放射線診療従事者はいかに被曝を少なくして患者の治療看護をするかが重要な課題である。治療中における検温，食事の介助，病巣部の処置などは不可避の業務であり，その対処にあたっては，防護の三原則に則って，計画的に，しかも適確に遂行しなければならない。被曝線量を最少にするため，日頃より検討会や予備訓練を行うなどの努力が必要である。食事は患者が自分で食べられるような考慮も必要である。また，看護師が頻繁に病室に入らなくてよいように，病室にモニターカメラなどの監視装置を備えつけることが望ましい。

　一方で，アフターローディング法による治療患者は，一般の患者と全く同じように扱うことができる。

9.3.4 放射性医薬品の安全取扱い

　診療に使用される非密封放射性同位元素は，医薬品医療機器等法(旧薬事法)により医薬品として認可された放射性医薬品であり，放射性同位元素等規制法で定義される放射性同位元素からは除かれている[4.1.2]。しかし，放射性物質としての安全取扱いや管理の原則は，第6章で述べたものに準じて行われる。

　なお，新たな放射性医薬品を用いた核医学診療が国内で導入されつつあることに鑑み，未承認放射性医薬品についても，陽電子断層撮影診療用放射性同位元素または診療用放射性同位元素として取り扱うことが定められ〔医則24(8)，24(8の2)〕，平成31年(2019年)4月より施行されている。

(1) 医療法における施設基準

　　医療法では，放射性医薬品を使用する場所として，診療用放射性同位元素使用室および陽電子断層撮影診療用放射性同位元素使用室が定義され，それらの構造設備基準が定められている〔医則30の8，30の8の2〕。

　1) 診療用放射性同位元素使用室

　　　主要構造部等は，耐火構造または不燃材料を用いた構造とし，遮蔽などにより，その外側の実効線量が1mSv/週以下としなければならない。人が常時出入りする出入口は1箇所とし，出入口の付近に放射性同位元素による汚染検査に必要な放射線測定器や汚染の除去に必要な機材，洗浄設備ならびに更衣施設を設ける必要がある。

　　　また，診療用放射性同位元素を用いて診療を行う室と区画された調剤などを行う準備室を設置し，準備室には排水設備に連結した洗浄設備を設けるとともに，フード，グローブボックスなどの装置が設けられているときは，それらの装置は排気設備に連結することとなっている。

　2) 陽電子断層撮影診療用放射性同位元素使用室

　　　上記，診療用放射性同位元素と同じ基準に加え，陽電子断層撮影診療用放射性同位元素を用いて診療を行う室と準備室以外に，患者が待機する室に区画する必要がある。また，陽電子断層撮影診療用放射性同位元素使用室の室内には，X線診療室と同様に陽電子断層撮影装置の操作室を設けてはいけない。

(2) 診療用放射線の安全管理体制

　　平成31年(2019年)の医療法改正により，放射性医薬品である診療用放射性同位元素および陽電子断層撮影診療用放射性同位元素を使用する病院などの管理者は，医療放射線安全管理責任者を配置して，診療用放射線の安全利用のための指針の策定と研修の実施が義務づけられた[9.1.7]。特に，放射性医薬品を取り扱う薬剤師は，後者の研修のうち正当化以外の事項を受講する必要がある〔医則1の11-2(3の2)，平成31年(2019年)厚生労働省医政局長通知〕。

(3) 放射性医薬品の品質管理

　　放射性医薬品は，他の医薬品と同様，安全性と有効性を確保するために，日本薬局方あるいは放射性医薬品基準に規格や試験法が定められている。市販の放射性医薬品は，製造会社で品質管理されて上記基準に適合したものが医療施設に供給される。

　　一方，^{99m}Tc 標識放射性医薬品の中には，キットと呼ばれる標識原料が入った調製用バイアルを用いて，病院内で使用時に用事調製するものもある。一般に，キットの添付文書にしたがって調製を行うが，このような院内調製の実施にあたっては管理体制の確保が重要である。平成 23 年(2011 年)に関連学協会により「放射性医薬品取り扱いガイドライン」が作成され，図 9.3 に示す管理体制の構築が求められている。

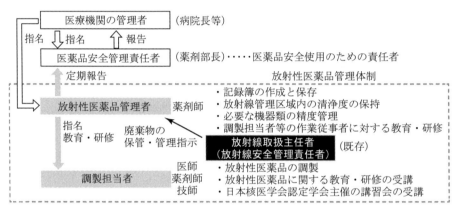

図9.3　放射性医薬品取り扱いガイドラインによる放射性医薬品管理体制

(4) 患者の看護

　　診断を目的とした放射性医薬品は，外来患者に対して投与することが多いので，患者を厳密に放射性同位元素診療棟に隔離することは難しい。しかし，投与患者の投与当日の尿屎は専用便所で処理するよう指導する必要がある。

　　一方，治療用放射性医薬品を経口投与させる場合には，錠剤，カプセルの場合を除き，患者にポリエチレンろ紙で作った前掛けを着用させる。また，投与患者を収容する放射線治療病室の入口および患者のベッドには，核種，投与量，投与日時を明記して標示する。患者の使用する床頭台，椅子はポリエチレンろ紙で被覆し，また尿器の必要がある場合には同様にポリエチレンろ紙で被覆したバットの中に置くようにする。特に，^{131}I 投与後の甲状腺機能亢進症治療患者の汗，屎尿，呼気にはかなりの ^{131}I が排泄されるので，汚染管理に留意する必要がある。

(5) 患者の退出基準

　　平成 10 年(1998 年)および平成 20 年(2008 年)の厚生労働省課長通知「放射性医薬品を

投与された患者の退出について」により，公衆に対して1mSv/年以下，介護者には1件あたり5mSv以下ならば，放射性医薬品を投与された患者が病院の診療用放射性同位元素使用室あるいは放射線治療病室から退出できることになった。すなわち，投与量または体内残留放射能が ^{89}Sr は 200 MBq 以下，^{90}Y は 1184 MBq 以下，^{131}I では 500 MBq 以下であるか，^{131}I を投与された患者の体表面から 1 m の点における 1 cm 線量当量率が 30 μSv/h 以下ならば，患者の退出・帰宅が許されるようになった（表 9.8）。

　さらに最近では，^{131}I による甲状腺癌全摘術後のアブレーション治療や新たに使用が開始された ^{223}Ra による前立腺癌治療など，特定の内用両方に対しては，学会が作成した実施要領の遵守を条件に，表 9.9 の最大投与量以下であれば，外来での治療が可能になった〔平成 28 年（2016 年）厚生労働省課長通知〕。

表9.8　放射性医薬品を投与された患者の退出基準

治療用核種	投与量または体内残留放射能	患者体表面から1mの点における1cm線量当量率
^{89}Sr	200 MBq以下	—
^{90}Y	1184 MBq以下	—
^{131}I	500 MBq以下	30 μSv/h以下

厚生労働省課長通知「放射性医薬品を投与された患者の退出に関する指針」
平成10年（1998年）
厚生労働省課長通知「放射性イットリウム-90を投与された患者の退出について」平成20年（2008年）

表9.9　放射性医薬品を投与された患者の退出基準

治療用核種	適用範囲	投与量
^{131}I	遠隔転移のない分化型甲状腺癌で甲状腺全摘術後の残存甲状腺破壊（アブレーション）治療 [1]	1110 MBq 以下
^{223}Ra	骨転移のある去勢抵抗性前立腺癌治療 [1]	12.1 MBq 以下 [2] 72.6 MBq 以下 [3]

厚生労働省課長通知「放射性医薬品を投与された患者の退出に関する指針」
平成28年（2016年）で追加
[1] 学会作成した実施要領にしたがって実施する場合に限る
[2] 1 投与あたりの最大投与量，[3] 1 治療（最大 6 回投与）あたりの最大投与量

演 習 問 題

1．患者の医療被曝の特徴と，「正当化」「防護の最適化」における要点について，それぞれ簡単に述べよ。

2．診断参考レベルとはどのようなものかについて，簡単に述べよ。

3．自施設の標準的な体型（体重 50〜60 kg）の患者の肝臓ダイナミック CT 撮影における $CTDI_{vol}$ の分布を調べたところ，中央値が 13 mGy，75 パーセンタイル値が 18 mGy であった。診断参考レベル（DRLs 2015）の数値と比較し，今後起こすべき行動について説明せよ。

4．一般撮影，X 線 CT 撮影，透視・血管撮影・IVR，核医学検査，放射線治療における職業被曝の低減対策について簡単に説明せよ。

5．医療用直線加速装置および医療用サイクロトロンについて，放射化物としての管理が不要であるものの範囲について説明せよ。

6．X 線 CT の放射線防護体系における正当化で正しいのはどれか。

    a）検索目的の全身 CT の施行

    b）脳梗塞発症翌日の頭部 CT の施行

    c）逐次近似法を応用した画像再構成の適用

    d）胸部 CT における自動露出機構の使用

    e）造影 CT 検査における低管電圧の使用

7．検査種と線量指標の関係で誤っているものはどれか。

    a）単純 X 線撮影　　——　　入射表面線量

    b）乳房撮影　　——　　平均乳腺線量

    c）X 線 CT 検査　　——　　入射表面線量

    d）血管撮影・IVR　　——　　入射表面線量

    e）核医学　　——　　放射性医薬品の実投与量

8．医療被曝でないのはどれか。

    a）X 線 CT を受けた患者の被曝

    b）胃集団検診時の被検者の被曝

    c）腔内照射用線源挿入時の術者の被曝

    d）幼児の X 線 CT 撮影時に付き添った家族の被曝

    e）脳血流 SPECT 標準データベース作成時のボランティアの被曝

10. 廃棄物の処理

10.1 概　　　要

　気体および液体の放射性廃棄物にあっては，廃棄施設の施設基準として，排気口または排水口における3月間の平均濃度，あるいは，排気または排水監視設備を設けて，事業所の境界における3月間の平均濃度を告示第5号第14条，別表第2(付録2)の第5欄または第6欄以下とする能力を有することが要求されている〔則14の11〕。

　液体や気体廃棄物の処理で除染係数(decontamination factor, DF と略記)および除染指数(decontamination index, DI と略記)が用いられるが，これらについては次式で定義される。

$$除染係数(DF)＝\frac{処理前の液体（気体）の放射性核種の濃度}{処理後の液体（気体）の放射性核種の濃度} \tag{10.1}$$

$$除染指数(DI)＝\log\frac{処理前の液体（気体）の放射性核種の濃度}{処理後の液体（気体）の放射性核種の濃度} \tag{10.2}$$

また除去率(removal rate)もよく用いられる。

$$除去率＝\frac{（処理前の濃度）－（処理後の濃度）}{処理前の濃度}\times100[\%] \tag{10.3}$$

　放射性廃棄物は，大別すると，気体廃棄物，液体廃棄物，固体廃棄物，動物性廃棄物，スラリー状廃棄物に分類されるので，それぞれについて順次述べる。

10.2 気 体 廃 棄 物

　気体廃棄物は，放射性ガスと，放射性の液体あるいは固体の微粒子が空気中へ分散した放射性エアロゾルに分けられる。これらのうち放射性エアロゾルは，普通の換気と一緒に排気処理設備における HEPA（ヘパ）フィルターによって捕捉される[6.2.4]が，排気口まで出てきた放射性ガスはフィルターで捕捉することができず，一般の換気によって希釈し，排気口から空気中へ放出拡散させている。

　放射性エアロゾルについては，塵埃エアロゾルの粒径分布と空気の流量率を考慮しながら適切な種類のフィルターを選択し，エアロゾルが蓄積したフィルターは，固体廃棄物として，湿式フィルターで用いた水は液体廃棄物として処理される。

　放射性ガスにあっては，たとえば標識化合物を用いる実験において ^{131}I, $^{14}CO_2$ などのガスを放出する場合，実験装置のところで，その化学的な性質に応じた適切な洗浄剤を用いて十分に捕捉するよう留意しなければならない。なお，排気浄化装置において，たとえば，^{131}I,

$^{14}CO_2$ をアルカリ水溶液で吸収し洗浄することがある。この場合，これらの通気した水溶液は液体廃棄物として処理する[6.2.4]。

10.3 液体廃棄物

以下に，液体廃棄物処理において重要な排水設備の浄化または排水について，通常行われている2つの処理方法を述べる。特に高レベル廃液や危険な核種を含む液体廃棄物は，無機廃液として日本アイソトープ協会に集荷してもらう。

10.3.1 希 釈 法

低レベルの廃液は，濃度限度を考慮して大量の水で希釈し，あるいは場合によっては非放射性の同位体によって希釈し，一般環境へ放流できる。たとえば，一般に $10^{-1}\,Bq/cm^3$ 以下の廃液は，構内の一般排水が放射性廃液に比して，常に多量に生じるのであれば，廃棄基準以下に希釈して放流できる。

なお，上記の $10^{-1}\,Bq/cm^3$ よりも高いレベルの廃液でも，比較的半減期の短い核種の場合，まず，陶製あるいは耐薬品性の容器に入れ，隔離された場所で一定期間貯留保管しておくことによりある程度のレベルまで減衰を待って希釈放流する貯留希釈法がある。この場合，必要があれば，つぎに述べる凝集沈殿処理を併用することもできる。

10.3.2 濃 縮 法

希釈放出するには濃度が高く，減衰を待つため貯留保管するには半減期が長い廃液に対しては，この濃縮法がとられる。この方法にはいろいろなものがあるが，それぞれ長短があり，廃液の性質に応じて単独で，あるいはこの方法を前処理用として別な方法との組み合わせによって行う。

(1) 凝集沈殿法(フロッキュレイション法)

上・下水処理と同様に，廃液に凝集剤を加え，放射性核種を含むフロックを形成させて沈殿をつくり，上澄液のみを流す凝集沈殿法は，大量の低レベル放射性廃液の処理には最適な方法である。この方法の利点は，どのような廃液にも一定の効果があり，かつ経費がきわめて安価であることであり，欠点は，除染係数が $3\sim10^2$ で，標準値は 5 と低い点である。廃液の液性や核種の化学形によって，適した凝集剤を選択しなければならないが，一般には，リン酸ナトリウム，塩化第一鉄，塩化第二鉄，粘土などが用いられる。複数の核種を含む廃液に対しては，多段式の凝集沈殿処理が有効である。

処理後の液をつぎに述べる無機イオン交換塔に送るなど，他の処理法と組み合わせて実施することで，その効果を高めている。

処理後の放射性沈殿物は，スラッジの形で凝集沈殿槽の底部から排出するが，水分を多く含むので，ろ過や凍結再融解後の各種の分離法によって脱水減容を施し，さらに固型化などの最終処理を行う。

（2）イオン交換法

　　イオン交換剤としては，合成イオン交換樹脂，天然の無機イオン交換体，イオン交換膜
が使われている。この方法は，通常，最終精製用として広く使用されている。

　　イオン交換樹脂塔として用いる場合，除染係数は，陽イオン交換樹脂だけではおおよそ
50程度であるが，陰イオン交換樹脂と容積比1：2で混合し，混床イオン交換樹脂として
使用すると，除染係数は 10^3 程度にあげることができる。廃液量が比較的少ないときは，
使用した樹脂を使い捨てにし固体廃棄物として処理する。これに対し，廃液量が多い場合
には，樹脂を再生し使用するが，このとき再生に使った廃液は蒸発缶などに送り処理する。
イオン交換樹脂は，放射能レベルの高い廃液に対しては，樹脂自体が放射線損傷を蒙るこ
とがあるので使用を避けたい。一方，無機イオン交換体は，上記のイオン交換樹脂に比し
て交換容量は小さいが，放射線に対する損傷に抵抗性が高く，かつ経済的であることから
もよく使用される。ただし，特定の元素だけをよく吸収するので，廃液の処理としては補
助的な方法である。イオン交換膜は，これを用いて電気透析によって廃液の濃縮を行う。
濃縮した液は蒸発缶へ，除染液はイオン交換樹脂塔へ送る。

（3）蒸発法

　　廃液中の水分を加熱蒸発し，濃縮液に放射性物質を残留させて減容し，これを固型化処
理する。除染係数は，10^2〜10^6 で標準値は 10^4 程度であり，他の方法に比べて最も効率が
よい。この方法は，最も簡単で確実な方法であるが，揮発性の核種には適用できない。ま
た，運転経費が高い欠点があるので，低レベルで，かつ多量の廃液処理には適さない。

10.4　有機溶媒廃液

　有機溶媒廃液の多くは液体シンチレーションカウンタの使用によって生ずるトルエンやキ
シレンなどを溶媒とした液体シンチレータである。これらの有機溶媒は，放射性同位元素等
規制法の他に，消防法の規制を受ける。消防法によると，トルエンは第4類に属し，ガソリ
ン並に危険とされている。

　これらの有機廃液は，管理区域内に有機廃液倉庫を設け，他の廃棄物とは別に保管するこ
とが望ましい。これらの処理方法には，以下の方法が挙げられる。

（1）集　荷

　　許可廃棄業者である日本アイソトープ協会に集荷を依頼する。同協会では，液体シンチ
レータ廃液に限定して平成16年（2004年）10月から集荷を開始した。ただし，協会より無
償で貸与される25Lステンレス専用容器および外装容器（ドラム缶）に入れ，容器あたりの
放射能濃度が2kBq/ml，容器表面の1cm線量当量率が5μSv/hを超えないなどの基準を
満たさなければならない。集荷の料金は，25Lステンレス専用容器1本あたり149,000円
（税別）と高価である。

(2) 焼 却

　各事業所で，法の基準を満たす焼却炉，廃棄作業室，排気設備などの焼却設備〔則14の11-1(6)，医則30の11-1(4)〕を設け，以下の方法により処理する。

　1) 放射性同位元素を含む有機廃液をそのまま焼却する。

　2) 蒸留により蒸留液(トルエン他，放射能約10%)と残渣(スラッジ状放射能約90%)とに分別し，残渣は保存して蒸留液は焼却する。

　焼却にあたっては，当然，排気中濃度を告示第5号第14条および別表第2(付録2)に規定する濃度限度以下としなければならない。なお，「液体シンチレータ廃液の焼却に関する安全管理について」の通知(平成11年(1999年)6月1日付)により，有機廃液の焼却に伴うダイオキシンなどの発生の抑制などを目的として，燃焼温度が800℃以上であることを実測によって確認することなどが義務づけられた。

　以上のように，液体シンチレータ以外の有機溶媒廃液は，焼却以外の処理法がなく，焼却設備を備えていない事業所においては，注意が必要である。

10.5　固体廃棄物

　実験室には，集荷と運搬に便利で足踏みによって蓋の開閉ができる鉄製の固体廃棄物容器を備え，この中に，ポリエチレンシートを内張りしたカートンボックスをいれておく。これに透明なポリエチレン袋を入れて，この中に廃棄物を不燃，難燃，可燃物別に入れて回収する。鉄製容器の外面には放射能標識をつけ，不燃性，難燃性あるいは可燃性などを明示しておく。容器が一杯になればカートンボックスを取り出し，蓋をしてテープで封じ運搬する。この際，内容物の種類，放射性核種の種類と推定放射能，不燃，難燃あるいは可燃などを記入した伝票などをつける。なお，実験室に非放射性廃棄物専用の容器も，可燃，難燃，不燃物別に常備しておくことはいうまでもない。

　陽電子断層撮影法(positron emission tomography，略称PET)の普及に伴い，平成16年(2004年)の放射性同位元素等規制法および医療法の改正により，陽電子断層撮影用放射性同位元素またはそれらによる汚染物に関しての規制が緩和された。これらのPET廃棄物に含まれる放射性同位元素の物理的半減期が非常に短いことから，一定の基準を満たすサイクロトロンおよび合成装置により製造されたPET診断薬で，1日最大使用数量が ^{11}C，^{13}N，^{15}O は1 TBq，^{18}F では5 TBq以下の場合，他の核種の汚染物の混入，付着を防止するために封および表示をし，放射性同位元素の原子数が1を下回る期間として7日間以上保管した後は，放射性廃棄物として取扱う必要がなくなった〔則15-1(10の2)，告5第16条の2，第16条の3，医則30の11-1(6)〕。

　また，平成24年(2012年)の放射性同位元素等規制法改正により，放射線発生装置から発生した放射線により生じた放射線を放出する同位元素によって汚染された物を「放射化

物」と定義し，放射化物であって，放射線発生装置を構成する機器又は遮蔽体として用いるものを保管する場合には，放射化物保管設備を設けなければならないとされた〔則 14 の 7-1(7 の 2)〕［6.1.6］。

10.6　動 物 性 廃 棄 物

実験に使用した汚染動物の死体は，マイクロ波(電子レンジ)または真空凍結乾燥によってミイラ化(燻製化)される。処理時間については，前者は短いが，後者は長い(20 kg の死体で 5 日位)。このように処理されたものは，日本アイソトープ協会へ引き渡され，日本原子力研究開発機構東海研究開発センターで焼却処理される。

10.7　スラリー状廃棄物

前述の液体廃棄物の各種の処理法により生じたスラッジのようなどろどろな泥状のものをいう。スラリーは乾燥のうえ，非圧縮性不燃物として取扱う。

10.8　許可廃棄業者への廃棄の委託

許可届出使用者が放射性汚染物を事業所外に廃棄する場合には，当該放射性汚染物に含まれる放射性同位元素の種類が許可証に記載されている許可使用者または許可廃棄業者に保管廃棄を委託するか，許可廃棄業者に廃棄を委託しなければならない〔法 19-2，則 19-5〕。

大学などの教育研究機関および病院などの医療機関で生ずる廃棄物は，許可廃棄業者である日本アイソトープ協会に集荷してもらうのが一般的である。そのためには，表 10.1 に示す可燃物，難燃物，不燃物などに分類し，さらに収納要領に記載された必要な処置を施しておくことが必要である。特に分類が厳密に守られていないと集荷してもらえない。この他にも固体廃棄物の放射能，無機廃液の放射能濃度がそれぞれ ^{3}H, ^{14}C, ^{125}I, ^{131}I は 400 MBq, 20 kBq/ml 以下，その他の核種は 4 GBq，200 kBq/ml 以下であること，無機廃液の pH は 2〜12 に調整してあること，容器表面の 1 cm 線量当量率が 500 μSv/h 以下であることなどの制限がある。

核種，放射能が不明なもの，核燃料物質・核原料物質，α 線放射体を含むものは原則として集荷されないが，α 線放射体など特殊廃棄物として依頼できるものもある。また，アルコールなどの可燃性の液体，爆発・発火の危険性があるもの，腐敗したもの，気体を発生するもの，血液など人体組織が付着したもの，毒劇物，有害物などは，集荷されないのでこれらの放射性廃棄物が生じないように注意しなければならない。粉砕や圧縮などの減容処理や液体の残ったバイアルなど十分な乾燥処理を行っていないものも厳禁である。実際の取扱い時より，以上の点を考慮し，集荷業務に支障が生じないよう心掛けたい。

10. 廃棄物の処理

表10.1 放射性廃棄物の分類

分類		形状	容量[L]	おもな物品名	収納要領
固体廃棄物	可燃物	ドラム缶	50	敷きわら（糞尿が付着していないもの），紙類，布類，木片	・十分に乾燥する ・破砕，圧縮，焼却，乾溜，溶融などの減容処理などはしない
	可燃物※				
	難燃物		50	プラスチックチューブ，ポリバイアル，ポリシート，ゴム手袋	・十分に乾燥する ・シリコン・テフロン，塩ビ製品，アルミ箔，鉛含有品などを除く ・ポリバイアルなどの中の残液を抜く ・破砕，圧縮，焼却，乾溜，溶融などの減容処理などはしない
	難燃物※				
	不燃物		50	ガラスバイアル，ガラス器具，注射針，塩ビ製品，シリコンチューブ，せともの，アルミ箔，鉛含有物，テフロン製品	・十分に乾燥する ・注射針など感染のおそれのあるものは滅菌する ・ガラスバイアルなどの中の残液を抜く ・破砕，圧縮，焼却，乾溜，溶融などの減容処理などはしない
	不燃物※				
	非圧縮性不燃物		50	土，砂，鉄骨，パイプ，コンクリート片，鋳物，時計部品，ベータプレート，多量のTLCプレート，多量の活性炭	・十分に乾燥する ・ビニールシートなどが破れないように梱包する ・時計部品は金属製ペール缶（中子）に封入する ・50 kg超の場合，ドラム缶込みの重量を記入する
	非圧縮性不燃物※				
	動物		50	乾燥後の動物，敷きわら	・十分乾燥したうえで，チャック付きポリ袋とポリエチレン製内容器にて封入する ・破砕，圧縮，焼却，乾溜，溶融などの減容処理などはしない
	焼却型フィルタ	段ボール箱	…	HEPA（ヘパ）フィルタ，プレフィルタ，チャコールフィルタ	・ポリシートと段ボール箱で収納する ・HEPA（ヘパ）フィルタとプレフィルタは別梱包にする ・厚みが薄いプレフィルタは5〜6枚にまとめて梱包する（400 mm以下まで）
	焼却型フィルタ※				
	通常型フィルタ		…	HEPA（ヘパ）フィルタ，プレフィルタ	
	通常型フィルタ※				
	通常型チャコールフィルタ	木箱	…	チャコールフィルタ	・ポリシート，段ボール箱及び木箱で梱包する ・50 kg超の場合，梱包表面に重量を記入する
	通常型チャコールフィルタ※				

表10.1　放射性廃棄物の分類（つづき）

分類		形状	容量 [L]	おもな物品名	収納要領
液体廃棄物	無機液体	ドラム缶	25	実験廃液	・指定のポリびんを使用する ・高粘度の液体，可燃性液体を入れない ・pH値は2～12 ・塩素を含む試薬でのpH調整は行わない ・pH調整により塩濃度を高くしない ・液量はポリびんの肩口までとする
	有機液体		25	液体シンチレータ廃液	・25 Lステンレス容器を50 Lドラム缶に収納 ・全核種の総放射能濃度は2 kBq/mL以下とする ・容器表面の1 cm線量当量率は5 μSv/h以下とする ・粘度はエンジンオイル程度を上限とする ・液量は容器の肩口までとする

※医療用19核種
^{32}P, ^{51}Cr, ^{57}Co, ^{58}Co, ^{59}Fe, ^{67}Ga, ^{75}Se, ^{81}Rb–^{81m}Kr, ^{85}Sr, ^{99}Mo–^{99m}Tc, ^{111}In, ^{123}I, ^{125}I, ^{131}I, ^{133}Xe, ^{197}Hg, ^{198}Au, ^{201}Tl, ^{203}Hg

10.9　濃度確認

　事業者は，放射性汚染物に含まれる放射性同位元素の放射能濃度が告示第5号別表第7第3欄(付録2)に示されている基準を超えないことについて，原子力規制委員会または原子力規制委員会の登録を受けた「登録濃度確認機関」の確認(「濃度確認」)を受けることができる。濃度確認を受けて上記の基準濃度を超えないことを確認された物は，放射性同位元素等規制法やその他の法令の適用に関して，放射性汚染物でないものとして取り扱うことができる〔法33の2，則29の2，告5第27条〕。

演 習 問 題

1. 排液の処理法として下記のうち適当と考えられるものに○印, 不適と考えられるものに×印, 適, 不適の判断不能のものに☒印をつけ, それぞれ簡単に理由を述べよ.

(1) キャリヤーフリーの $^{22}Na^+$ を含む溶液に通常の NaCl を加えた.

(2) 微量の単体の放射性ヨウ素を含む溶液に通常の NaI を加えた後, Ag^+ を加えヨウ化銀を沈殿させた.

2. ある研究所のトレーサー実験室には, 排気設備としてフード1台が設置してあり, その排気能力は, 1時間あたり $500 \ m^3$ である. この実験室において密封されていない ^{131}I の化合物のみを使用したいが, 排気口における濃度からみて, 1日(8時間)に使用できる数量の限度はいくらか.

ただし, フード内での飛散率は, 使用数量の 1% とし, フィルターの除去率は考慮しないものとする. なお, 平成12年(2000年)科学技術庁告示第5号別表第2の第5欄に掲げるこの ^{131}I 標識化合物の濃度は $1 \times 10^{-5} \ Bq/cm^3$ である.

3. 主として, ^{54}Mn, ^{56}Mn および ^{59}Fe を使用している放射性同位元素実験室で, ^{56}Mn を含むものと考えられる多量の廃液を一度に流したために貯溜槽が満水となった. 廃液の放射能濃度を測定した結果, $20 \ Bq/cm^3$ で, ^{54}Mn, ^{56}Mn および ^{59}Fe の排水中濃度限度をはるかに超えていた.

1) 廃液の放射能濃度が ^{56}Mn だけによるものであることを確認したい. 放射化学的に重要な手順を3つ簡単に記せ.

参考

核　種	半　減　期	放射線のエネルギー [MeV]		排水中の濃度限度 [Bq/cm³]
		β^-	γ	
^{54}Mn	312日	EC 100%	0.84	1×10^0
^{56}Mn	2.58時間	2.85, 1.04	0.85他	3×10^0
^{59}Fe	44.5日	0.47, 0.27	1.10, 1.29	4×10^{-1}

2) ^{56}Mn 廃液のみであることを確認できたら, 排水するためには何倍に希釈すればよいか.

3) もし, この確認をせずに排水するためには何倍に希釈すればよいか.

4. 放射性同位元素により汚染された廃液の処理法として誤っているものはどれか.

a) ^{59}Fe, ^{60}Co を含む固形物含量の高い酸性の廃液に Fe^{3+} を加えて中和した.

b) 酸類の廃液ために $^{131}I^-$ を含む水溶液を捨てた.

c) 比放射能の高い ^{106}Ru および ^{64}Cu を含む酸溶液に常量の Cu^{2+} を加え硫化水素を通じた.

5. つぎの文章中の (　) の部分に入る適当な記号を選べ.

除染係数(decontamination factor)は, (　) で表わされる. ただし, A は除染前の放射能, B は除染後に残存する放射能とする.

a) $\log \dfrac{A}{B}$　　　b) $\dfrac{A}{B}$　　　c) $\log \dfrac{B}{A}$　　　d) $\dfrac{B}{A}$

6. $Na^{131}I$ 実験の廃液 1l 中の ^{131}I 濃度は, $2 \times 10^3 \ Bq/cm^3$ であった. この廃液を, 同事業所で生ずる濃度 $30 \ Bq/cm^3$ のトリチウム水を用いて, $10 \ m^3$ の希釈槽で減衰を待たずに希釈して排水する場合, 最低何回に分けて希釈排水することが必要か.

なお, 科学技術庁告示第5号別表第2の第6欄に掲げられている $Na^{131}I$ および ^3H_2O の濃度限度は, それぞれ $4 \times 10^{-2} \ Bq/cm^3$ および $6 \times 10^1 \ Bq/cm^3$ である.

7．放射性同位元素に汚染されたものの廃棄方法で正しい組合せはどれか。

    a）消毒綿　　　　　　　――――　不燃物容器

    b）注射針　　　　　　　――――　可燃物容器

    c）ゴム手袋　　　　　　――――　難燃物容器

    d）ガラスバイアル　　　――――　難燃物容器

    e）プラスチックチューブ　――――　不燃物容器

8．固体廃棄物処理で正しいのはどれか。

    a）破砕，圧縮等の前処理を行う。

    b）濡れた可燃物はそのまま処理する。

    c）バイアルの中の残液は残しておく。

    d）注射針など感染の恐れのある物は滅菌する。

    e）ヘパフィルターとプレフィルターはまとめて梱包する。

11. 事 故 と 対 策

11.1 事 故 と は

　放射性物質を保有する施設の火災，放射性物質の盗難・紛失，照射装置の故障による被曝，放射性物質による人体・施設の汚染，さらに不注意による被曝などをも含めて，一般的には放射線事故と称しているが，明確な定義があるわけではない。たとえば，非密封放射性物質の実験を考えると，事故という概念はあいまいになってくる。実験中にろ紙を敷いた作業台の上に1滴の放射性溶液をこぼしたと仮定する。この溶液によって汚染された微少部分の表面密度は，施行規則第1条第1号および告示第5号第8条，別表第4(表7.1，付録2)に示されている表面密度限度の値を超えていることが多い。しかし，この程度の汚染をいちいち事故として取り上げる必要はない。1) 容易に汚染を除去することができ，かつ 2) ほとんど被曝がなかった場合には，事故という用語はむしろおおげさである。一般には，放射線作業中の異常事態で放射線障害が発生するかまたは発生するおそれのあるような場合を放射線事故と呼ぶ。

　平常の適切な放射線管理のもとでは，放射線事故は発生しないはずであるが，数多くある事業所の事故の発生を皆無にすることは不可能であるというのが現実である。そこで，関係者は事故のおこりそうな原因を取り除くよう，管理体制の検討，施設・機器の改良，安全取扱いのための工夫などに，常々，努力を傾けるとともに，万一，事故が発生した場合には，人身の安全保持はもちろんのこと，その被害を最小限に止めるように対策をたてておくことが必要である。

11.2 事 故 の 原 因

　事故の発生はいろいろな原因がからみ合って起こるのが普通であるが，おおまかにはつぎのように分類することができる。

環境要因 $\begin{cases} 機械的要因 \\ 組織・機構上の要因 \end{cases}$　　　　人的要因 $\begin{cases} 精神的要因 \\ 身体的要因 \end{cases}$

　特に，放射線事故の90%以上は人的要因によるものであり，業務従事者の慣れや不注意に基づくものであることから，精神的要因は事故原因の大部分を占める。加えて，組織・機構上の要因に対する対策としての教育訓練[8.4]の重要性を強調したい。

11.3 事 故 対 策

　放射線施設の事故例をみると，実に多くの大小各種の事故がおこっていることがわかる。これらの事故例を分析し検討することは，放射線管理上非常に参考になる。すなわち，事故例について，その原因を調べ，防止方法，緊急処置，事後処置を立ててみることである。自ら経験した事故が最も勉強になり，反省材料になるが，他施設の事故例も参考にして，自施設の教訓とすることも重要である。

　ここでは，比較的発生頻度の高い事故の例とその対策を以下に述べる。

11.3.1　放射性物質をこぼした場合

　放射性核種の取扱い中におこる最も多い事故は放射性核種を床などにこぼすことである。こぼした核種の数量，状態，種類や周囲の条件によって，処理法は当然変わってくるが，一般的な処理法は以下のようなものであろう。

　(1) 同室者にこぼした旨をすぐ知らせる。

　(2) 汚染が拡大しないよう措置をする。

　　1) こぼれた核種が液体の場合には吸取紙でおおい，防護手袋を着用して倒れた瓶をおこすなどする。

　　2) 粉末などの場合にはしめらせたモップなどでおさえ，室の換気を止める。

　　3) 汚染が大きいときには窓や扉を閉じて汚染が漏えいしないようにテープなどで封をする。

　　4) この際，不必要に動きまわってはならない。汚染した着衣はその場にぬぎ捨てる。身体の汚染は直ちに除染する。

　(3) 責任者に知らせる。

　(4) 汚染区域に柵をめぐらせたり，綱を張って標識や注意事項を掲げ，除染関係者以外は立ち入らせない。

　(5) 事故現場にいた者の汚染をサーベイする。汚染を発見すれば除染する。

　(6) 除染中は除染作業者に対して放射線防護について配慮する。

　(7) 除染が完全に行われたかどうかをサーベイする。

　(8) 発生した事故は原因を明らかにして詳細に記録し，事故再発防止の資料とする。

11.3.2　放射性物質の紛失，盗難

　紛失・盗難の対策としては，保管責任者が，線源の使用前後の点検，格納容器への出し入れ，移動を完全に確認し，記録するという初歩的な管理を厳守することにある。特定放射性同位元素の防護のために講ずべき措置[4.4.4]は，セキュリティ対策の例として，特定放射性同位元素を扱わない施設にも大変参考になる。

　万一，線源が紛失した場合には，責任者へ報告するとともに，必要な場合は警察官へも連

絡し，徹底的に探査しなければならない。一般に，小線源の発見はきわめて困難である。

　紛失・盗難線源の放射能が大きいと公衆にまで過剰被曝を与えることになる。1987 年ブラジル・ゴイアニア市で治療用 ^{137}Cs 線源(1.375 Ci)が盗み出され，その後多数の人々に渡る中で 249 名が汚染し，4 名が死亡する事故があった。

11.3.3　セキュリティ対策の強化

　令和元年(2019 年)9 月施行の法改正により，放射性同位元素等規制法は，法律第 1 条に「放射性同位元素の使用，販売，賃貸，廃棄その他の取扱い」「放射線発生装置の使用」「放射性汚染物の廃棄その他の取扱い」について規制することにより，これらによる「放射線障害を防止」し，加えて「特定放射性同位元素を防護」して，「公共の安全を確保する」ことを目的として掲げた。これにともない，法律の名称がこれまでの「放射性同位元素等による放射線障害の防止に関する法律（「放射線障害防止法」または「障防法」)」から「放射性同位元素等の規制に関する法律（「放射性同位元素等規制法」)」に変更されたことは 2.3.1 で述べたところである。

　これにより，「放射性同位元素等規制法」には，放射性同位元素，放射線発生装置および放射性汚染物の取扱いなどにより発生する放射線障害を防止する「放射線障害の防止」の目的に加えて，人の健康に重大な影響を及ぼすおそれがある特定放射性同位元素[4.4.1]によるテロや犯罪を防止するセキュリティ対策として「特定放射性同位元素の防護」[4.4]が新たに盛り込まれた。これは，近年続発しているテロの脅威等を背景に，国際原子力機関(IAEA)が平成 23 年(2011 年)1 月に「放射性同位元素を含む放射性物質および関連施設の防護措置(RI セキュリティ)の実施」を勧告したことを受け，この「特定放射性同位元素の防護」についての規制が施行されるに至った。

11.3.4　放射線事故時の応急措置

　万が一，放射線事故が発生した場合には，以下の原則にしたがって自身の安全を確保しながら速やかに対応すべきである。

1. 人命優先，安全保持：人命救助を優先し，身体安全を確保する
2. 通報：近くにいる人に事故を伝えるとともに，管理担当者・関係機関に通報する[11.3.9]
3. 拡大防止：放射性物質の収納，事故区域の明確化，現場への立入禁止，汚染の除去など，汚染拡大防止措置を行う
4. 過大評価：漏えい線量など事故時の緊急評価は安全側に行う

11.3.5　傷 口 の 汚 染

　汚染傷をおこすようなおそれのある操作を避けることが第一であるが，もし傷口が放射性核種で汚染したと思われるようなときには，一般に以下の応急処置をとる[6.2.6，7.5.2]。

(1) 10〜15 秒以内に大量の流水中で傷口を開いてよく洗う。傷口を開きながら濡れた木綿のガーゼで穏やかに擦る。傷口に汚れがあれば，湿ったガーゼに液状石鹸をつけて取る。

(2) 非常に危険な放射性核種で汚染した場合には，止血をして医師の処置を受ける。止血は静脈だけをとめる程度がよい。

(3) 10〜15 分以内に医師の援助を受けられない場合や，傷が危険度の低い放射性核種で汚染された場合には，静脈だけの止血ができる場合に限って止血を行う。さもなければ，止血を行わないで少なくとも 5 分間程度洗い続ける。もし指の傷なら血をしぼり出すようにして血の逆流を防ぐ。しぼり出した血は分析のために保存する。

（4）できるだけ早く医師に連絡する。傷の汚染を測定し，汚染が残っていれば処置する。

11.3.6　過　剰　被　曝

　照射装置の線源が出ているとき接近して大量の線量をあびるという事故例が多い。この対策としては，常に照射操作にあたって一人の責任者を定め，その指示のもとに作業を進めることを原則とし，照射に関する作業はもちろん，その他すべての活動を統轄することが必要である。責任者は，照射作業を開始する前に，照射室内に人がいないことと管理区域に無用な立入者がいないことを確認しておかねばならない。また，線源使用の開始および終了時に，必ず放射線測定器によって，線源が完全に格納されているかをチェックする。また，照射中における照射室外あるいは棟外周辺の線量モニタリングも行っておく。

11.3.7　放射線治療における誤照射

　放射線治療における事故事例としては，治療患者への過剰・過小照射による誤照射事故，密封小線源の取扱い時における業務従事者の被曝事故や線源紛失事故などがあるが，特に治療患者への誤照射事故が 2000 年代初頭に立て続けにおこり，社会問題になったことは記憶に新しい。これらの原因の大半は人為的ミスであり（表 11.1），医師・診療放射線技師・製造業者間のコミュニケーション不足，人員不足，治療に関する品質保証専門家の欠如などが原因として挙げられた。

　誤照射事故防止のための対策としては，以下のようなものが挙げられる。

（1）放射線治療機器などの導入時には，受入試験およびコミッショニングを適切に行うとと

表11.1　2000年台初頭に本邦で起きた誤照射事故の内容と原因

西　暦	施　　設	内　容	原　　　因
2001年	東京 T 病院	過剰照射	線量補正フィルターの係数入力ミス
2002年	北陸 K 大学病院	過剰照射	線量補正フィルターの係数入力ミス
2003年	東北国立 H 病院	過剰照射	医師と技師の線量計算方法の違い
2004年	東北 Y 大学病院	過小照射	照射範囲の係数初期設定ミス
	東北 Y 市立病院	過剰照射	フィルターの有無の設定ミス
	東北 T 総合病院	過小照射	線量実測時の係数入力ミス
	近畿 W 県立医大	過剰照射	分割回数の入力ミス
	東北 I 医大病院	過剰照射	線量補正フィルターの係数設定ミス

もに，製造者側と使用者側で内容確認を徹底する。精度維持のための定期点検も実施する。

(2) データ入力を行った際には，必ずその値を複数人で検証する。

(3) 照射中の医師の診察は随時行い，皮膚反応や急性反応の有無を確認できるようにする。

(4) 診療放射線技師 2 名以上で，間違いがないかを確認しながら照射を行う。そのうちの 1 名は放射線治療に専従する者とする。

(5) 治療計画装置の計算アルゴリズムやそれぞれのパラメーターの意味を十分に理解する。

(6) 治療に関する品質保証の専門家を専従させる。

(7) 線量計の校正を定期的に行う。

11.3.8 火　　　災

火災は，以上の場合に比べて頻度としてはずっと少ないが，一旦発生すると大事故となる可能性がある。火災対策を常に念頭に置いておかなければならない。

放射性物質を取扱う施設や放射性核種貯蔵庫は，法令の施設基準で耐火性を要求されているため，火災に際して建物全体が危険になることはあまりない。しかし，火災によって放射性物質が空気中に飛散することで，消火作業に危険をおよぼすと同時に汚染を拡大する可能性がある。

放射性物質も化学的には非放射性化合物と同じ性質を有するものであるから，発火や爆発の危険があると考えられるものは，危険物として取扱うことはもちろん，引火性，揮発性その他一般に危険な薬品と同じ場所への保管は避けるべきである。

一般の火災の原因のうち，全体の 20〜25% が電気関係である。耐火建築でも天床は可燃性の内装材が多く，また排気ダクトには塩化ビニールなどが多く使用されている。フードの配線は蒸気などで絶縁抵抗が低下している場合がある。

また，赤外線ランプ，電熱，ハンダゴテなど発熱を目的とする電気器具のコードに容量の足りないものを使用しないように十分注意する必要がある。特に，ビニール被覆線はあっという間に燃えあがる。

火災に対しては放射線管理上必要な事項として，

    1. 放射性物質の保管場所，その種類，数量，形状など

    2. 火災による飛散の危険性

    3. 消火の際，水を使用しては困る区域

    4. 放射線管理担当者，消防署などへの連絡の方法

などを前もって確認しておくとともに，関係者に周知しておくことが重要である。

11.3.9　通報，報告，届出に関する法的手続

放射性同位元素等規制法では，事業者は，放射線障害が発生するおそれのある事故などの以下の事象が生じた場合は，遅滞なく，事象の状況およびそれに対する処置を 10 日以内に原子力規制委員会に報告しなければならない〔法 31 の 2，則 28 の 3〕。

11. 事 故 と 対 策

(1) 放射性同位元素の盗取または所在不明が生じたとき。

(2) 気体状の放射性同位元素等を排気設備で浄化し，排気した場合において，排気設備の排気口または事業所等の境界の排気中放射性同位元素の 3 月間平均濃度が排気中濃度限度を超えたとき。

(3) 液体状の放射性同位元素等を排水設備で浄化し，排水した場合において，排水設備の排水口または事業所等の境界の排水中放射性同位元素の 3 月間平均濃度が排水中濃度限度を超えたとき。

(4) 放射性同位元素等が管理区域外で漏えいしたとき。

(5) 放射性同位元素等が管理区域内で漏えいしたとき（① 漏えいした液体状の放射性同位元素等があらかじめ設置された容器・設備などの堰の外に拡大しなかったとき，② 気体状の放射性同位元素等が漏えいした場所における排気設備の機能が適正に維持されているとき，③ 漏えいした放射性同位元素等の放射能量が空気中濃度限度や表面密度限度を超えないなど漏えいの程度が軽微なときを除く）。

(6) 放射線施設内の人が常時立ち入る場所の実効線量が 1 mSv/週，事業所の敷地の境界および事業所内の人が居住する区域は 250 μSv/3 月の線量限度を超え，または超えるおそれがあるとき。

(7) 放射性同位元素等の取扱いにおける想定していない計画外の被曝をし，その被曝に係る実効線量が放射線業務従事者では年間線量限度の 1/10 にあたる 5 mSv，放射線業務従事者以外の者では 0.5 mSv を超え，または超えるおそれがあるとき。

(8) 放射線業務従事者について実効線量限度若しくは等価線量限度を超え，または超えるおそれのある被曝があったとき。

(9) 廃棄物埋設に係る廃棄の業の線量限度を超えるおそれがあるとき。

さらに，放射性同位元素等規制法では，事業者は放射性同位元素について盗難，所在不明，その他の事故が生じたときは遅滞なくその旨を警察官または海上保安官に届け出ることを定めている〔法 32〕。放射性同位元素等が地震，火災などの災害に遭遇して放射線障害発生のおそれがある場合は，この事態を発見した者はただちに警察官または海上保安官に通報すること，および事業者は遅滞なく，その事故に関して原子力規制委員会へ届け出ることが定められている〔法 33，則 29〕。さらに事業者は，事故が発生してから 10 日以内に，事故の状況およびそれに対する措置を原子力規制委員会に報告しなければならないと定められている〔則 39〕。

医療法施行規則第 30 条の 25 では，病院または診療所の管理者は，地震，火災などの災害または盗難，紛失などの事故により放射線障害が発生し，または発生するおそれのある場合は，ただちにその旨を病院または診療所を管轄する保健所，警察署，消防署その他の関係機関へ通報することが定められている。人事院規則 10-5 第 21 条には，緊急時に関する報告を

すみやかに人事院に行うことを定めている。電離放射線障害防止規則では，第 43 条に事業者が事故に関する報告をすみやかに所轄労働基準監督署長に行うこと，さらに第 44 条では労働者に放射線障害が生じたか生ずるおそれのあるときは，すみやかに所轄労働基準監督署長に報告することが定められている。

　緊急時，事故時の法的に定められている通報，報告，届出に関する法令を関連するものとともに図 11.1 に掲げる。

11. 事 故 と 対 策

(1) 放射性同位元素等規制法関係(放射線事故がおこった場合〔核燃料, 核原料物質 および 放射性医薬品, 治験薬などを診療目的に使用した場合を除く〕)

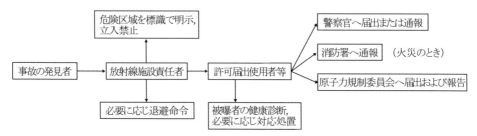

(2) 医療法関係(病院または診療所で放射線事故がおこった場合)

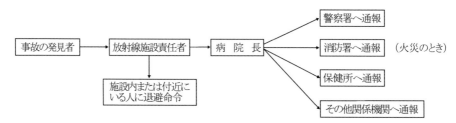

(3) 職員の放射線障害の防止(人事院規則10-5)(国家公務員に放射線事故がおこった場合)

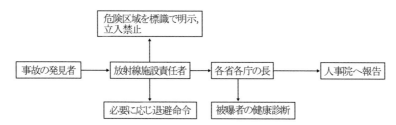

(4) 電離放射線障害防止規則(国家公務員以外の労働者に放射線事故がおこった場合)

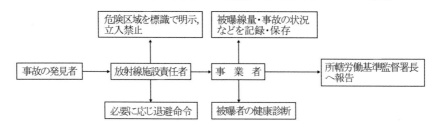

図11.1 放射線施設の事故時の法的手続き*

---

*日本アイソトープ協会編 : 医療用アイソトープの取扱と管理

演 習 問 題

1. 100 GBq 程度の ^{60}Co 密封線源を使用している施設がある。作業中に線源が支持棒やケーブルなどから脱落し，格納できなくなるような事故を想定して，その処置のために，どのような道具を平素から用意しておいたらよいか。その例を 5 つあげよ。

2. 放射線取扱主任者は，使用施設の火災に備えて，平素からどのような対策を講じておくべきかを述べよ。

3. ^{35}S 化合物の相当量を誤って指先に付着させた。とるべき処置を述べよ。

4. 放射線施設において火災が発生した場合，消防隊の到着までどのような応急の措置が講じられるべきか。なお負傷者はなかったものとする。

5. 放射線事故時の対応で応急措置の原則に含まれないのはどれか。

    a）通報

    b）安全保持

    c）安全教育

    d）拡大防止

    e）過大評価

付録1. おもな放射性同位元素と下限数量および濃度

核　種	半減期**	壊変形式	おもな放射線のエネルギー(MeV)		告示第5号別表第1 [1×10^N]		
			α線またはβ線	γ 線	数量(kBq)	濃度(Bq/g)	化学形
^{3}H *	12.32 y	β^-	0.0186		6	6	
^{11}C *	20.39 m	β^+, EC	0.960	$0.511(\beta^+)$	3	1	一酸化物・二酸化物除く
^{14}C *	5700 y	β^-	0.157		4	4	一酸化物・二酸化物除く
^{13}N *	9.965 m	β^+, EC	1.198	$0.511(\beta^+)$	6	2	
^{15}O *	122 s	β^+, EC	1.732	$0.511(\beta^+)$	6	2	
^{18}F *	109.8 m	β^+, EC	0.634	$0.511(\beta^+)$	3	1	
^{22}Na *	2.602 y	β^+, EC	0.546	$0.511(\beta^+),1.275$	3	1	
^{32}P *	14.26 d	β^-	1.711		2	3	
^{35}S *	87.51 d	β^-	0.167		5	5	蒸気以外のもの
^{40}K	1.251×10^9 y	β^-, EC	1.311	1.461	3	2	
^{45}Ca *	162.7 d	β^-	0.257		4	4	
^{51}Cr *	27.70 d	EC		0.320	4	3	
^{54}Mn	312.0 d	EC		0.835	3	1	
^{59}Fe *	44.50 d	β^-	0.274, 0.466	1.099, 1.292	3	1	
^{60}Co *	5.271 y	β^-	0.318	1.173, 1.333	2	1	
^{67}Ga *	78.3 h	EC		0.0933, 0.185, 0.300	3	2	
^{75}Se *	119.8 d	EC		0.136, 0.265, 0.280	3	2	
^{81m}Kr *	13.10 s	IT		0.190	7	3	
^{89}Sr *	50.53 d	β^-	1.495	$0.909(^{89m}Y)$	3	3	
^{90}Sr *	28.79 y	β^-	0.546		1	2	放射平衡中子孫核種(^{90}Y)含め
^{90}Y *	64.00 h	β^-	2.280		2	3	
^{99m}Tc *	6.015 h	IT		0.141	4	2	
^{111}In *	2.805 d	EC		0.171, 0.245	3	2	
^{123}I *	13.22 h	EC		0.159	4	2	
^{125}I *	59.40 d	EC		0.0355	3	3	
^{131}I *	8.021 d	β^-	0.248, 0.334, 0.606	0.284, 0.365, 0.637	3	2	
^{133}Xe *	5.248 d	β^-	0.346	0.081	1	3	
^{137}Cs	30.17 y	β^-	0.514, 1.176	0.662	1	1	放射平衡中子孫核種(^{137m}Ba)含め
^{147}Pm	2.623 y	β^-	0.225		4	4	
^{192}Ir *	73.83 d	β^-, EC	0.259, 0.539, 0.675	0.308, 0.317, 0.468	1	1	
^{198}Au *	2.695 d	β^-	0.961	0.412	3	2	
^{201}Tl *	72.91 h	EC		0.135, 0.167	3	2	
^{210}Po	138.4 d	α	5.304		1	1	
^{222}Rn *	3.824 d	α	5.490		5	1	放射平衡中子孫核種(4核種)含め
^{226}Ra *	1600 y	α	4.601, 4.784	0.186	1	1	放射平衡中子孫核種(5核種)含め
^{228}Th	1.912 y	α	5.340, 5.423	0.0844	0	−1	(α線放出核種)
^{239}Pu	2.411×10^4 y	α	5.106, 5.144, 5.157		0	−1	(α線放出核種)
^{241}Am	432.2 y	α	5.443, 5.486	0.0595	1	0	

* 「放射性医薬品の製造及び取扱規則」に揚げられている核種
** 時間の単位；s: 秒, m: 分, h: 時, d: 日, y: 年

半減期・放射線エネルギー；日本アイソトープ協会編：アイソトープ手帳 11 版(2011).
下限数量・濃度：告示第5号別表第1(1×10^Nの N として記載，数量の単位を kBq に変更).

付　　録

付録2．告示第5号別表

告示別表第1（第1条関係）
　放射線を放出する同位元素の数量及び濃度

第 一 欄		第二欄	第三欄
放射線を放出する同位元素の種類		数量 [Bq]	濃度 [Bq／g]
核　種	化 学 形 等		
^{3}H		1×10^{9}	1×10^{6}
^{7}Be		1×10^{7}	1×10^{3}
^{10}Be		1×10^{6}	1×10^{4}
^{11}C	一酸化物および二酸化物	1×10^{9}	1×10^{1}
^{11}C	一酸化物および二酸化物以外のもの	1×10^{6}	1×10^{1}
^{14}C	一酸化物	1×10^{11}	1×10^{8}
^{14}C	二酸化物	1×10^{11}	1×10^{7}
^{14}C	一酸化物および二酸化物以外のもの	1×10^{7}	1×10^{4}
^{13}N		1×10^{9}	1×10^{2}
^{15}O		1×10^{9}	1×10^{2}
^{18}F		1×10^{6}	1×10^{1}

（以下，略）

告示別表第2（第7条，第14条及び第19条関係）
　放射性同位元素の種類が明らかで，かつ，1種類である場合の空気中濃度限度等

第 一 欄		第 二 欄	第 三 欄	第 四 欄	第 五 欄	第 六 欄
放射性同位元素の種類		吸入摂取した場合の実効線量係数 [mSv／Bq]	経口摂取した場合の実効線量係数 [mSv／Bq]	空気中濃度限度 [Bq／cm³]	排気中または空気中の濃度限度 [Bq／cm³]	排液中または排水中の濃度限度 [Bq／cm³]
核　種	化 学 形 等					
^{3}H	元素状水素	1.8×10^{-12}		1×10^{4}	7×10^{1}	
^{3}H	メタン	1.8×10^{-10}		1×10^{2}	7×10^{-1}	
^{3}H	水	1.8×10^{-8}	1.8×10^{-8}	6×10^{-1}	5×10^{-3}	6×10^{1}
^{3}H	有機物（メタンを除く）	4.1×10^{-8}	4.2×10^{-8}	5×10^{-1}	3×10^{-3}	2×10^{1}
^{3}H	上記を除く化合物	2.8×10^{-8}	1.9×10^{-8}	7×10^{-1}	3×10^{-3}	4×10^{1}
^{7}Be	酸化物，ハロゲン化物および硝酸塩以外の化合物	4.3×10^{-8}	2.8×10^{-8}	5×10^{-1}	2×10^{-3}	3×10^{1}
^{7}Be	酸化物，ハロゲン化物および硝酸塩	4.6×10^{-8}	2.8×10^{-8}	5×10^{-1}	2×10^{-3}	3×10^{1}
^{10}Be	酸化物，ハロゲン化物および硝酸塩以外の化合物	6.7×10^{-6}	1.1×10^{-6}	3×10^{-3}	1×10^{-5}	7×10^{-1}
^{10}Be	酸化物，ハロゲン化物および硝酸塩	1.9×10^{-5}	1.1×10^{-6}	1×10^{-3}	4×10^{-6}	7×10^{-1}

（以下，略）

告示別表第3（第7条及び第14条関係）
放射性同位元素の種類が明らかで，かつ，当該放射性同位元素の種類が別表第2に掲げられていない場合の空気中濃度限度等

第　一　欄		第　二　欄	第　三　欄	第　四　欄
放射性同位元素の区分		空気中濃度限度 [Bq/cm³]	排気中または空気中の濃度限度 [Bq/cm³]	排液中または排水中の濃度限度 [Bq/cm³]
アルファ線放出の区分	物理的半減期の区分			
アルファ線を放出する放射性同位元素	物理的半減期が10分未満のもの	4×10^{-4}	3×10^{-6}	4×10^{0}
	物理的半減期が10分以上，1日未満のもの	3×10^{-6}	3×10^{-8}	4×10^{-2}
	物理的半減期が1日以上，30日未満のもの	2×10^{-6}	8×10^{-9}	5×10^{-3}
	物理的半減期が30日以上のもの	3×10^{-8}	2×10^{-10}	2×10^{-4}
アルファ線を放出しない放射性同位元素	物理的半減期が10分未満のもの	3×10^{-2}	1×10^{-4}	5×10^{0}
	物理的半減期が10分以上，1日未満のもの	6×10^{-5}	6×10^{-7}	1×10^{-1}
	物理的半減期が1日以上，30日未満のもの	4×10^{-6}	2×10^{-8}	5×10^{-4}
	物理的半減期が30日以上のもの	1×10^{-5}	4×10^{-8}	7×10^{-4}

告示別表第4（第8条関係）
表面密度限度

区　　　分	密度 [Bq/cm²]
アルファ線を放出する放射性同位元素	4
アルファ線を放出しない放射性同位元素	40

告示別表第5（第26条関係）：表7.7（p.137）参照
告示別表第6（第26条関係）：表7.8（p.138）参照

告示別表第7（第27条関係）
濃度確認に係る放射能濃度

第　一　欄	第　二　欄	第　三　欄
濃度確認対象物	評価対象放射性同位元素の種類	放射能濃度 [Bq/g]
1　放射性同位元素によって汚染されたものであって金属くず，コンクリート破片，ガラスくず又は燃え殻若しくはばいじん	^{3}H	100
	^{14}C	1
	^{18}F	10
	^{22}Na	0.1
	^{32}P	1000
（途中略，全53核種）		
2　放射線発生装置から発生した放射線により生じた放射線を放出する同位元素によって汚染された物であって金属くず又はコンクリート破片	^{3}H	100
	^{7}Be	10
	^{14}C	1
	^{22}Na	0.1
	^{36}Cl	1
（以下略，全37核種）		

付録3．標識

(1) 放射性同位元素を使用する室

放射性同位元素
使用室

寸法（300×400mm）

該当規定・施行規則第14条の7第1項第9号

設置場所・放射線同位元素を使用する室の出入口またはその付近

(2) 放射線発生装置を使用する室

放射線発生装置
使用室

寸法（300×400mm）

該当規定・施行規則第14条の7第1項第9号

設置場所・放射線発生装置を使用する室の出入口またはその付近

(3) 放射性廃棄物詰替室

放射性廃棄物
詰替室

寸法（300×400mm）

該当規定・施行規則第14条の8において準用する第14条の7第1項第9号

設置場所・放射性同位元素等の詰替えをする室の出入口またはその付近

(4) 廃棄作業室

廃棄作業室

寸法（300×400mm）

該当規定・施行規則第14条の11第1項第10号

設置場所・廃棄作業室の出入口またはその付近

(5) 汚染検査室

汚染
検査室

寸法（200×300mm）

該当規定・施行規則第14条の7第1項第9号および第14条の11第1項第10号

設置場所・汚染検査室の出入口またはその付近

(6) 貯蔵室

貯蔵室

許可なくして
立入りを禁ず

寸法（300×400mm）

該当規定・施行規則第14条の9第7号

設置場所・貯蔵室の出入口またはその付近

(7) 貯蔵箱

貯蔵箱

許可なくして
触れることを禁ず

寸法（150×200mm）

該当規定・施行規則第14条の9第7号

設置場所・貯蔵箱の表面

(8) 貯蔵容器

放射性同位元素

種類		数量	

寸法（150×200mm）

該当規定・施行規則第14条の9第7号

設置場所・容器の表面

(9) 廃棄容器

放射性廃棄物

寸法（150×200 mm）

該当規定・施行規則第14条の10において準用する第14条の7第10号、第14条の11第1項第10号および第19条第4項第2号

設置場所・容器の表面

(10) 排水浄化槽

排水設備
許可なくして立入りを禁ず

寸法（300×400 mm）

該当規定・施行規則第14条の11第1項第10号

設置場所・排水浄化槽の表面またはその付近（排水浄化槽が埋没している場合には、当該埋没箇所の真上またはその付近）の地上および排液処理装置

(11) 排液処理装置

排水設備
許可なくして触れることを禁ず

寸法（200×300 mm）

該当規定・施行規則第14条の11第1項第10号

設置場所・排水浄化槽の表面またはその付近（排水浄化槽が埋没している場合には、当該埋没箇所の真上またはその付近）の地上および排液処理装置

(12) 排水管

比1：2：1：4

寸法（75×150mm）

該当規定・施行規則第14条の11第1項第10号

設置場所・地上に露出する排水管の部分の表面

(13) 排気口及び排気浄化装置

排水設備
許可なくして触れることを禁ず

寸法（200×300 mm）

該当規定・施行規則第14条の11第1項第10号

設置場所・排気口またはその付近および排気浄化装置

(14) 排気管

比1：2：1：4

寸法（75×150mm）

該当規定・施行規則第14条の11第1項第10号

設置場所・排気管の表面

(15) 保管廃棄設備

保管廃棄設備
許可なくして立入りを禁ず

寸法（300×400 mm）

該当規定・施行規則第14条の11第1項第10号

設置場所・保管廃棄設備の外部に通ずる部分またはその付近

(16) 管理区域（使用施設）

管理区域（使用施設）
許可なくして立入りを禁ず

寸法（300×400 mm）

該当規定・施行規則第14条の7第1項第9号

設置場所・管理区域の境界に設けるさく、その他の人がみだりに立ち入らないようにするための施設の出入口またはその付近

(17) 管理区域（廃棄物詰替施設）

管 理 区 域
（廃棄物詰替施設）

許可なくして
立入りを禁ず

寸法（300×400 mm）

該当規定・施行規則第14条の8において準用する第14条の7第1項第9号

設置場所・管理区域の境界に設けるさく その他の人がみだりに立ち入らないようにするための施設の出入口またはその付近

(18) 管理区域（貯蔵施設）

管 理 区 域
（貯蔵施設）

許可なくして
立入りを禁ず

寸法（300×400 mm）

該当規定・施行規則第14条の9第7号

設置場所・管理区域の境界に設けるさく その他の人がみだりに立ち入らないようにするための施設の出入口またはその付近

(19) 管理区域（廃棄物貯蔵施設）

管 理 区 域
（廃棄物貯蔵施設）

許可なくして
立入りを禁ず

寸法（300×400 mm）

該当規定・施行規則第14条の10において準用する第14条の9第7号

設置場所・管理区域の境界に設けるさく その他の人がみだりに立ち入らないようにするための施設の出入口またはその付近

(20) 管理区域（廃棄施設）

管 理 区 域
（廃棄施設）

許可なくして
立入りを禁ず

寸法（300×400 mm）

該当規定・施行規則第14条の11第10号および同条第3項第5号

設置場所・管理区域の境界に設けるさく その他の人がみだりに立ち入らないようにするための施設の出入口またはその付近

(21) 管理区域（届出使用者の使用場所）

管 理 区 域
（放射性同位元素使用場所）

許可なくして
立入りを禁ず

寸法（300×400 mm）

該当規定・施行規則第15条第1項第13号

設置場所・管理区域の境界に設けるさく その他の人がみだりに立ち入らないようにするための施設の出入口またはその付近

(22) 管理区域（届出使用者の廃棄の場所）

管 理 区 域
（放射性同位元素廃棄場所）

許可なくして
立入りを禁ず

寸法（300×400 mm）

該当規定・施行規則第19条第4項第2号

設置場所・管理区域の境界に設けるさく その他の人がみだりに立ち入らないようにするための施設の出入口またはその付近

(23) X線標識

放 射 線
管 理 区 域

注意

指示があるまで入室
しないで下さい。

院 長

Ⅰ 型
（200×300 mm）

管 理 区 域
（エックス線診察室）
装置の定格出力　KV　mA

注意

許可なく立入りを禁ず

院 長

Ⅱ 型
（200×300 mm）

（24）
運搬標識

A型

（第1類白標識）
該当規定・運輸省告示第595号第4条第1項第14条
　　　　　第1項（第1号様式）
寸　　法・(100 × 100 mm)

B型

（第2類黄標識）
該当規定・運輸省告示第595号第4条第2項第14条
　　　　　第2項（第2号様式）
寸　　法・(100 × 100 mm)

C型

（第3類黄標識）
該当規定・運輸省告示第595号第4条第3項第14条
　　　　　第3項第16条第1項（第3号様式）
寸　　法・(100 × 100 mm)

D型

（コンテナ標識）
該当規定・運輸省告示第595号第6条第1項
　　　　　（第5号様式）
寸　　法・(250×250 mm)

（25）
運搬標識

（車両標識）
該当規定・運輸省告示第595号第10条第1項
　　　　　（第7号様式）
寸　　法・(250 × 250 mm)

（事業所内運搬標識）
該当規定・科学技術庁告示第10号第10条第1項
　　　　　（第7号様式）
寸　　法・(150×150 mm)

（注）標識の配色について
　（1）〜（4），（6）〜（11），（13），（15）〜（22）は地色が黄，三葉マークが赤紫である。(5) は緑地に白十字である。(12) は右から順に青，黄，赤紫，黄，(14) は右から順に白，黄，赤紫，黄である。(23)は三角形の内部が黄である。(24)はB型，C型，D型の上部の三角形の内部が黄，I, II, IIIの文字が赤である。
　上記以外の線と文字はすべて黒，地色は白である。

付　　　録

付録 4. 元 素 の 周 期 表

周期＼族	1 (IA)	2 (IIA)	3 (IIIA)	4 (IVA)	5 (VA)	6 (VIA)	7 (VIIA)	8 (VIII)	9 (VIII)	10 (VIII)	11 (IB)	12 (IIB)	13 (IIIB)	14 (IVB)	15 (VB)	16 (VIB)	17 (VIIB)	18 (0)
1	1 H 1.008 水素																	2 He 4.003 ヘリウム
2	3 Li 6.938 リチウム	4 Be 9.012 ベリリウム											5 B 10.81 ホウ素	6 C 12.01 炭素	7 N 14.01 窒素	8 O 16.00 酸素	9 F 19.00 フッ素	10 Ne 20.18 ネオン
3	11 Na 22.99 ナトリウム	12 Mg 24.31 マグネシウム											13 Al 26.98 アルミニウム	14 Si 28.09 ケイ素	15 P 30.97 リン	16 S 32.06 硫黄	17 Cl 35.45 塩素	18 Ar 39.95 アルゴン
4	19 K 39.10 カリウム	20 Ca 40.08 カルシウム	21 Sc 44.96 スカンジウム	22 Ti 47.87 チタン	23 V 50.94 バナジウム	24 Cr 52.00 クロム	25 Mn 54.94 マンガン	26 Fe 55.85 鉄	27 Co 58.93 コバルト	28 Ni 58.69 ニッケル	29 Cu 63.55 銅	30 Zn 65.38 亜鉛	31 Ga 69.72 ガリウム	32 Ge 72.63 ゲルマニウム	33 As 74.92 ヒ素	34 Se 78.96 セレン	35 Br 79.90 臭素	36 Kr 83.80 クリプトン
5	37 Rb 85.47 ルビジウム	38 Sr 87.62 ストロンチウム	39 Y 88.91 イットリウム	40 Zr 91.22 ジルコニウム	41 Nb 92.91 ニオブ	42 Mo 95.96 モリブデン	43 Tc テクネチウム	44 Ru 101.1 ルテニウム	45 Rh 102.9 ロジウム	46 Pd 106.4 パラジウム	47 Ag 107.9 銀	48 Cd 112.4 カドミウム	49 In 114.8 インジウム	50 Sn 118.7 スズ	51 Sb 121.8 アンチモン	52 Te 127.6 テルル	53 I 126.9 ヨウ素	54 Xe 131.3 キセノン
6	55 Cs 132.9 セシウム	56 Ba 137.3 バリウム	57〜71 * ランタノイド	72 Hf 178.5 ハフニウム	73 Ta 180.9 タンタル	74 W 183.8 タングステン	75 Re 186.2 レニウム	76 Os 190.2 オスミウム	77 Ir 192.2 イリジウム	78 Pt 195.1 白金	79 Au 197.0 金	80 Hg 200.6 水銀	81 Tl 204.4 タリウム	82 Pb 207.2 鉛	83 Bi 209.0 ビスマス	84 Po (210) ポロニウム	85 At (210) アスタチン	86 Rn (222) ラドン
7	87 Fr (223) フランシウム	88 Ra (226) ラジウム	89〜103 † アクチノイド	104 Rf (261) ラザホージウム	105 Db (262) ドブニウム	106 Sg (263) シーボーギウム	107 Bh (262) ボーリウム	108 Hs (265) ハッシウム	109 Mt (266) マイトネリウム	110 Ds ダームスタチウム	111 Rg レントゲニウム	112 Cn コペルニシウム	113 Nh ニホニウム	114 Fl フレロビウム	115 Mc モスコビウム	116 Lv リバモリウム	117 Ts テネシン	118 Og オガネソン

金 属 元 素 ／ 非 金 属 元 素

* ランタノイド

57 La 138.9 ランタン	58 Ce 140.1 セリウム	59 Pr 140.9 プラセオジム	60 Nd 144.2 ネオジム	61 Pm (145) プロメチウム	62 Sm 150.4 サマリウム	63 Eu 152.0 ユウロピウム	64 Gd 157.3 ガドリニウム	65 Tb 158.9 テルビウム	66 Dy 162.5 ジスプロシウム	67 Ho 164.9 ホルミウム	68 Er 167.3 エルビウム	69 Tm 168.9 ツリウム	70 Yb 173.1 イッテルビウム	71 Lu 175.0 ルテチウム

† アクチノイド

89 Ac (227) アクチニウム	90 Th 232.0 トリウム	91 Pa 231.0 プロトアクチニウム	92 U 238.0 ウラン	93 Np (237) ネプツニウム	94 Pu (239) プルトニウム	95 Am (243) アメリシウム	96 Cm (247) キュリウム	97 Bk (247) バークリウム	98 Cf (252) カリホルニウム	99 Es (252) アインスタイニウム	100 Fm (257) フェルミウム	101 Md (256) メンデレビウム	102 No (259) ノーベリウム	103 Lr (260) ローレンシウム

安定な同位体がなく、天然同位体組成を示さない元素では、その元素のよく知られた放射性同位体の中から1種を選んで、その質量数を（ ）内に表示した。

参　考　書

〔法令関連〕
(1) 電子政府：法令データ提供システム　e-Gov:https://www.e-gov.go.jp/
(2) 原子力安全技術センター：被ばく線量の測定・評価マニュアル(2000)
(3) 原子力安全技術センター：放射性表面汚染の測定・評価マニュアル(1988)
(4) 川井恵一：放射線関係法規概説―医療分野も含めて―(第9版)，通商産業研究社(2020)

〔ICRPの刊行物〕
　日本アイソトープ協会から入手できる。邦訳は丸善が発売元であり，(8)Publ.60,1990
年勧告以降のものは一般書店でも入手可能である。

(1) Recommendations of the International Commission on Radiological Protection, ICRP
Publication 26(1977)
　　訳：国際放射線防護委員会勧告(1977年1月17日採択)
(2) Limits for Intakes of Radionuclides by Workers, Part 1, Part 2, Part 3, Part 4, ICRP
Publication 30(1978)
　　訳：作業者による放射性核種の摂取の限度
(3) Protection against Ionizing Radiation from External Sources used in Medicine, ICRP
Publication 33(1981)
　　訳：医学において使用される体外線源からの電離放射線に対する防護
(4) Protection of the Patient in Diagnostic Radiology, ICRP Publication 34(1982)
　　訳：X線診断における患者の防護
(5) Protection against Ionizing Radiation in the Teaching of Science, ICRP Publication
36(1982)
　　訳：科学の授業における電離放射線に対する防護
(6) Protection of the Patient in Radiation Therapy, ICRP Publication 44(1984)
　　訳：放射線治療における患者の防護
(7) Protection of the Patient in Nuclear Medicine, ICRP Publication 52(1987)
　　訳：核医学における患者の防護
(8) Recommendations of the International Commission on Radiological Protection, ICRP
Publication 60(1990)
　　訳：国際放射線防護委員会の1990年勧告
(9) Principles for Intervention for Protection of the Public in a Radiological Emergency, ICRP
Publication 63(1992)
　　訳：放射線緊急時における公衆の防護のための介入に関する諸原則
(10) Radiological Protection and Safety in Medicine, ICRP Publication 73 (1996)
　　訳：医学における放射線の防護と安全
(11) Conversion Coefficients for use in Radiological Protection against External Radiation,
ICRP Publication 74(1995)

参　考　書

　　　訳：外部放射線に対する放射線防護に用いるための換算係数
（12）Avoidance of Radiation Injuries from Medical Interventional Procedures, ICRP
　　　Publication 85（2001）
　　　訳：IVR における放射線傷害の回避
（13）The 2007 Recommendations of the International Commission on Radiological Protection,
　　　ICRP Publication 103（2007）
　　　訳：国際放射線防護委員会の 2007 年勧告
（14）Radiological Protection in Medicine, ICRP Publication 105（2007）
　　　訳：医療における放射線防護

〔ICRUの刊行物〕
（1）Radiation Quantities and Units, ICRU Report 33（1980）
（2）The Quality Factor in Radiation Protection, ICRU Report 40（1986）
（3）Quantities and Units in Radiation Protection Dosimetry, ICRU Report 51（1993）

〔UNSCEARの刊行物〕
（1）United Nations Scientific Committee on the Effects of Atomic Radiation : Sources and
　　Effects of Ionizing Radiation : UNSCEAR 2000 Report
　　　放射線医学総合研究所監訳：放射線の線源と影響［上］・［下］，実業公報社（2002）
（2）United Nations Scientific Committee on the Effects of Atomic Radiation : Sources and
　　Effects of Ionizing Radiation : UNSCEAR 2008 Report
　　　放射線医学総合研究所監訳：放射線の影響　原子放射線の影響に関する国連科学委員会
　　UNSCEAR 2008 年報告書 第 1・2 巻，放射線医学総合研究所（2012）
（3）Report of the United Nations Scientific Committee on the Effects of Atomic Radiation
　　2010 : Fifty-seventh Session, includes Scientific Report: Summary of Low-dose
　　Radiation Effects on Health
　　　放射線医学総合研究所監訳：原子放射線の影響に関する国連科学委員会　UNSCEAR
　　2010 年報告書，放射線医学総合研究所（2013）

〔原子力安全研究協会の刊行物〕
（1）原子力安全研究協会 : 新版　生活環境放射線(国民線量の算定)，原子力安全研究協会
　　（2011）

〔一般書籍〕
（1）柴田徳思編：放射線概論(第 12 版)，通商産業研究社（2019）
（2）柴田徳思・中谷儀一郎・山﨑真：放射線物理学(改訂 2 版)，通商産業研究社（2019）
（3）日本アイソトープ協会：アイソトープ手帳 11 版（2011）
（4）日本規格協会：JIS ハンドブック 39　放射線(能)（2011）
（5）日本規格協会：JIS ハンドブック 77　医用放射線（2018）
（6）電気事業連合会：原子力コンセンサス（2019）

演 習 問 題 解 答

1. 放射線管理と線量

1. $\dfrac{1\ \mathrm{C}}{1.6\times10^{-19}\ \mathrm{C}}\times34\ \mathrm{eV}\times1.6\times10^{-19}\ \mathrm{J/eV}=34\ \mathrm{J}$

   したがって X 線, γ 線による外部被曝については

   $$1\ \mathrm{C/kg}\rightarrow34\ \mathrm{Gy}\rightarrow34\ \mathrm{Sv}$$

   とみてよい。

2. 1 生殖腺, 2 水晶体, 3 蓄積, 4 β 線, 5 内部

3. カッコ内には最初の制定年月日のみをしるす。
   1) 原子力基本法(昭 30.12.19 法律第 186 号)
   2) 核原料物質, 核燃料物質及び原子炉の規制に関する法律(昭 32.6.10 法律第 166 号)
   3) 核燃料物質, 核原料物質, 原子炉及び放射線の定義に関する政令(昭 32.11.21 政令第 325 号)
   4) 放射性同位元素等の規制に関する法律(昭 32.6.10 法律第 167 号)
   5) 放射性同位元素等の規制に関する法律施行令(昭 35.9.30 政令第 259 号)
   6) 放射性同位元素等の規制に関する法律施行規則(昭 35.9.30 総理府令第 56 号)
   7) 放射線を放出する同位元素の数量等を定める件(平 12.10.23 科学技術庁告示第 5 号)
   8) 医療法施行規則(昭 23.11.5 厚生省令第 50 号)
   9) 放射性医薬品の製造及び取扱規則(昭 36.2.1 厚生省令第 4 号)
   10) 薬局等構造設備規則(昭 23.11.5 厚生省令第 50 号)
   11) 放射性医薬品基準(平 28.3.28 厚生労働省告示第 107 号)
   12) 電離放射線障害防止規則(昭 47.9.30 労働省令第 41 号)
   13) 職員の放射線障害の防止(昭 38.9.25 人事院規則 10-5)

4. γ 線による 0.01 Gy の全身被曝は等価線量で 0.01 Sv であり, これが実効線量の値でもある。

   β 線による 0.1 Gy の被曝は等価線量で 0.1 Sv であるが, 特定の臓器(甲状腺)のみの被曝であるから, その実効線量 H_{E} は

   $$H_{\mathrm{E}}=w_{\mathrm{T}}\times H_{\mathrm{T}}=0.04\times0.1=0.004\ \mathrm{Sv}$$

   となるため, 前者の方が大きい。

5. d) 1.5.4 参照

6. a) 1.5.5 参照

7. c), d) 1.5.4 および 1.5.5 参照

2．国際放射線防護委員会の勧告と放射性同位元素等規制法

1．告示第 5 号別表第 2 を参照して

$$0.5 \text{ mSv} + 1 \text{ mSv} \times \frac{0.5 \times 10^4}{1 \times 10^4} = 1 \text{ mSv}$$

2．

(1) $C + O_2 \longrightarrow CO_2$

炭素 12 g が完全燃焼すると二酸化炭素が 22.4×10^{-3} m^3 生ずる。したがって，炭素 1,200 g が完全燃焼すると 2.24 m^3 の二酸化炭素が生ずる。燃焼に使われた酸素と燃焼の結果生じた二酸化炭素は同量であるから，排気ガスの量は

$$2.24 + 2.24 \times 4 = 11.2 \text{ m}^3 = 11.2 \times 10^6 \text{ cm}^3$$

排気ガス中の ^{14}C の濃度は

$$\frac{10^5 \text{Bq}}{11.2 \times 10^6 \text{cm}^3} = 0.89 \times 10^{-2} \text{ Bq/cm}^3$$

となり，濃度限度以下であるから排出させることができる。

(2) 8 時間における総排気量は

$$150 \times 10^6 \text{ cm}^3 \times 4 \times 8 = 4.8 \times 10^9 \text{ cm}^3$$

^{14}CO$_2$ の排気中の平均濃度は

$$\frac{8 \times 10^7 \text{Bq}}{4.8 \times 10^9 \text{cm}^3} = 1.7 \times 10^{-2} \text{ Bq/cm}^3$$

^{14}CO$_2$ の排気中の濃度限度は，2×10^{-2} Bq/cm^3 であるから，妥当である。

(3) 8 m^3 の排水中の ^{14}C の濃度は

$$\frac{5 \times 10^8 \text{Bq}}{8 \times 10^6 \text{cm}^3} = 0.63 \times 10^2 \text{ Bq/cm}^3$$

であるから，このままでは排水とともに廃棄することができない。

3．2.3.5 参照

4．2.1 および 2.3 参照

5．2.2.1 参照

6．b）　2.1.2 参照

7．c）　2.3.4 参照

3. 人間の被曝線量：放射線衛生学

1. 3.2.1 参照

2. 式（3.7）により
$$D = \frac{100 \times 0.5 \times 200 + 100 \times 0.5 \times 200}{(100 \times 2 + 100 \times 2) + (100 \times 0.5 + 100 \times 0.5)} = 40\ \mu\text{Sv}$$

3. $160\ \mu\text{Sv}$

4. 2 の場合も 3 の場合もともに
$$D_\text{g} = \frac{200 \times 200}{400} = 100\ \mu\text{Sv}$$

である。

5. b) 3.1 参照「新版生活環境放射線（国民線量の算定）」（原安協 2011）

演習問題解答

4. 放射線源

1. ^{3}H の下限数量は 1×10^9 Bq, 濃度は 1×10^6 Bq/g である(付録 1)。数量, 濃度の両方が告示別表の値を超えるものだけが放射性同位元素等規制法上の放射性同位元素となることから, この場合は, 法律の規制を受けない。

2. ^{60}Co の下限数量は 10^2 kBq, ^{137}Cs の下限数量は 10^1 kBq である(付録 1)ので, 密封線源ではそれぞれ 1 個あたりの数量で判断し,

$$^{60}\text{Co} : 74/100 = 0.74 < 1, \quad ^{137}\text{Cs} : 3.7/10 = 0.37 < 1$$

で各線源は 1 個あたりではすべて下限数量以下である。したがって, 下限数量以下のものを何個使用していても, 放射性同位元素等規制法の規制の対象とはならない。また, 数量および濃度のどちらか一方が規制下限値以下であれば, 法規制の対象とはならないため, 濃度に関わらず数量が下限値以下であることから規制対象とはならない。

3. ^{14}C, ^{32}P, ^{131}I の下限数量はそれぞれ 10^4 kBq, 10^2 kBq, 10^3 kBq である(付録 1)。非密封の放射性同位元素の数量は, 事業所全体の所持している核種ごとの割合の和で判定する必要があるため,

$$3700/10000 + 37/100 + 370/1000 = 1.11 > 1$$

となり, 割合の和が 1 を超えている。したがって, この場合には ^{14}C, ^{32}P, ^{131}I のすべてが数量に関しては放射性同位元素とみなされる。

4. 天然アミノ酸で栄養素である L-メチオニン(methionine)は組織(細胞内)に取り込まれた後, 多くの代謝経路を経て, 多様な代謝物に変化する。一般にアミノ酸は, タンパク質生合成の原料としてタンパク質に組み込まれる。一方, 分解代謝を受けるとさまざまな代謝経路を経るが, カルボニル基(1 位炭素)は最終的に脱炭酸を受けた後に二酸化炭素 CO_2 として細胞外に排出される。また, L-methionine に特有の代謝経路として S-adenosyl-L-methionine を経て S-メチル基がメチル基転移を受ける。これらの代謝を模式的に示すと以下のようになる。

標識 L-methionine を生体内に投与後の時間が経つにつれて, L-methionine の構造を保持したままの未変化体はわずかとなり, 放射能の大部分はタンパク質をはじめとする多様な放射性代謝物として組織に分布しており, 最終的には体外に排出される。

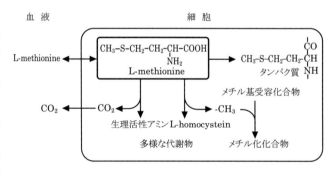

いずれにしても, 生体内に投与された化学物質は, 速度の差はあれ, 代謝によって化学構造が変化する。特に天然アミノ酸のように, 元来栄養素として利用される化合物は, 多様な酵素の基質となって, 数分レベルで代謝変化を受けるので, その結果の解析には, これら代謝の影響を考慮しなければならない(実証的には, 組織中の放射性代謝物の割合を分析する必要がある)。

5. 放射線防護の原則

1. (1) 入射光子が細い平行線束であり，物質でコンプトン散乱を受けた光子は平行線束から完全に除外された場合にあてはまる。

(2) 入射光子が広がった線束のとき，物質でコンプトン散乱を受けた散乱線が物質透過後の測定点における照射線量率を B 倍に増加させる。B がビルドアップ係数と呼ばれるものである。

(3) 遮蔽物の材質および厚さ，γ 線のエネルギー，有効線束のひろがり，線源，遮蔽物および測定地点の間の距離などによって変化する。

2. ^{60}Co 密封線源の放射能を A[MBq]とすると

$$\frac{A}{2^2} \times 0.347 = 4.34 \qquad \text{から} \qquad A = 50.0 \text{ MBq}$$

3. 0.98 cm

4. 正しい。$\mu \approx \sigma \propto NZ$($Z$ は遮蔽物の原子番号，N は遮蔽物の 1 cm^3 中の原子数)から考えよ。

5. 1) p.81 例題と同じであるが，2 つの別解を示す。

① ビルドアップ係数を含んだ鉛半価層が 1.2 cm であることを知っていれば，この厚さの鉛 14 枚で 1/10,000 以下に減弱させることができるため

$$1.2 \text{ cm} \times 14 = 17 \text{ cm}$$

となる。

ビルドアップ係数を含んだコンクリート半価層は

$$1.2 \text{ cm} \times \frac{11.34}{2.35} \fallingdotseq 6 \text{ cm}$$

であるから

$$6 \text{ cm} \times 14 = 84 \text{ cm}$$

となる。

② ビルドアップ係数を先に決めると簡単に解ける。

コンクリートの厚さが 70 cm，90 cm，110 cm のいずれであっても，ビルドアップ係数は b) 20 となる。そこで狭い平行線束に対して

$$\frac{1}{10,000} \times \frac{1}{20} = \frac{1}{200,000}$$

になるような厚さを求めればよい。

$$200,000 = 1,000 \times 200$$
$$\approx 2^{10} \times 2^8 = 2^{18}$$

であるから

$$5 \text{ cm} \times 18 = 90 \text{ cm}$$

となる。

2) α 線の空気中における飛程が数 cm くらいであることを知っていれば $E^{3/2}$ を $E=4$ または $E=7$ で概算してみて $K=0.318$ が正しいことがわかる。

3) 与えられた壊変図式から，壊変原子数の 1.4% は，1.088 MeV のエネルギーの γ 線を出して ^{198}Hg となったことに相当するので，この分の線量率に対する寄与は

$$D_1 = \frac{0.55 \times 1 \times 0.014 \times 1.088}{1^2} = 0.01 \text{ R/h}$$

壊変原子の 98.6% は 0.412 MeV の γ 線を出すから

$$D_2 = \frac{0.55 \times 1 \times 0.986 \times 0.421}{1^2} = 0.223 \text{ R/h}$$

　　したがって全体では，0.23 R/h となる。

6．d)　5.3.1 参照

7．d)　5.3 参照

6. 施設・設備・機器と安全取扱い

1. 1) 許可使用者の場合には法第 10 条第 6 項の規定に基づく使用の場所の一時的変更届を，届出使用者の場合には法第 3 条の 2 第 2 項の届出使用に係る変更の届出を，あらかじめ文部科学大臣に行う。

2) 装置を運搬するときは，線源容器を兼ねている線源収納部の表面で $H_{1\,cm}$ 2 mSv/h，1 m 離れたところで $H_{1\,cm}$ 100 μSv/h 以下とし，かつ，所定の標識をつける。また自動車などで運搬する場合には，放射性同位元素等車両運搬規則に基づいて行う（7.6 参照）。

3) 実効線量で 1.3 mSv/3 月を超えるおそれのある範囲を管理区域とし，人がみだりに立ち入らないように柵，なわ張り，その他人がみだりに立ち入らないための施設を設け，管理区域の境界には標識を付ける。

4) 管理区域の眼につきやすい場所に放射線障害の防止に必要な注意事項を掲示する。

5) 放射線業務従事者以外のものが管理区域に立ち入るときは，放射線業務従事者の指示に従わせる。

6) 常時立ち入る場所は，遮蔽などにより実効線量で 1 mSv/週以下とする。

7) 使用する場所の周囲に居住区域があるときは，その居住区域を実効線量で 250 μSv/3 月以下とする能力を有する遮蔽物を設ける。

8) 照射にあたり必要以上に照射時間をかけたり装置に近づいたりしない。

9) 操作はできるだけ遠隔操作装置を用いて十分な距離をとる。

10) 作業中各個人は，個人被曝線量計を用いて被曝線量を測定する。

11) 放射線業務従事者は，実効線量限度を超えないようにする。

12) 被曝し，または被曝するおそれのあるときは保健上必要な措置を直ちに行う。

13) 測定器を使用して場所の線量率を適宜測定するとともに放射線源の破壊，漏えい，その他による汚染の有無を測定により検査する。

14) 作業に従事する者やその他の関係者に対して使用方法その他放射線障害の発生の防止のために必要な教育訓練を施す。

15) 照射装置には常に見張をつけて盗難，行方不明などの事故を防ぐ。

16) 危険時の措置についてあらかじめ連絡周知しておく。

2. 1) 気体状の放射性同位元素または放射性同位元素によって汚染された空気の拡がりを防止するため排気設備に連結すること。

2) 汚染されるおそれのある部分の表面は，平滑であり，気体または液体が浸透しにくく，かつ，腐食しにくい材料で仕上げること。

3) 使用目的によっては，放射線に対して適切な遮蔽を設けること。

4) 電気関係，ガス，水道などの内部設備は外部から調節できるようにすること。
（注）解答の(1)および(2)は則 14 条の 7 第 1 項第 4 号に記載されている事項である。

3. 1) 理由 （イ）長期使用による容器の破損，きれつなどの発生

（ロ）温度および湿度の変化などによる容器または内容物の化学的変化による漏えい，浸透などが発生することが考えられ，このため装置の表面付近並びに空気を汚染する可能性があるためである。

2) 方法 （イ）スミア法[7.3.2 参照]

（ロ）空気の汚染
気体状または揮発性の物質の場合には，線源周囲の空気を気密の電離箱に取り，これを振動容量形電位計などに接続して測定する[7.3.3 参照]

演習問題解答

4．(1) 1. 取扱う放射性同位元素の放射性毒性の程度
　　　　2. 取扱う放射性同位元素の数量および物理的，化学的状態
　　　　3. 取扱う業務の内容
　　(2) 1. 空気の流れを，低レベルの区域から高レベルの区域に流すことができる。
　　　　2. 管理のために都合がよく，レベルごとに区分して管理することもできる。
　　　　3. 不測の事故のおこった場合，適当な場所で区分して遮断できる。
　　　　4. 設計，施工が容易である。
5．d)　6.2.4 参照
6．e)　6.2.2 参照

7．環境の管理

1．1）不経済である。

   2）管理区域のうち 1.3 mSv/3 月以下の場所を管理区域から解除して他の目的に使用する場合には，改めて文部科学大臣の許可を得なければならない。

2．放射線業務従事者の実効線量を算定しやすいためである。

3．管理区域は実効線量で 1.3 mSv/3 月を超えるおそれのある場所となるので，空間線量率では 1300 μSv/(13 週×40 h)＝2.5 μSv/h を超えるおそれのある場所となる。A 地点は当然管理区域内でなければならない。常時立ち入る場所では実効線量当量で 1 mSv/週なので，1000 μSv/40 h＝25 μSv/h となるから B 地点では遮蔽を強化して空間線量率を低くしなければならない。

4．各点の cpm を Bq に換算するとつぎのようになる。

$$\text{A 点}\quad 10\times\frac{24}{60}=4\text{ Bq/cm}^2$$

^{90}Sr は通常 ^{90}Y と永年平衡になっているので，A 地点での 24 cpm/cm^2 は，^{90}Sr から放出される β 線による 12 cpm/cm^2 と ^{90}Y からの β 線による 12 cpm/cm^2 との和である。したがって，A 地点では ^{90}Sr の表面密度は 2 Bq/cm^2，^{90}Y の表面密度は 2 Bq/cm^2 でその合計の表面密度は 4 Bq/cm^2 となる。

$$\text{B 点}\quad 10\times\frac{36}{60}=6\text{ Bq/cm}^2$$

管理区域内から持ち出すことのできる物の表面密度は，β 線を放出する核種では 4 Bq/cm^2（表 7.2 の 1/10）以下であるから，汚染除去作業を行って，表面密度を 4 Bq/cm^2 以下に下げなければ管理区域から持ち出すことはできない。

5．廃液の測定値から濃度を計算するとつぎのようになる。

$$10\times\frac{240}{60\times100}=0.4\text{ Bq/cm}^2$$

告示第 5 号別表第 2 の第 6 欄に掲げる ^{45}Ca の濃度限度は 1×10^0 Bq/cm^3 であるから，放流できる。

6．(1) 1. 40   2. $m=\dfrac{A\times T}{0.693\times6.0\times10^{23}}\times\left(-\dfrac{\mathrm{d}N}{\mathrm{d}t}\right)$ 3. 2.18×10^{-16} 4. スミア

   (注) 2. $\mathrm{d}N=-\lambda N\mathrm{d}t$ $N=\dfrac{1}{\lambda}\left(-\dfrac{\mathrm{d}N}{\mathrm{d}t}\right)$ ここで $\lambda=\dfrac{0.693}{T}$ である。

   (2) 1. 測定器などを用いて汚染の状況を調べる。

     2. 汚染の拡大防止につとめる。

     3. 除染作業にあたる人は必要に応じて保護具などを着用する。

     4. 除染作業に用いた布などの廃棄物の処理方法を考えておく。

     5. 除染後は作業者の手などに汚染がないことを確認し，また汚染部分の除染が完了していることも測定器などを用いて確認する。

7．真の値は 0.347 μmSv·m^2·MBq^{-1}·h^{-1}×50 MBq×$\left(\dfrac{1}{2\text{ m}}\right)^2$＝4.34 μSv·h^{-1} である。

   よって，校正定数は，$\dfrac{4.34\ \mu\text{Sv·h}^{-1}}{3.94\ \mu\text{Sv·h}^{-1}}$＝1.10 となる。

8．この問題は事業所外の輸送であり，^{60}Co の放射能から A 型輸送物となる。A 型輸送物については，1) 表面から 1 m 離れた点で $H_{1\text{ cm}}$ が 100 μSv/h 以下，2) 表面の $H_{1\text{ cm}}$ が 2 mSv/h 以下であることが必要である〔則 18 の 5〕。

1) 線源から 1 m の距離における $H_{1\,\mathrm{cm}}$

${}^{60}\mathrm{Co}$ の γ 線に対する鉛の半価層は 1.2 cm であるから，$H_{1\,\mathrm{cm}}$ は 3.6 cm の鉛の厚さでは 1/8 に減少する。したがって ${}^{60}\mathrm{Co}$ 1850 MBq では

$$1850\ \mathrm{MBq} \times 0.347\ \mu\mathrm{Sv \cdot MBq^{-1} \cdot m^2 \cdot h^{-1}} \times \frac{1}{8} = 80.2\ \mu\mathrm{Sv \cdot m^2 \cdot h^{-1}}$$

線源から 1m の距離で 80.2 μSv/h となる。箱の大きさが各辺 30 cm であるから箱の表面から 1 m 離れた点では 80.2 μSv/h より小さくなり 100 μSv/h 以下の条件を満たす。

（注）1.2 cm は広い線束に対する，すなわちビルドアップを含んだ半価層である。

2) 箱表面における $H_{1\,\mathrm{cm}}$

箱の大きさは各辺 30 cm であるから，中心から表面までの距離は 15 cm である。

線源から 1 m の距離で 80.2 μSv/h であったので線源から 15 cm のところでは，

$$80.2\ \mu\mathrm{Sv/h} \times \left(\frac{100}{15}\right)^2 = 3.56\ \mathrm{mSv/h}\ \text{となる。}$$

容器表面における $H_{1\,\mathrm{cm}}$ は 3.56 mSv/h であるから，2 mSv/h の条件を満たさない。

したがって，容器を大きくしなければ A 型輸送物として扱えない。

9．(1) ① ${}^{90}\mathrm{SrCl_2}$ を下水に流した場合，人の体内に入るまでの経路は概略下図のとおりである。

② ${}^{90}\mathrm{Sr}$ は物理学的半減期が 28.8 年と長く，その娘核種である ${}^{90}\mathrm{Y}$ が放出する β 線のエネルギーがきわめて高いため，体内に ${}^{90}\mathrm{Sr}$ を摂取した場合はこれによる被曝が問題となる。加えて ${}^{90}\mathrm{Sr}$ は骨，歯に沈着し，早期の症状としては造血器への影響が，また晩発症状としては骨肉種，白血病などの発生が考えられる。

(2) ${}^{131}\mathrm{I}$ が空気中に放出されると，人が直接呼吸することにより体内に摂取され血中に入る。血中に入った ${}^{131}\mathrm{I}$ は甲状腺に選択的に摂取蓄積される。${}^{131}\mathrm{I}$ の物理学的半減期は 8 日であり，比較的短いが，甲状腺における生物学的半減期は 138 日と長いので障害が大きい。

10．式(7.2)を用いて，$D = 3.5\ \mu\mathrm{Gy/h}$ となる。

11．そのまま下水に排出し得る濃度は，既知核種の混合溶液の場合，おのおのの核種の廃液中の濃度と，告示第 5 号別表第 2 の第 6 欄の濃度限度の比の合計が 1 を超えない場合に限られる。

$$\left(\frac{1.5 \times 10^{-1}}{3 \times 10^{-1}} + \frac{1 \times 10^{-1}}{1 \times 10^{0}} + \frac{1 \times 10^{0}}{2 \times 10^{0}}\right) = \frac{1}{2} + \frac{1}{10} + \frac{1}{2} = 1.1 > 1$$

であるから，そのまま流すことはできない。減衰を待つかまたは希釈して 1 以下にして流す。

12．空気等価で平衡厚の壁を持つ電離箱では光子によって生じた電離箱中の電流の大きさが照射線量率に比例する。これに対し GM 計数管およびシンチレーションカウンタはそれぞれ計数管またはシンチレータの内部に放射線によって生じたパルスの数を測定しているので，測定値が必ずしも照射線量率に比例しない。

13．いま線源から 2 m の距離における $H_{1\,\mathrm{cm}}$ を計算すれば

$$2.22 \times 10^{3}\ \mathrm{MBq} \times 0.347\ \mu\mathrm{Sv \cdot m^2 \cdot MBq^{-1} \cdot h^{-1}} \times \left(\frac{1}{2\ \mathrm{m}}\right)^2 = 192\ \mu\mathrm{Sv/h}$$

常時立ち入る場所における線量限度は 1 週当り 1 mSv，作業時間が 1 週 40 時間であるから 1 時間当りにすると (1/40) mSv/h，すなわち 25 μSv/h となる。したがって 192 μSv/h を 25 μSv/h とするため

に要する壁の厚さを鉛の半価層の n 倍とすれば

$$\left(\frac{1}{2}\right)^n = \frac{25}{192} = \frac{1}{7.68} \qquad 2^n = 7.68 \qquad n \fallingdotseq 3$$

ゆえに，必要とする鉛の厚さは 3.6 cm。

(注) 半価層 1.2 cm は広い線束に対するすなわちビルドアップを含んだ半価層である。

14．(1) 隣室壁面での 1 週間あたりの照射線量

最初の放射能 N_0，使用時間 τ，半減期 T とすれば，

$$N = \frac{1}{\tau}\int_0^\tau N_0 e^{-\frac{0.693t}{T}}dt = \frac{N_0}{\tau}\left(\frac{1}{-\frac{0.693}{T}e^{\frac{0.693}{T}t}}\right)_0^\tau$$

$N_0 = 37$ GBq, $T = 2$ h, $\tau = 4$ h であるから

$$N = \frac{37\ \text{GBq}}{4}\times\left\{-\frac{2}{0.693e^{0.693\times2}}+\frac{2}{0.693}\right\} = \frac{37\ \text{GBq}}{4}\times\left(-\frac{2}{0.693\times4}+\frac{2}{0.693}\right)$$
$$= 20\ \text{GBq}$$

コンクリートの半価層を x cm とすれば $(1/2)^{10/x} = 1/4$ から $x = 5$

壁面での $H_{1\,\text{cm}}$ を $D\ \mu$Sv/h とすれば 37 Bq あたり

$$D\ \mu\text{Sv/h} = 4\ \text{mSv/h}\times\frac{1}{3^2}\times\frac{1}{2}\ \text{である。}$$

20 GBq では $\dfrac{20}{37}\times4\ \text{mSv/h}\times\dfrac{1}{3^2}\times\dfrac{1}{2} = 0.120\ \text{mSv/h}$

隣室の壁面 1 週間(使用時間 4 時間)では

$$120\ \mu\text{Sv/h}\times4\ \text{h/週} = 480\ \mu\text{Sv/週である。}$$

(2) 隣室への考慮

1) 前記の値は，1.3 mSv/3 月を超えるので，隣室が管理区域内になければならない。

また，1 mSv/週以下であるので，この部屋で放射線業務従事者が作業を行っても差し支えない。

2) 1.3 mSv/3 月以下になるところに柵などを設けて管理区域とし，標識をつける。

3) 実験中は放射線業務従事者以外の一般人などは隣室にみだりに立ち入らないようにし，立ち入る場合には放射線業務従事者の指示に従わせる。

4) 隣室が管理区域でなければ，壁厚を増して壁面で 1.3 mSv/3 月以下にする。

15．事業所内で管理区域のすぐ外側であれば，たしかに 1.3 mSv/3 月以下であるが，職員宿舎すなわち居住区域とするためには 250 μSv/3 月以下であることが必要である。外部放射線量と空気中濃度のほかに水中濃度を複合して，この線量限度を満たさなければならない。250 μSv/3 月以下を確保するために，20 μSv/週を目処とすることが必要である。

16．d) 7.1.3～7.1.5 参照

17．c) 7.3.2 参照

18．b) 7.5.2 参照

8. 個人の管理

1. 環境が完全に管理されていれば，放射線業務従事者はたしかに 100 mSv/5 年を超えて被曝することはない。しかし，放射線業務従事者の集積線量を知ることは，放射線業務従事者の障害有無の判定，ひろくは健康診断に欠くことのできないものである。個人の被曝線量を環境管理のデータから求めることは，(1) 個人の作業位置や姿勢は時々刻々変化する，(2) 事故の場合など，きわめて困難である。したがって，個人の管理は必要であり，法的にも義務づけられているのである。

2. 被曝線量測定記録

氏名　○○○○

所属　○○○○○

月　　日	測定部位	線量 $[\mu Sv]$	測定器	測定方法	3ヶ月(女子にあっては1ヶ月)ごとの集計および年間集計	備　考	測定者	本人印

3. (1) 個人について測定しなければならない事項およびそのための測定器

　　1. 外部被曝

　　　　胸部(女子*は腹部)について $H_{1\,cm}$，$H_{70\,\mu m}$ 線量当量を測定すること。

　　　　ただし，人体部位を「頭部および頸部」，「胸部および上腕部」，「腹部および大腿部」に分けたとき，最大被曝部位が「胸部および上腕部」(女子*にあっては「腹部および大腿部」以外の場合は，当該部位についても測定する。

　　　　最大被曝部位が上記部位以外の場合は，$H_{70\,\mu m}$ 線量当量についても測定する。

　　　　　*妊娠不能と診断された者および妊娠の意思が無い旨を使用者等に書面で申し出た女子を除く。

　　　　測定器は通常ガラス線量計または OSL 線量計，ポケット線量計などである。

　　2. 人体または着用物の表面汚染について通常表面汚染計，ハンドフットクロスモニタなどを使用する。

　　3. 放射性同位元素を吸入摂取または経口摂取した場合は，摂取量を求めなければならない。この場合，全身カウンタ，シンチレーション検出器などを用いて外部から測定する方法，糞，尿などを処理して GM 計数管，γ スペクトロメータなどにより測定する方法および空気中濃度から計算する方法がある。

(2) 実験室のモニタリング

　　1. 空間線量……GM サーベイメータ，電離箱サーベイメータなど

　　2. 水中または空気中の放射性同位元素の濃度……水モニタ，空気モニタなど

　　3. 実験室の床，壁，器具などの汚染の状況……GM サーベイメータ，シンチレーションサーベイメータなど

4. ○考慮する必要のある身体的障害

　　(1) の場合　　皮膚，生殖腺および造血臓器の障害

　　(2) の場合　　皮膚障害および内部被曝による障害

　○予防措置

　　(1) の場合　　1. 装置を正常な方法で使用すること。

2. 柵，標識，警報装置などを設けて照射中にみだりに人が近づかないようにし，かつ業務従事者も近づく時間をできるだけ短くする。

　　　3. 遮蔽壁などを設け，不必要な放射線の施設外への漏えいをさける。

　　　4. 定期的に線源容器の破損および汚染などを検査する。

　　　5. 個人用放射線測定器を必ずつけ，正常な測定と記録を行う。

　(2) の場合　1. 正常な使用方法で使用すること。

　　　2. 破損などによる漏えいを検査すること。

　　　3. できるだけ直接線および散乱線に被曝しないようにする。このため場所の測定を十分に行って必要に応じて柵，なわばりなどを行うこと。

　　　4. 個人用放射線測定器を必ず着用すること。

5．1) ^{90}Sr は β 線を放射するので以下のような危険がある。

　　a) β 線による体表面からの被曝が長期にわたれば，これによる皮膚の放射線障害を受ける(脱毛，皮膚の紅斑，潰瘍など)

　　b) 皮膚面から吸収され体内の骨に沈着し，その除去が困難となる。

　　c) 手についたものは，これが誤って口から体内に入り b 項と同一となる。以上 a，b，c 項が長期にわたれば造血臓器などもおかすようになる。

　2) ^{131}I は γ 線を放射するので

　　(1) 飲み込んだ場合には，シンチレーションカウンタなどで検出する。また 24 時間中にその大部分が尿中に排泄されるから尿中の ^{131}I の検出をシンチレーションカウンタ，GM カウンタなどで行えばよい。

　　(2) ^{131}I は体内ではそのほとんどが甲状腺に沈着するので，シンチレーションカウンタや GM カウンタの検出部をのどに近づければこれを検出することができる。その定量にはまず測定器の検出部と標準試料との距離を一定にして測定し，ついで同じ距離で甲状腺の ^{131}I を測定し両方の値を比較することにより定量しうる。またシンチグラムにより分布状態および量を知ることができる。

6．ヒトの半致死量は 3〜4 Gy であるから，全身に対する吸収線量を平均 3.5 Gy として計算すると 42 cal となる。

7．式(8.3)より $I=360$ Bq

8．a)　　8.2.1 参照

9．b)　　8.2.2 参照

10．c)　　8.3.2 参照

11．b，e)　　8.3.2 参照　これらの場合，遅滞なく健康診断を行う必要がある。

9. 医療施設の放射線管理

1. 9.1.1〜9.1.3 参照

2. 9.1.4 参照

3. 自施設の標準的な体型の患者における線量を診断参考レベルと比較する際には，自施設で得られた標準的な体型の患者に対する線量分布の中央値を用いるのが適切である。DRLs 2015 で示されている肝臓ダイナミック CT 撮影の診断参考レベルは $CTDI_{vol}$ で 15 mGy であり，自施設の中央値 13 mGy はその値を下回っている。しかし，診断参考レベルを下回っていることが，それ以上の線量の最適化が不要であるという根拠にはならないため，引き続きさらなる線量の最適化を検討していくべきである。

4. 9.2.2 参照

5. 9.3.2 参照

6. b) 9.1 参照 a は正当化が適切に行われているとはいえない。c〜e は防護の最適化に関する記述である。

7. c) 9.1.4 参照 X 線 CT 検査の線量指標は入射表面線量ではなく，$CTDI_{vol}$ または DLP である。

8. c) 9.1.6 参照 術者の被曝なので職業被曝に分類される。

10. 廃棄物の処理

1．(1) ×　キャリヤーフリーの $^{22}Na^+$ だけであれば，イオン交換にしろ蒸発法にしろ排液処理は容易である。加えた量にもよるが，一般に普通の NaCl を加えると Na^+ の量が増すために処理しにくくなる。

(2) ☒　NaI は単体の微量の放射性 I の共沈のキャリヤーとしては十分な効果は示さない。

2．使用限界量を x Bq とすれば，

$$\frac{x \times \frac{1}{100}}{500 \times 10^6 \times 8} = 1 \times 10^{-5} \qquad から \qquad x = 4 \times 10^6 \, \text{Bq}$$

3．1）（1）廃液を一定量採取し，マンガンと鉄の担体を添加して化学的にマンガンと鉄を分離する。各フラクションの放射能を測定し，放射能はマンガンのフラクションにのみ存在することを確認する。

（2）GM 計数装置を用い，吸収板によってエネルギーを測定し，^{56}Mn の β 線であることを確認する。

（3）^{54}Mn は半減期が約 300 日である。^{56}Mn は半減期が 3 時間弱であるので，この試料についてたとえば 30 分，60 分，90 分後の測定値を求め，この結果から ^{56}Mn であることを確認する。

2）$20/3 \fallingdotseq 6.7$　6.7 倍に希釈する。

3）それぞれの核種の濃度が全く不明の場合には，安全をとって ^{59}Fe に対する排水中の濃度限度 4×10^{-1} Bq/cm^3 に基づいて計算する。

$$20/(4 \times 10^{-1}) = 50 \quad 50 \text{ 倍に希釈する。}$$

4．b)　10.3 参照

5．b)　10.1 参照

6．1 回の希釈で濃度限度になる廃液の量を x cm^3 とすれば，希釈槽における ^{131}I の濃度は

$$2 \times 10^3 \, x/10 \times 10^6 \, \text{cm}^3 = 2 \times 10^{-4} \, x \, \text{Bq/cm}^3$$

したがって，

$$\frac{2 \times 10^{-4} \, x}{4 \times 10^{-2}} + \frac{30}{6 \times 10^1} = 1 \quad から \quad x = 100 \, \text{cm}^3 \quad を得る。$$

希釈回数 $= \dfrac{10^3}{100} = 10$ 回となる。

7．c)　10.8 参照

8．d)　10.8 参照

11. 事故と対策

1. 1) 電離箱型サーベイメータ　　2) 長いトング　　3) 遮蔽容器　　4) 柵および標識
   5) アラームメータ　　6) 警報装置　　7) 汚染検査のためのサーベイメータ
   （以上のうちから 5 項目をえらぶ）

2. 1) 事業所内における防火管理組織を確立しておき，命令系統および連絡の方法を明確にしておくこと。
   2) 消防署，警察署などに対して，予め連絡をとっておくこと。
   3) 事業所の放射性同位元素などの種類，数量，所在場所，消火器，火災通報設備などに関する知識を関係者に知らせておくこと。
   4) 使用している放射性同位元素の種類数量などおよび業務従事者の氏名を把握すること。
   5) 施設内に不要の放射性同位元素を放置せず，また多量の可燃物を置かないこと。
   6) 電気配線，ガスなどの日常点検を実施させること。
   7) 防火訓練を実施しておくこと。

3. ^{35}S 化合物には粘性の強いものが多いのでそくざに完全除染しにくいことがある。7.5.2 に示した手段で除染すればよいが，粘性が強い場合，とかくハンドブラシあるいはネイルブラシできつくこすって皮膚を傷つけるおそれがある。幸いなことに ^{35}S の放出する β 線 (0.167 MeV) のエネルギーはきわめて低いので，その飛程はほとんど表皮内にとどまる。時間がたてば表皮は垢となって脱落し，自然に除染される。除染をあせるあまり，皮膚を傷つけてはならない。

4. 1) 火災の拡がり防止および消防署への通報
      可燃性物質を火災発生場所から遠ざけ，火災の拡大を防止するとともに，直ちに消防署または消防法に基づき市町村長が指定した場所に火災の発生を通報する。
   2) 近隣者へ避難するよう警告する。
      放射線障害の発生を防止するため，必要がある場合には，放射線施設の内部にいる者および付近にいる者に避難するよう警告する。
   3) 放射性汚染拡大の防止
      放射性の汚染が生じた場合には，すみやかに，その拡がりの防止およびその除去を行う。
   4) 放射性同位元素を安全な場所に移す。
      放射性同位元素を他の場所に移す余裕がある場合には，必要に応じ，これを安全な場所に移し，その場所の周囲になわ張り標識などを設け，かつ見張人をつけ，関係者以外の立ち入りを禁止する。
   5) 放射線障害発生の防止
      放射線障害の発生が考えられる場合，被曝線量および汚染度などを測定し，適当な事後処置を行い，放射線障害発生の防止につとめる。

5. c)　11.3.4 参照

〔索　引〕

欧文

〔執筆者紹介〕

川 井 恵 一　（かわい・けいいち）

1959 年	東京都に生まれる
1983 年	京都大学薬学部製薬化学科卒業
1988 年	東京理科大学薬学部助手
1996 年	宮崎医科大学医学部助教授
2001 年	金沢大学医学部教授，大学院自然科学研究科教授兼任
2001 年〜	福井医科大学（現福井大学）
	高エネルギー医学研究センター客員教授併任
2005 年	金沢大学大学院医学系研究科教授，医学部教授併任
2008 年〜	金沢大学医薬保健研究域保健学系教授
1988 年	第 1 種放射線取扱主任者免許
1990 年	薬学博士（京都大学）

松 原 孝 祐　（まつばら・こうすけ）

1978 年	香川県に生まれる
2001 年	金沢大学医学部保健学科卒業
2001 年	金沢大学医学部附属病院放射線部診療放射線技師
2008 年	金沢大学医薬保健研究域保健学系助教
2015 年〜	金沢大学医薬保健研究域保健学系准教授
2005 年	第 1 種放射線取扱主任者免許
2008 年	博士（保健学）（金沢大学）

放 射 線 安 全 管 理 学

昭和 48 年 9 月 1 日	第 1 版第 1 刷発行	
昭和 58 年 10 月 1 日	第 2 版第 1 刷発行	
平成 元 年 4 月 20 日	第 3 版第 1 刷発行	
平成 11 年 3 月 10 日	改題第 1 版第 1 刷発行	
平成 13 年 3 月 30 日	改題第 2 版第 1 刷発行	
平成 15 年 10 月 10 日	改題第 3 版第 1 刷発行	
平成 17 年 9 月 30 日	改題第 4 版第 1 刷発行	
平成 20 年 3 月 25 日	改々題第 1 版第 1 刷発行	
平成 26 年 3 月 20 日	改々題第 2 版第 1 刷発行	
平成 29 年 3 月 1 日	改々題第 3 版第 1 刷発行	
令和 2 年 3 月 31 日	改々題第 4 版第 1 刷発行	©2020

定価　本体 3200 円＋税

著 者	川 井 恵 一
	松 原 孝 祐
発 行	株式会社通商産業研究社

〒107-0061　東京都港区北青山 2 丁目 12 番 4 号(坂本ビル)
TEL 03(3401)6370　　FAX 03(3401)6320
URL　http://www.tsken.com

（落丁・乱丁はおとりかえいたします）

ISBN978-4-86045-134-9　　C3040　　¥3200E